汽車材料
Automotive Materials

陳信正・葛慶柏 編著

編輯大意

1. 本書係遵照教育部公告之動力機械類科「汽車材料」課程編寫而成。
2. 本書為全一冊，分為十章，供汽車科第三學年第一學期或第二學期每週授課 2 小時教學之用。
3. 本書以汽車上之機件與零配件之工作性能和材料之性質配合說明，俾使讀者除了對傳統基礎之汽車材料有所認識外，並能了解汽車材料選用發展之方向。
4. 本書所用之專有名詞，係採用教育部公布之機械工程名詞為依據，並附英文原文以茲對照。
5. 本書內容足敷教學之用，若教學時數不夠，教師可視實際情況，斟酌選擇重點教授。
6. 本書編寫雖力求嚴謹校正，雖經多次校對，遺誤之處仍恐難免，尚祈各界先進惠予指正。

目錄

第 1 章　概　說　1
1–1　材料對汽車工業發展之重要性　2

第 2 章　汽車引擎本體材料　3
2–1　金屬材料的介紹　4
2–2　汽車引擎本體材料　13

第 3 章　引擎附件材料　41
3–1　進氣歧管　42
3–2　排氣歧管　42
3–3　飛　輪　43
3–4　感測器　43
3–5　觸媒轉換器　47
3–6　水　泵　48
3–7　水　箱　48

第 4 章　汽車底盤材料　51
4–1　底盤彈簧（chassis spring）　52
4–2　車　架（frame）　55
4–3　齒　輪（gear）　56
4–4　軸　66
4–5　其　他　68

第 5 章　汽車電器材料　77
5–1　電　瓶　79
5–2　電　線　84
5–3　電磁鐵芯配線的各種規格　91
5–4　其　他　93

第 6 章　汽車車身材料及特性　99
6–1　金屬車身材料　100
6–2　塑膠及 FRP 製品　111
6–3　玻璃及其製品　130

第 7 章　　各種油料　　137
- 7–1　　石油之成分　　138
- 7–2　　石油之種類　　140
- 7–3　　石油之精煉　　140
- 7–4　　燃料油之成份、品級及重要性　　143
- 7–5　　汽　油（**Gasoline**）　　144
- 7–6　　柴　油　　147
- 7–7　　車用液化石油氣　　154
- 7–8　　潤滑油　　159
- 7–9　　煞車油（Brake Oil or Brake Fluid）　　171

第 8 章　　汽車塗料　　175
- 8–1　　塗　料　　177
- 8–2　　塗料之成分　　177
- 8–3　　塗料的分類　　181

第 9 章　　各種墊床材料　　195
- 9–1　　石　綿（Asbestos）　　196
- 9–2　　軟　木（Cork）　　198
- 9–3　　軟金屬　　199
- 9–4　　紙　類　　200
- 9–5　　橡　膠（Rubber）　　202
- 9–6　　電　木　　205

第 10 章　　汽車零件儲存與管理　　207
- 10–1　　零件分類　　208
- 10–2　　零件編號　　211
- 10–3　　庫存方法　　212
- 10–4　　零件架設置　　214

附　錄
- ● 常用各種鋼料之 S.A.E.編號　　222
- ● 常用添加劑　　223
- ● 習題簡答　　225

第 1 章

概　說

1-1　材料對汽車工業發展之重要性

　　目前世界各國汽車工業的發展，都朝向減輕車重、節約能源消耗、降低排氣污染和提高駕駛安全性的方向發展。為了減重與省油，各汽車製造廠都擴大了鋁、鎂輕金屬和塑料的應用範圍，使這些材料在汽車用材料中的比重逐年增加；然而鋼鐵材料仍是汽車工業用材料的主體，它們的用量仍佔汽車用材料的 70% 左右。

　　為了與其它材料競爭，鋼鐵材料在生產技術和材料性能方面也在作不斷的改進，在鑄鐵方面研發出含錫鑄鐵代替鎳、鉻鑄鐵製造汽缸體，球墨鑄鐵製造曲軸，新型合金鑄鐵製造汽缸套和活塞環等等，滿足了使用要求，降低了生產成本；在熱軋鋼板方面，生產出各種類型的低合金高強度鋼板，用於車架和車體的製造，提高了汽車的承載能力。

　　汽車上之機件與零件有千餘種，如圖 1–1 及圖 1–2 所示，使用的材料範圍廣闊，在「安全」、「舒適」、「高性能」、「省油」、「低污染」之目標下，新式材料的開發與選用，成為汽車工業發展製造、設計技術革新的主流。

圖 1–1　一部汽車所包含之機件零件有千餘種，有各種不同之材料

圖 1–2　一部汽車引擎裡就有百餘種不同的材料

第 2 章

汽車引擎本體材料

2-1 金屬材料的介紹

汽車主要機件大部分使用金屬材料，尤其是鋼鐵材料，因為其天然資源多，且具有高強度、堅硬、耐磨、易加工等特性，一般以純金屬狀態使用者較少，大部分製成合金狀態使用。金屬材料又可分為鐵金屬與非鐵金屬兩種。另外鋼鐵分類的方法有三，即以冶煉成品分類以用途分類和以含碳量分類。

1. 以冶煉成品分類

表 2-1　鋼鐵分類(一)

名　稱	種　類	特　性
生鐵（pig iron）	灰生鐵（gray pig iron）	碳以石墨狀態存在，質軟。
	白口生鐵（white pig iron）	碳和鐵形成化合物，質硬。
	合金生鐵（ferro alloy）	錳鐵（ferro–manganese） 鏡鐵（spiegeleisen） 矽鐵（ferro–silicon）
鍛鐵（wrought iron）	含碳量低，富延展性，不能鑄造僅能鍛造。	
碳鋼（carbon steel）	工業用純鐵（Armoco iron）	鐵之純度 99.90%以上
	低碳鋼（low carbon steel）	0.02～0.3%C
	中碳鋼（medium carbon steel）	0.3～0.6%C
	高碳鋼（high carbon steel）	0.6%以上
合金鋼（alloy steel）	鉬鋼、鎳鋼、鎳鉻鋼、鉻鋼、高速鋼、不銹鋼、耐熱鋼、鎳鉻鉬鋼、矽錳鋼、鉻釩鋼等。	
鑄鐵（cast iron）	灰鑄鐵（gray cast iron） 白鑄鐵（white cast iron） 斑鑄鐵（mottled cast iron）	普通鑄鐵、高級鑄鐵、延性鑄鐵、合金鑄鐵退火後變成展性鑄鐵。

2. 以其用途分類

表 2-2　鋼鐵分類(二)

名　稱	種　類		特　性
鋼	構造用鋼	構造用碳鋼	普通構造用碳鋼
			機械構造用碳鋼
		構造用合金鋼	高強度低合金鋼
			熱處理低合金鋼
	工具鋼	碳工具鋼、合金工具鋼、高速鋼	
	特殊鋼	不銹鋼、耐熱鋼、磁石鋼、彈簧鋼、軸承用鋼	
熟鐵	工業用純鐵、鍛鐵		

3. 以含碳量分類

表 2-3　鋼鐵分類(三)

種　　類	特		性
純　　鐵	含碳量低於 0.02%的鐵		
鋼	低碳鋼	極軟鋼	含碳量 0.02～0.1%
		軟鋼	含碳量 0.1～0.2%
		半軟鋼	含碳量 0.2～0.3%
	中碳鋼	半硬鋼	含碳量 0.3～0.4%
		硬鋼	含碳量 0.4～0.6%
	高碳鋼	極硬鋼	含碳量 0.6～2%
鑄　　鐵	含碳 2%以上		

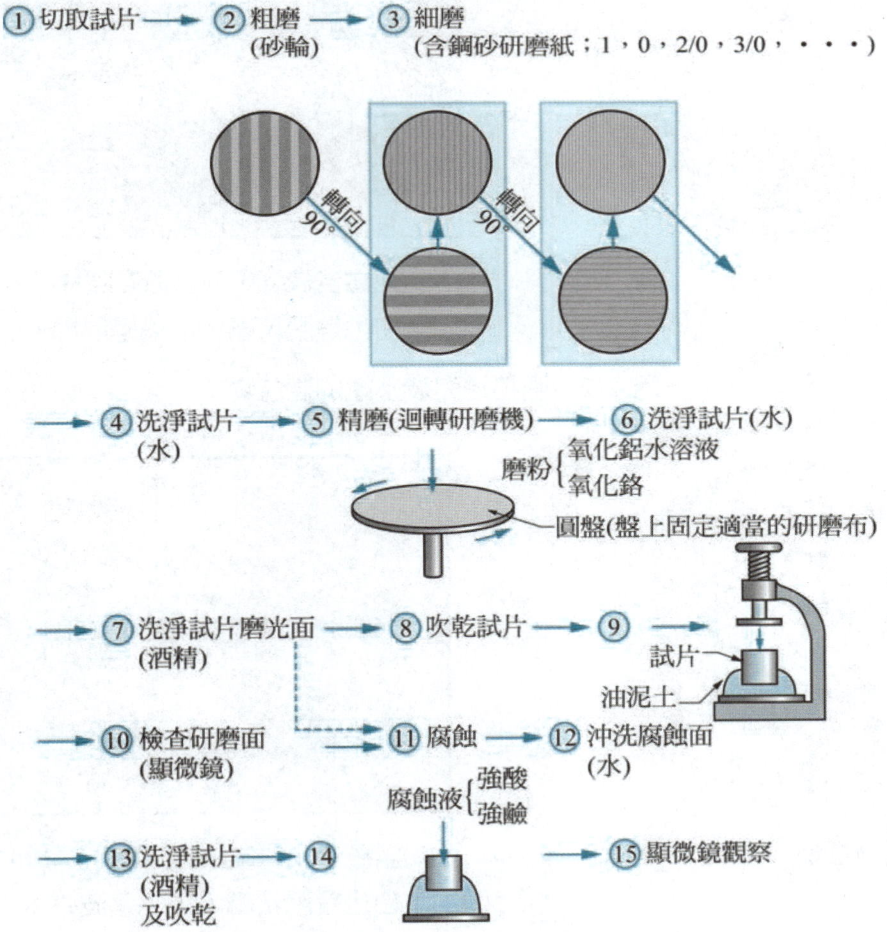

① 切取試片 → ② 粗磨（砂輪） → ③ 細磨（含鋼砂研磨紙；1，0，2/0，3/0，‥‥）

→ ④ 洗淨試片（水） → ⑤ 精磨(迴轉研磨機) → ⑥ 洗淨試片(水)
磨粉 { 氧化鋁水溶液　氧化鉻 }
圓盤(盤上固定適當的研磨布)

→ ⑦ 洗淨試片磨光面（酒精） → ⑧ 吹乾試片 → ⑨ 試片　油泥土

→ ⑩ 檢查研磨面（顯微鏡） ⋯→ ⑪ 腐蝕 → ⑫ 沖洗腐蝕面(水)
腐蝕液 { 強酸　強鹼 }

→ ⑬ 洗淨試片（酒精）及吹乾 → ⑭ → ⑮ 顯微鏡觀察

圖 2-1　顯微鏡試片的研磨、腐蝕及觀察次序

鋼之組織會因含碳量之差異及從高溫冷卻時之冷卻速度的快慢而產生各種不同的組織；通常把鋼加熱到高溫，然後使它慢慢冷卻到常溫時，所得的組織叫做標準組織或者叫做正常化組織（normal structure）。可用金屬顯微鏡來檢查它的組織，以判斷材料的性質，圖 2-1 表示顯微鏡試驗片的研磨、腐蝕及觀察次序。

鋼之正常化組織依其含碳量不同而可分為亞共析鋼、共析鋼和過共析鋼三種。

1. 亞共析鋼（hypo-eutectoid steel）之組織

含碳量在 0.02～0.8%的鋼叫亞共析鋼；將亞共析鋼用低倍率的顯微鏡觀察時，可以看到白色晶粒和黑色晶粒的混合物，白的部分是肥粒鐵（ferrite），黑色部分是波來鐵（pearlite），如圖 2-2 所示，波來鐵是肥粒鐵和雪明碳鐵（cementite）的混合物，而雪明碳鐵是鐵和碳的化合物（Fe₃C）。

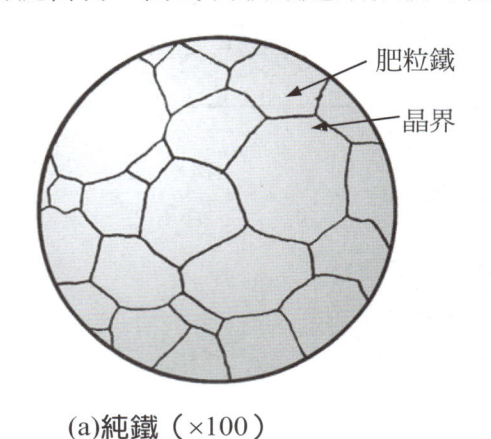

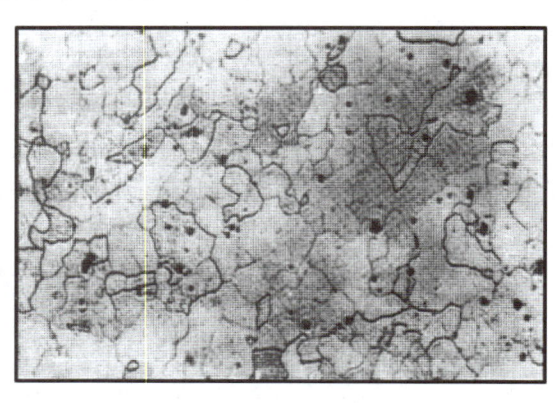

(a)純鐵（×100）

(b)純鐵含碳 0.02%組織之照片（×100），白色是肥粒鐵，黑網是晶界

圖 2-2　肥粒鐵與波來鐵的混合物

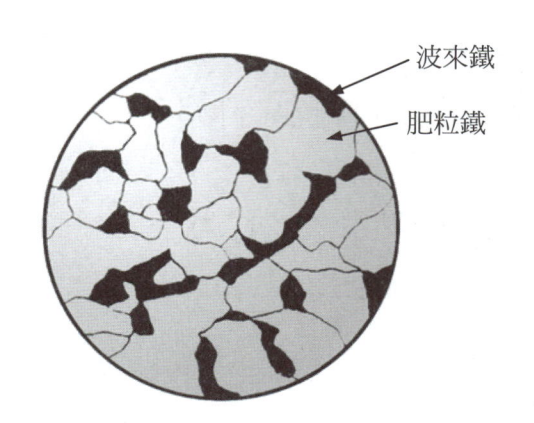

(a)低碳鋼，0.2%C (×200)

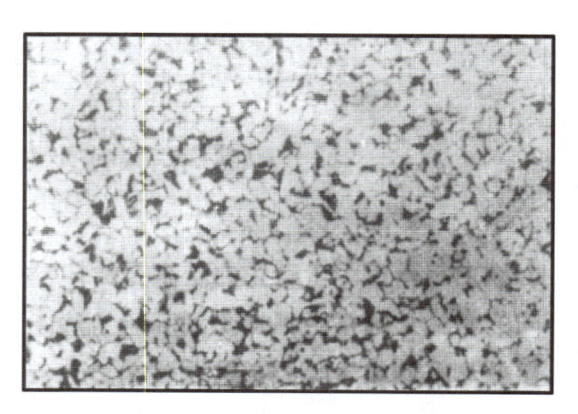

(b)含碳量 0.2%組織之照片（×100），白色是肥粒鐵，黑色是波來鐵

圖 2-3　肥粒鐵與波來鐵的混合物

假如把圖 2-3 的黑色部分用倍率更大的顯微鏡觀察時（倍率 300～600），可以看到如圖 2-4 的層狀組織。圖中白的部分是鐵，黑線條的部分是雪明碳鐵。

如果波來鐵放大到 1200 倍時便可以看到如圖 2-5 之波來鐵的微細層狀組織，此時肥粒鐵和雪明碳鐵都呈白色，但雪明碳鐵凸出肥粒鐵的表面成山脊狀。

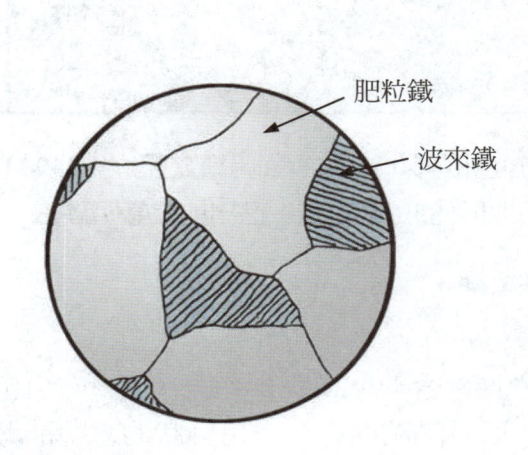

(a)低碳鋼，0.2%C(×300～600)　　　　　　(b)0.40%C 鋼

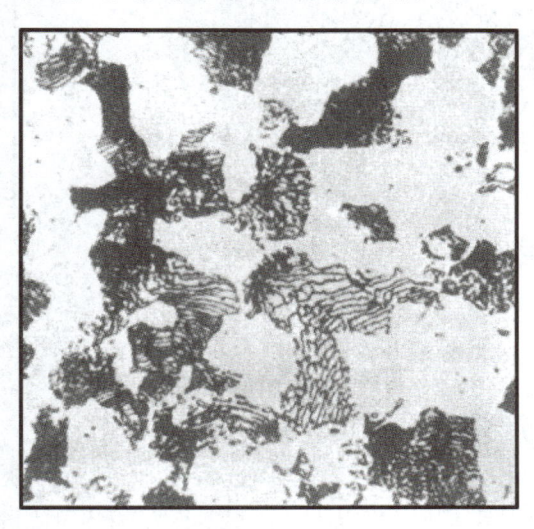

圖 2-4　波來鐵層狀組織

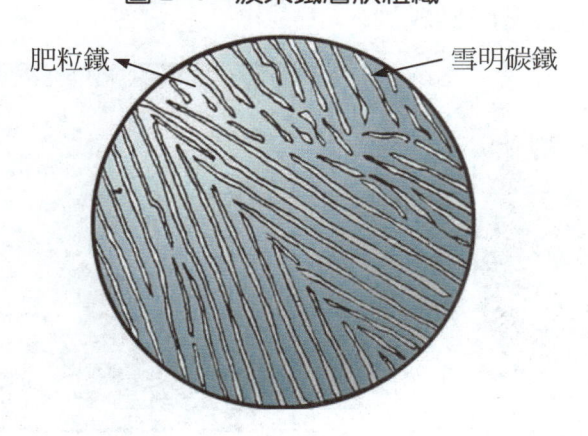

圖 2-5　波來鐵（×1200）

2. 共析鋼（eutectoid steel）之組織

含碳量 0.8%的鋼叫做共析鋼；鋼的含碳量增加時，組織中的黑色部分即波來鐵隨之增加；而鋼的含碳量增加到 0.8%時如圖 2-6 所示，鋼的組織全部變為波來鐵。

(a)共析鋼，0.8%C(×300～600) 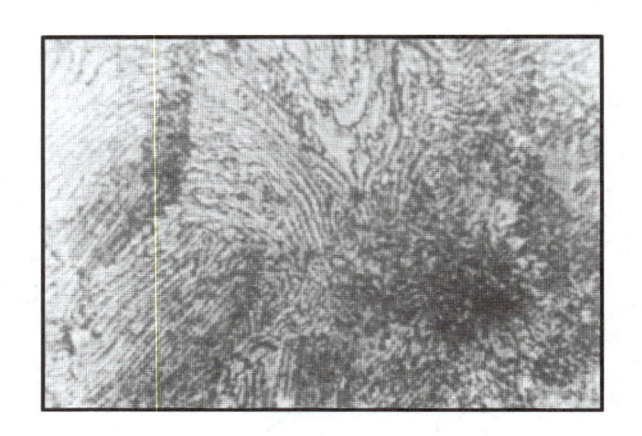　　　　　　(b)含碳鋼 0.8%共析鋼組織之照片（×400）
　　　　　　　　　　　　　　　　　　　　　凹下的是肥粒鐵，凸出的是雪明碳鐵

圖 2-6　共析鋼

3. 過共析鋼（hyper-eutectoid steel）

含碳量在 0.8～2.0%的鋼叫過共析鋼；當鋼之含碳量高於 0.8%時，便會有白色網狀的雪明碳鐵出現在波來鐵晶粒的周圍，而且晶粒內亦有白色針狀的雪明碳鐵出現，如圖 2-7 所示。隨著含碳量的增加，雪明碳鐵的比例也跟著提高，所以網狀和針狀的雪明碳鐵之厚度會加大。而過共析鋼的組織就是由這些波來鐵的晶粒和網狀或針狀的雪明碳鐵所構成的。

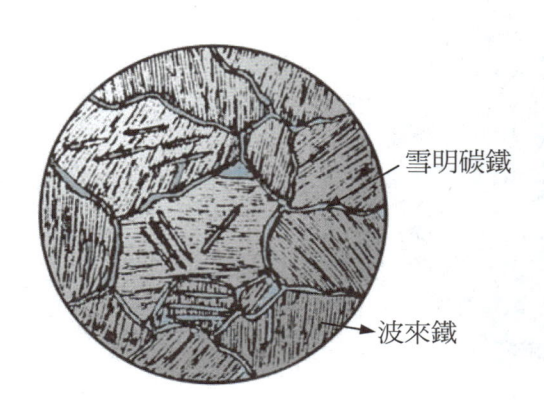

(a)過共析鋼，1.20%C(×300～600) 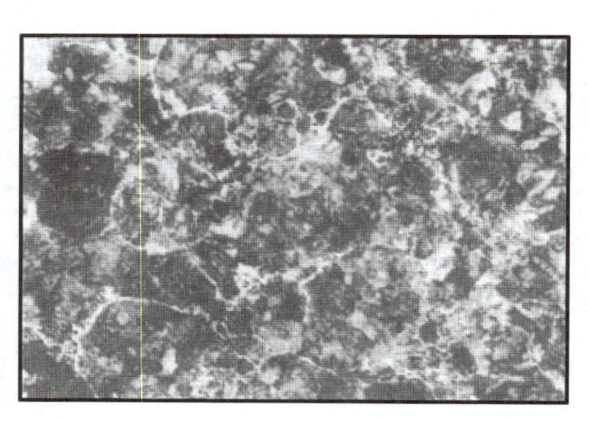　　　　(b)含碳量 1.2%過共析鋼組織之照片，白色
　　　　　　　　　　　　　　　　　　　　　網狀的是雪明碳鐵，黑色部分是波來鐵

圖 2-7　過共析鋼

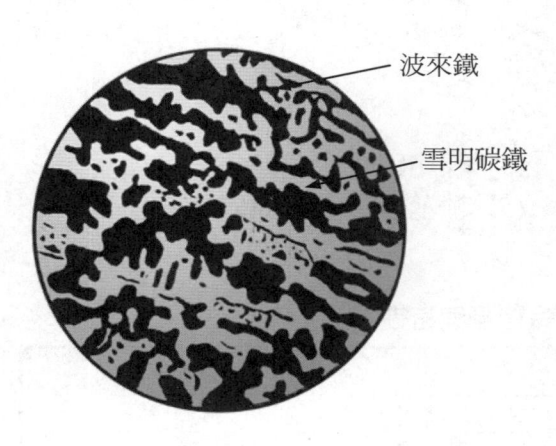

(a)白鑄鐵（×100）　　　　　　　　　　(b)白鑄鐵

圖 2-8　白鑄鐵

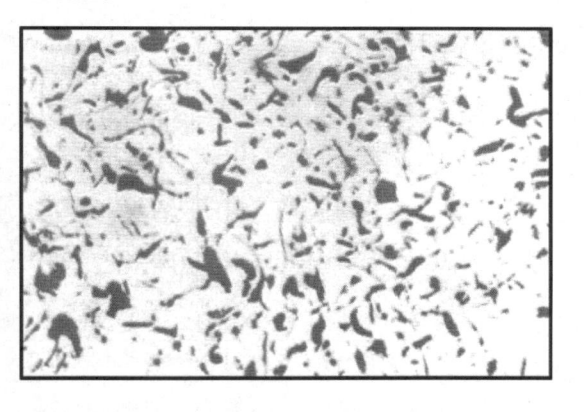

(a)灰鑄鐵（×100）　　　　　　(b)未經腐蝕處理的灰鑄鐵組織之照片
（×100），黑色部分是石墨碳

圖 2-9　灰鑄鐵

　　鑄鐵之含碳量通常是 2.5～4.0%，而這些碳全部和鐵化合變為雪明碳鐵時，硬度高，破壞時其破斷面呈白色，叫做白鑄鐵（white cast iron），如圖 2-8 所示。但鑄鐵中若含有 2～3%矽時，組織內除碳化鐵以外尚有未和鐵化合的碳。這種碳通常叫做石墨（graphite），石墨的強度很低，而且也軟，所以這種鑄鐵硬度較低，它的破斷面因含有石墨，而呈灰色，所以叫做灰鑄鐵（gray cast iron），如圖 2-9 所示。

鋼鐵材料的使用量很多，但是鋼鐵材料在特性上有各種應用方面的缺點，例如它的耐蝕性比鎳、銅等差很多，又注重比重、導熱度方面的應用時，也無法和鋁相比較。因此特殊的用途上，常常採用鋼鐵以外的金屬材料。這些鋼鐵以外的金屬材料，方便上叫做非鐵金屬材料。

非鐵金屬材料中比較常用的有：
(1) 銅和銅合金（如表 2-4 所示）。　(4) 鎳和鎳合金（如表 2-7 所示）。
(2) 鋁和鋁合金（如表 2-5 所示）。　(5) 軸承合金等（如表 2-8 所示）。
(3) 鎂和鎂合金（如表 2-6 所示）。

表 2-4　銅和銅合金種類與特性

名　稱	種　類	特　　性
銅和銅合金	純　銅	導電度及導熱度高，但是質軟，不適合構造用材料。
	黃　銅	銅和鋅的合金，由於含鋅量的不同分成紅黃銅、七三黃銅、六四黃銅。
	特殊黃銅	加鉛、加錫、加鋁之特殊黃銅、加鎳黃銅、矽鋅青銅、高強度黃銅。
	青　銅	銅和錫的合金，分為機械用、軸承用、貨幣用、鐘用、工藝用青銅。
	磷青銅	青銅中添加少量的磷者。
	軸承用青銅	銅 90～92%，錫 10～8%的青銅，質軟。
	鋁青銅	鋁 10%左右之銅鋁系合金。
	特殊鋁青銅	鋁青銅內再添加鐵、鎳、錳等。
	鎳青銅	鎳 10～15%，鋁 2～3%之銅鎳鋁系合金。
	特殊鎳青銅	銅鎳合金中加入少量的矽者。
	其他銅合金	含錳銅合金、矽青銅、鈹青銅、銅鉛軸承合金。

表 2-5　鋁及鋁合金種類與特性

名　稱	種　類	特	性
鋁及鋁合金	鍛造用	非熱處理型合金	純鋁
			鋁錳系合金
			鋁矽系合金
			鋁鎂系合金
		熱處理型合金	鋁銅鎂系合金
			鋁鎂矽系合金
			鋁鋅鎂系合金
	鑄造用	非熱處理型合金	純鋁
			鋁矽系合金
			鋁鎂系合金
		熱處理型合金	鋁銅鎂矽系合金
			鋁鎂矽系合金

表 2-6　鎂及鎂合金種類與特性

名　稱	種　類	特　　　性
鎂及鎂合金	鑄造用	鎂鋁系合金
		鎂鋅系合金
		鎂鋁鋅系合金
		鎂鋅鋯、鎂鋅鈰鋯、鎂鋅釷鋯合金
	鍛造用	鎂鋁系合金
		鎂鋅系合金
		鎂釷錳系合金

表 2-7　鎳及鎳合金種類與特性

名　稱	特　　　性
鎳及鎳合金	鎳銅合金、蒙納合金（67%鎳、30%銅、1～3%鐵錳）
	鎳鐵合金
	耐蝕性鎳合金（鎳銅鐵鉻合金）、（鎳鐵矽錳合金）
	耐高溫氧化性鎳合金（鎳鉻鐵合金）

表 2-8　軸承合金種類與特性

名　稱	種　類	特　　　性
軸承合金	錫基合金	俗稱巴氏合金，錫 75～90%，銻 3～15%。銅 3～10%
	鉛基合金	含錫 0～15%，銻 10～20%，砷 1%，銅 0.5%，鉛餘量
	鋅基合金	含鋅 85～88%，銅 4～10%，鋁 2～8%
	鎘基合金	鎘鎳合金含鎘 98.5%，鎳 1～1.5%
		鎘銀合金含銀 0.5～1.0%，銅 0.4～0.5%，鎘 98.25%
		鎘銀銅合金
	鋁基合金	含有錫 6.5%，矽 2.5%，銅 1%，鎳 0.5%，鋁餘量

其他尚有鈦及其合金、銀及其合金、金及其合金、白金及其合金、鎢及鉬等。

2-1.1 陶瓷材料的介紹

陶瓷原料依照化學成分區分有：

1. **氧化物**：包括氧化鋁（Al_2O_3）、氧化鋯（ZrO_2）、氧化鈹（BeO）、氧化釷（ThO_2）、氧化鈾（UO_2）、氧化鉻（Cr_2O_3）、氧化鈦（TiO_2）、氧化鈰（CeO_2），及複合氧化物，如 $MgAl_2O_4$、Mg_2SiO_4 等。

2. **碳化物**：鑽石與石墨（C）、碳化矽（SiC）、碳化鎢（WC）、碳化鈦（TiC）、碳化鋯（ZrC）、碳化硼（B_4C）等。

3. **氮化物**：包括氮化矽（Si_3N_4）、氮化硼（BN）、氮化鈦（TiN）、氮化鋯（ZrN）等。

4. **硼化物**：包括硼化鈦（TiB_2）、硼化鋯（ZrB_2）等。

陶瓷製品是以原料經過壓鑄、燒結、膠結、熱處理等不同程序製造而成，具有耐磨、耐蝕、耐熱衝擊、高強度、低熱導、高絕緣等之特性。應用在引擎上之零件有軸承、轉子、汽缸蓋與襯套、活塞與活塞環、進氣與排氣門、渦輪增壓器等，如圖 2–10 及圖 2–11 所示。

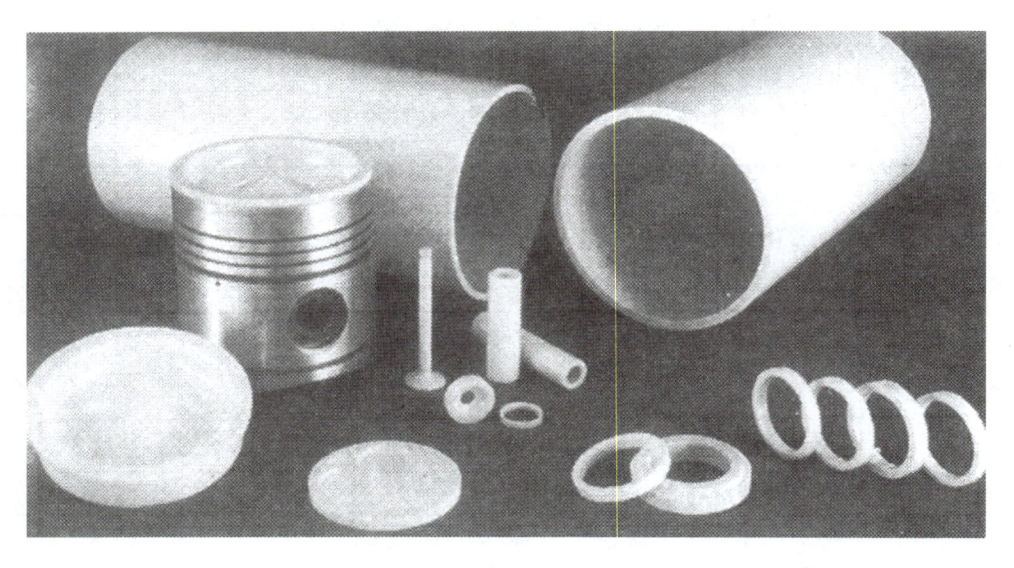

圖 2–10　相變化韌化部分安定氧化鋯陶瓷製成的模具、磨耗零件與絕熱柴油引擎零件

圖 2-11　陶瓷製柴油引擎活塞與汽缸襯套，安裝於新型柴油引擎中，可提高引擎效率，並免除散熱器與冷卻水泵等複雜設備

2-2　汽車引擎本體材料

　　汽車引擎本體包括下列主要機件：汽缸體、活塞、連桿、曲軸、凸輪軸、氣門機構、飛輪等；其使用材料主要為金屬材料，如鑄鐵、碳鋼、鋁、銅、鎂、鎳、鋅等合金。近年來美日歐等工業先進國家，研究開發出使用非金屬材料，如強化塑膠、精密陶瓷等材料，製造引擎本體之部分機件，以達到輕量化的目的，如圖 2-12 為美國 Amoco Chemicals 與 Polimotor Research 所製成之塑料賽車引擎。

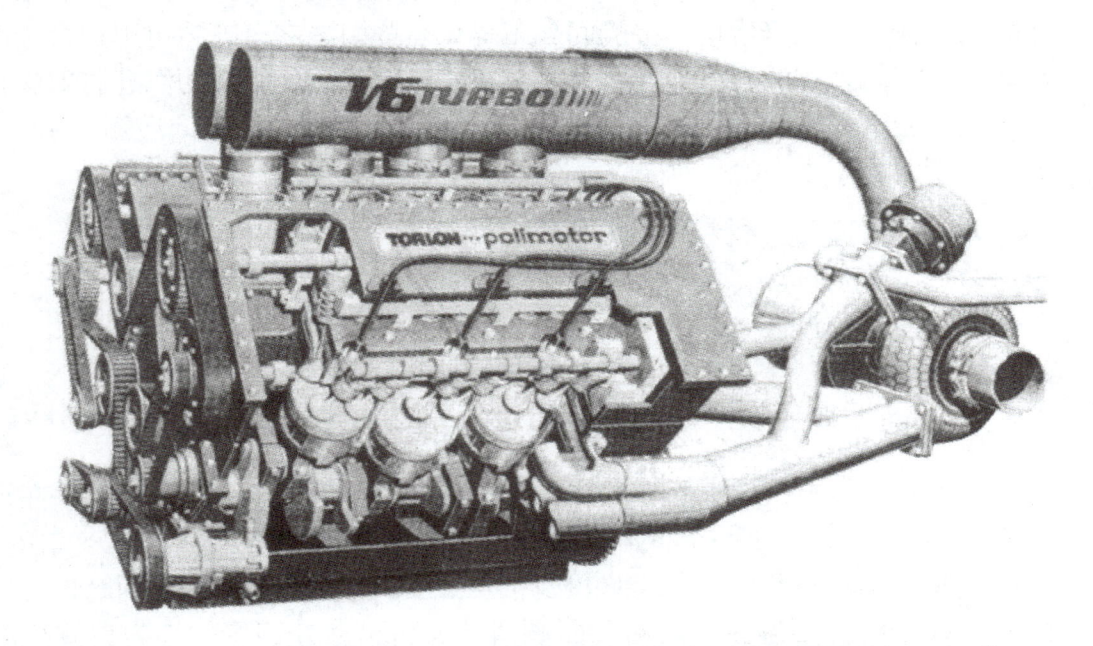

圖 2-12　為 Amoco-Polimotor（廠牌名）的塑料賽車引擎僅重 92 公斤

2-2.1 汽缸體（cylinder block）

汽車引擎之汽缸體，包括活塞在其內運動之汽缸、氣門機構之孔道及氣門座、氣門導管，冷卻水流經之通道，及曲軸箱上半部，此外汽缸蓋、進排氣歧管、化油器等是裝在其頂部，油底殼則是附在汽缸體之底部、水泵及正時鏈蓋，附在汽缸體前部，如圖 2-13 所示。

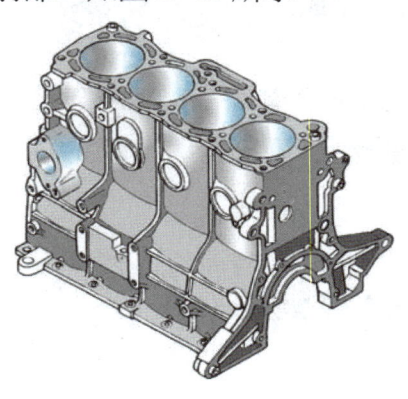

圖 2-13　汽缸體

汽缸體通常和曲軸箱鑄成一體，其優點為緊湊、短小、構造堅固、價格較低廉、裝配簡單、氣門操縱機構易於封閉。汽缸體可用壓鑄鋁或鑄鐵製造，鐵質的汽缸體是鑄鐵熔融成液態傾倒入一鑄模中而製成，在移去汽缸體鑄造後之砂心以後，汽缸體便需進行機械加工，包括鑽孔以安裝附件、鑽油道、軸承孔、搪孔、整修水道，接觸面加工等。有些引擎之汽缸體可用鋁合金澆鑄成形，但因為鋁的硬度作為汽缸壁材料易磨耗，故此鋁造的汽缸體須以一層鑄鐵套於汽缸壁上，可將鑄鐵套先放入砂模中，然後再將鋁溶液倒入模中，使鋁與鑄鐵套連成一體，而構成一汽缸體或是將鑄鐵套套入。

理想的汽缸體材料應具有下列特性：

(1) 足夠的強度。
(2) 適當的硬度。
(3) 澆鑄性好。
(4) 表面易於加工。
(5) 熱膨脹係數小。
(6) 導熱性佳。
(7) 抗蝕耐磨。
(8) 質輕價廉。

汽缸體通常用灰鑄鐵或鋁合金鑄成，鑄鐵熔融後注入鑄模內，鑄件在模中的冷卻速度不同，所生成的組織也不相同，其破斷面呈灰色的部分叫做灰鑄鐵（gray cast iron）。鑄鐵之硬度及抗拉強度良好，另外鑄鐵的耐磨性佳，因其組織中含有石墨幫助潤滑，而潤滑油又會積存在石墨的地方以減少摩擦，此外石墨能吸收震動的能量而使震動逐漸減弱。鑄鐵中加入少量的合金

元素，如鎳、鉻、鉬等元素，可以改良機械性質，如抗拉強度、耐磨、耐蝕、耐熱性等。汽缸體常用之灰鑄鐵材料如表 2-9 所示。

　　鋁合金因導熱性佳，澆鑄性良好，重量輕，耐蝕性佳，通常是用壓鑄法製成汽缸體，把熔融狀態的金屬加以壓力注入金屬模內，而得到尺寸及形狀正確之鑄件，鋁合金之缺點為硬度較差，熱膨脹係數大，表 2-10 所示為鋁合金之強度及硬度，如圖 2-14 鋁合金汽缸體。

　　近年來美、英、日等國，積極開發研究氮化矽（Si_3N_4）及碳化矽（SiC）等陶瓷材料，發展出陶瓷引擎，並且將精密陶瓷材料應用在太空梭、飛彈、火箭等，如圖 2-15 所示。

表 2-9　美國汽車工程學會（SAE）－灰鑄鐵材料

材　料	組成百分比	勃氏硬度	用途及強度 公斤／平方公厘
合金灰鑄鐵	3.25 碳，1.95 矽，0.75 錳，0.15 磷，0.13 硫	170～229	客車汽缸體 25
合金灰鑄鐵	3.25 碳，2.0 矽，0.75 錳，0.30 鉻	187～235	貨車汽缸體 27
SAE110 灰鑄鐵	3.4 碳，2.8 矽（或 3.70 碳，2.3 矽），0.25 磷，0.15 硫，0.15～0.80 錳	最大 187	汽缸體 14.1
SAE111 灰鑄鐵	3.25 碳，2.30 矽（或 3.5 碳，2.0 矽），0.20 磷，0.15 硫，0.60～0.90 錳	170～223	小型引擎汽缸體 21.1
SAE120 灰鑄鐵	3.20 碳，2.20 矽（或 3.40 碳，1.90 矽，0.15 磷，0.15 硫，0.60～0.90 錳）	167～241	汽缸體 24.7
SAE121 灰鑄鐵	3.10 碳，2.10 矽（或 3.30 碳，1.80 矽，0.12 磷，0.15 硫，0.69～0.90 錳）	202～255	卡車及牽引車汽缸體 28.2
SAE122 灰鑄鐵	3.00 碳，3.20 矽（或 3.2 碳，1.8 矽），0.10 磷，0.15 硫，0.70～1.00 錳	217～269	柴油引擎汽缸體 31.7

表 2-10　鋁合金汽缸體材料

材　料	組成百分比	硬　度	用途及強度 公斤／平方公厘
鋁鑄造合金 356.0	6.5～7.5 矽，0.6 鐵，0.25 銅、0.35 錳，0.2～0.45 鎂，0.35 鋅，0.25 鈦	65～85	汽缸體 22.5

圖 2-14　鋁合金汽缸體

圖 2-15　Kyocera 的渦輪增壓柴油陶瓷引擎，毋需冷卻系統

精密陶瓷材料主要之特性為：

(1) 質輕。
(2) 熱膨脹係數小。
(3) 高強度。
(4) 耐高溫。
(5) 抗蝕性佳。
(6) 耐潛變。
(7) 耐磨性佳。

並且利用陶瓷與金屬結合之材料，稱為陶瓷合金（cermet），以提高其延性，如陶瓷材料中添加氧化鋯（ZrO_2），提高其韌性、耐衝擊性；亦可用陶瓷塗敷（coating）的方式製成耐磨材料。美國軍事單位正研究出第一代免冷卻、免機油潤滑之高熱效率馬力之柴油引擎，如圖 2-16 陶瓷材料應用在引擎汽缸體之部分。

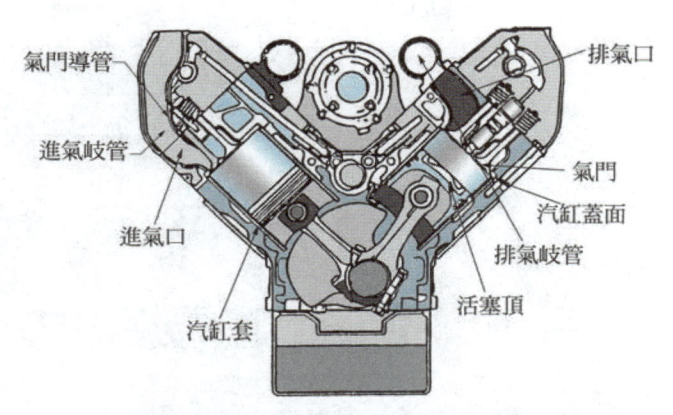

圖 2-16　陶瓷材料應用在引擎本體

2-2.2 汽缸蓋（cylinder head）

　　汽車引擎之汽缸蓋與汽缸體係分別鑄成之機件，汽缸蓋位於汽缸體之上方，用螺栓將其固定於汽缸體上，而封閉汽缸上端，與活塞包圍成燃燒室，承受燃燒之高溫高壓之氣體，汽缸體與汽缸蓋之間必須使用汽缸床墊（cylinder gasket）來保持密封，防止漏氣、漏水、漏油。按引擎種類之不同，汽缸蓋裝設有進排氣管通道、進排氣門、推桿、凸輪軸承、火星塞、噴油嘴、預燃燒室、水套散熱片等。故汽缸蓋亦須具有下列之特性：

(1) 熱傳導性佳。
(2) 熱膨脹係數低。
(3) 抗腐蝕性。
(4) 適當之強度。

　　汽缸蓋之材料，可由灰鑄鐵、合金鑄鐵或鋁合金製成，汽缸蓋所用之材料如表 2-11 所示，如圖 2-17 所示。

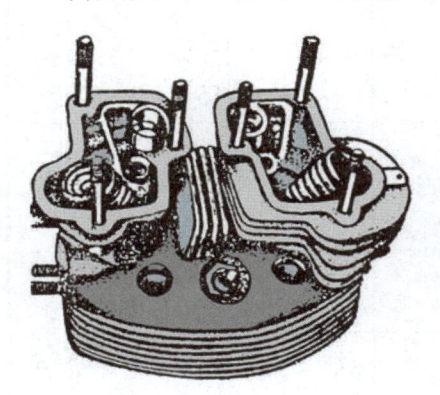

(a)空氣冷卻式　　　　(b)水冷卻式

圖 2-17　汽缸蓋

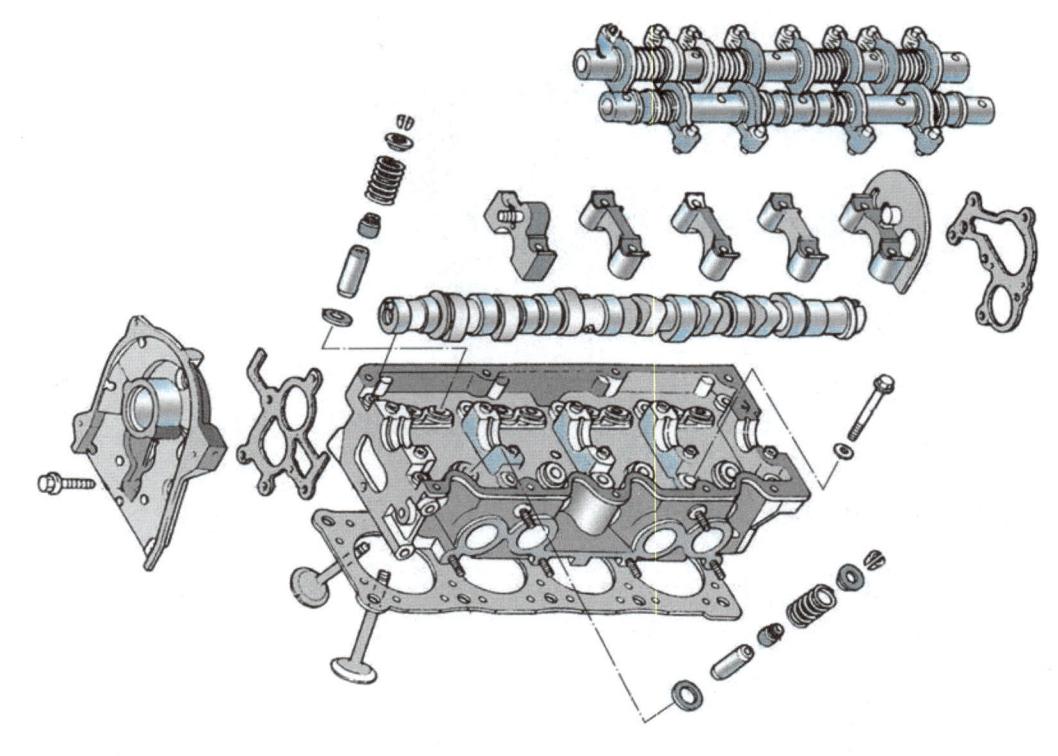

(c)汽缸蓋上凸輪軸型

圖 2-17　汽缸蓋

表 2-11　美國汽車工程學會汽缸蓋材料

材　　料	組成百分比	勃氏硬度	用途及強度 公斤／平方公厘
SAE34 鋁鑄造合金 222.0	2.0 矽，1.5 鐵，9.2～10.7 銅，0.5 錳，0.15～0.35 鎂，0.5 鎳，0.8 鋅，0.25 鈦	—	空冷式汽缸蓋 15.9
SAE 鋁鑄造合金 242.0	0.7 矽，1.0 鐵，3.5～4.5 銅，0.35 錳，1.2～1.8 鎂，0.25 鉻，1.7～2.3 鎳，0.35 鋅，0.25 鈦	—	空冷式汽缸蓋 汽油引擎汽缸蓋 15.9，22.5
SAE 鋁鑄造合金 328.0	7.5～8.5 矽，1.0 鐵，1.0～2.0 銅，0.2～0.6 錳，0.35 鉻，0.25 鎳，1.5 鋅，0.25 鈦，0.2～0.6 鎂	—	液冷式汽缸蓋 16.1
SAE 鋁鑄造合金 356.0	6.5～7.5 矽，0.6 鐵，0.25 銅，0.35 錳，0.2～0.45 鎂，0.35 鋅，0.25 鈦	—	汽缸體汽缸蓋 15.9，22.5
SAE 鋁鑄造合金 2018	4.0 銅，0.7 鎂，2.0 鎳	187～241	飛機引擎汽缸蓋 18
SAE 鋁鍛造合金 2218	4.0 銅，1.5 鎂，2.0 鎳	—	飛機引擎汽缸蓋 18.2

2-2.3 汽缸套（cylinder sleeve）

　　汽缸套在大型重負載引擎中普遍使用，它在汽缸體鑄造時便已鑄成，經搪缸機器搪出適當的尺寸，一般為正圓筒形；有些引擎在汽缸另鑲入特殊材質的汽缸套，當汽缸套磨損時不需搪缸，可將汽缸套拉出並壓入一個新的缸套。

　　水冷式引擎之汽缸套依有無與冷卻水直接接觸而分為乾式及濕式兩種。

1. 乾式（dry type）汽缸套

　　它不與冷卻水直接接觸，故厚度較薄，通常均以較汽缸孔內徑為大的外徑擠壓入汽缸孔之中，使二者能緊密接合，因此散熱較快，大多用於汽油引擎上，如圖 2–18(a)所示。

2. 濕式（wet type）汽缸套

　　濕式汽缸套與冷卻水直接接觸，其上部有凸緣利用汽缸頭壓緊在汽缸體上，以避免鬆動，上部及下部並使用 1～2 條之橡皮水封圈封住以防止漏水，柴油引擎使用較多，如圖 2–18(b)所示。

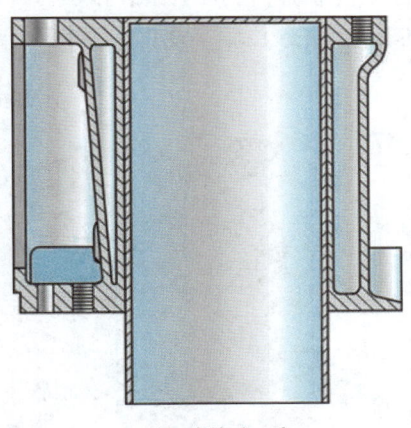

(a)乾式汽缸套

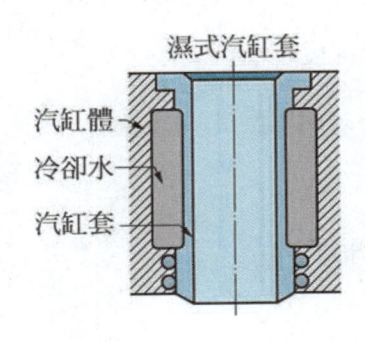

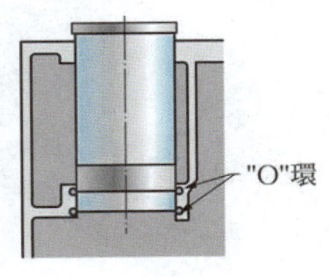

(b)濕式汽缸套

圖 2–18　汽缸套

汽缸套材料應具備之特性：
(1) 耐磨性佳，因活塞在內部以極快速度作往復運動。
(2) 耐高溫。
(3) 導熱性好。
(4) 熱膨脹係數小。

所以汽缸套常選用之材料為：
(1) 含鎳、鉻、錳、矽等元素的耐磨合金鑄鐵以離心鑄造法鑄成。
(2) 將鑄鐵缸套內壁表面鍍上一多孔之鉻層，減少磨蝕速度。
(3) 將特種含鋁鑄鐵製成之汽缸套，經滲氮處理（nitriding）後，得到非常薄、硬度高之氮化物硬化層。
(4) 氮化矽及碳化矽等高溫高強度之陶瓷材料，或以離子噴射方式將氧化鋯塗敷缸套表面再鍍上氧化鉻或氧化鋁等材料。

2-2.4 氣門機構（valve mechanism）

四行程引擎之氣門操作機構有頂上氣門式（overhead valve type）、頂上凸輪軸式（overhead camshaft type）類，如圖 2–19、圖 2–20 所示。

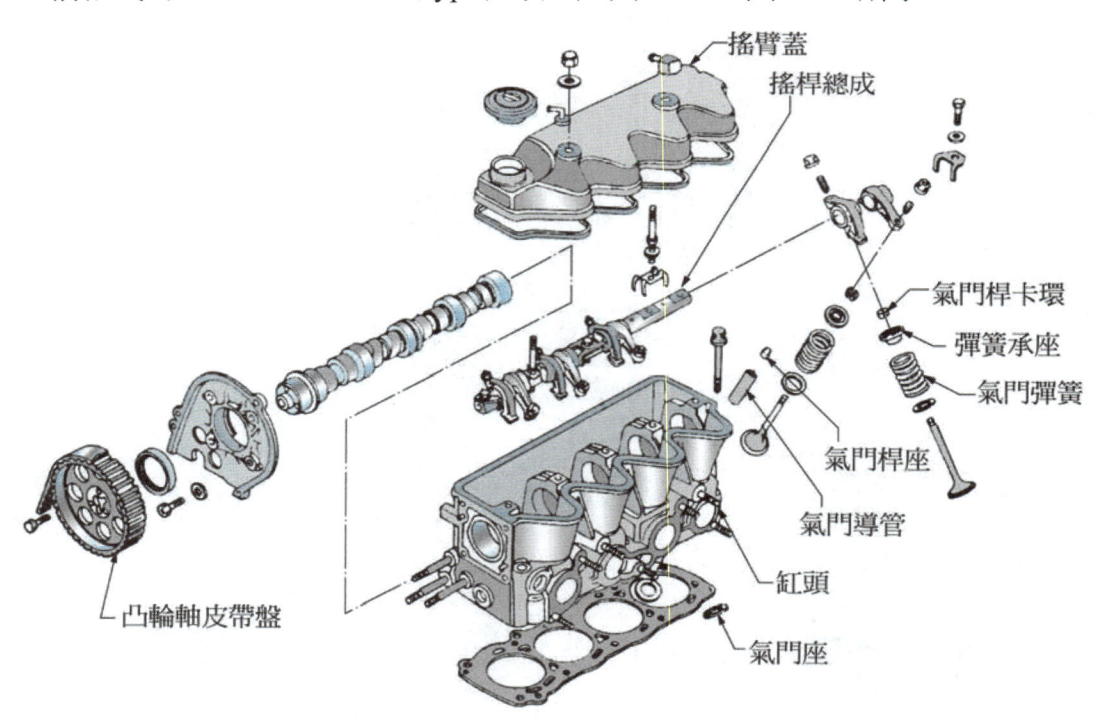

圖 2–19　頂上凸輪軸式操作機構

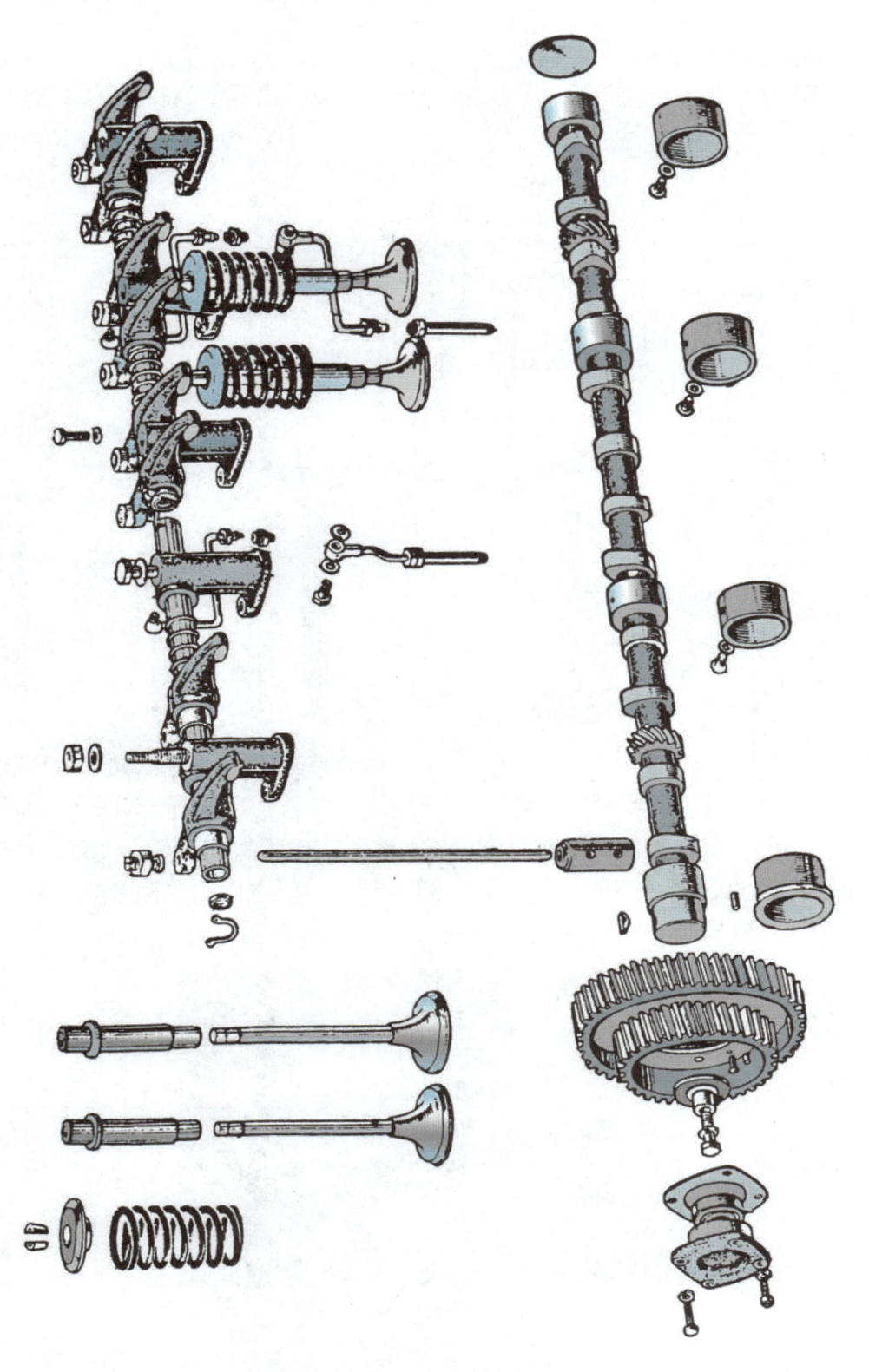

圖 2-20 頂上氣門式操作機構

1. 氣門（valve）

氣門的構造分氣門桿、氣門頭兩大部分，氣門之種類，如圖 2-21 及圖 2-22 所示。

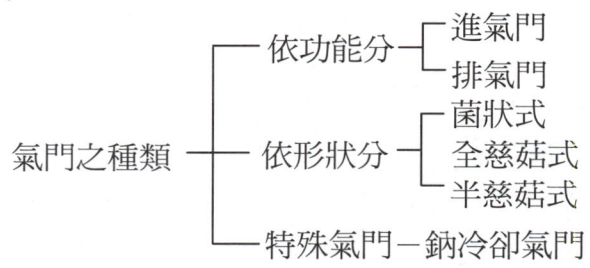

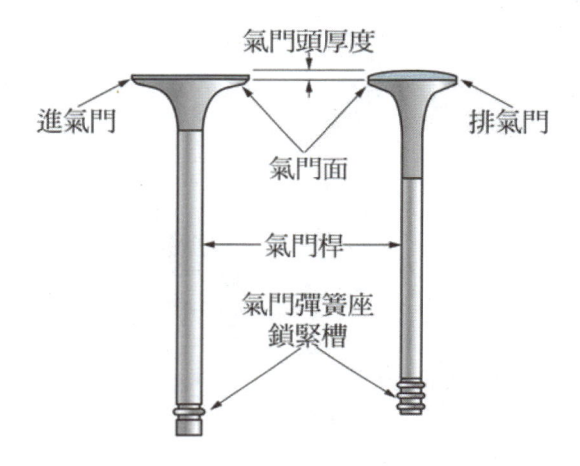

```
                    ┌─ 依功能分 ┬─ 進氣門
                    │          └─ 排氣門
                    │          ┌─ 菌狀式
氣門之種類 ─────────┼─ 依形狀分 ┼─ 全慈菇式
                    │          └─ 半慈菇式
                    └─ 特殊氣門 ─ 鈉冷卻氣門
```

圖 2-21　氣門各部名稱

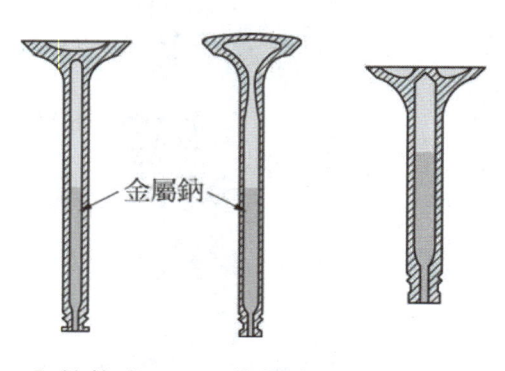

(a)全慈菇式　(b)菌狀式　(c)半慈菇式

圖 2-22　氣門形式及充鈉氣門

一般之引擎每一汽缸有二個氣門：進氣門和排氣門，而某些高性能引擎，每一汽缸有三個、四個、甚至於六個氣門，主要之目的為使進氣充足、排氣完全，如圖 2-23 及圖 2-24 所示。

Porsche 944S 16 氣門
2479cc　四缸引擎

圖 2-23　四缸 16 氣門引擎

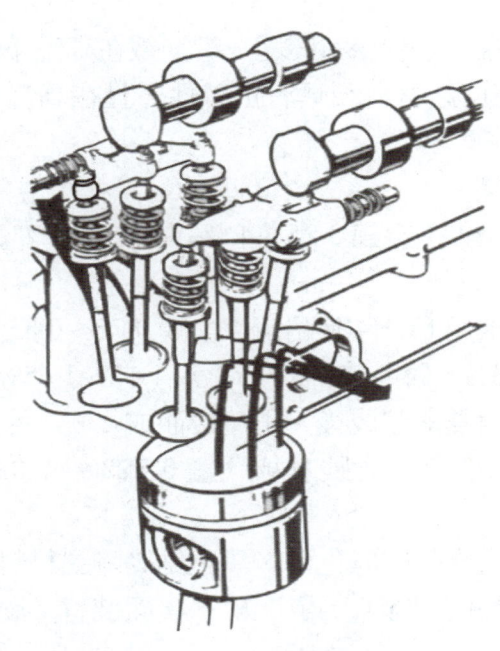

圖 2-24　6 氣門引擎

氣門材料應具備以下之特性：
(1) 良好之耐磨耗性。
(2) 耐熱性及良好之導熱性。
(3) 高溫下仍能保有其硬度及強度。
(4) 高溫下能耐氧化及腐蝕。
(5) 耐衡擊且不易彎曲變形。
(6) 質量輕，能減少運動時之慣性力。

進氣門因其工作溫度較低，故材料之選擇不需排氣門般之嚴格，其常用之材料：
(1) 價廉的普通合金鋼。
(2) SAE 3140 鎳鉻合金鋼。
(3) 日本 SUH3 耐熱鋼：含碳 0.35～0.45%，矽 1.80～2.50%，錳≤0.60%，磷、硫≤0.030%，鉻 10～12%，鉬 0.7～1.3%。
(4) 鎳鉻矽合金鋼：含碳 0.25～0.35%，矽 2.5～3.0%，錳 0.25～0.35%。
(5) 鉻矽合金鋼：含碳 0.4～0.5%，鉻 8～9%，矽 3.0～3.5%。
(6) 以 Stellite 合金被覆：含鈷 40～50%，鉻 15～33%，鎢 10～18%，碳 2～4%，鐵 5%以下，錳、矽 1%以下。
(7) 耐高溫之氮化矽、氧化鋯等陶瓷材料。

排氣門之工作溫度接近 800℃，一般鋼鐵在高溫下會迅速氧化脫殼很快腐損，因此排氣門使用之材料須具有抗熱性，且在高溫下必須保持其強度、硬度而不腐蝕。

(1) 鉻矽合金鋼。
(2) 鎳鉻錳合金鋼：含鎳 3.25～4.5%，鉻 20～22%，錳 8～10%，碳 0.475～0.57%。
(3) 排氣門頂部用 SUH4 熱耐鋼：含碳 0.75～0.85%，矽 1.75～2.25%，錳 0.20～0.60%，磷、硫≤0.03%，鎳 1.15～1.65%，鉻 19～20.5%，桿部用 SUH3 耐熱鋼製成後，再熔接而成。
(4) 肥粒鐵系不銹鋼：含碳 0.4%，錳 0.75%，矽 0.75%，鎳 5%，鉻 24%，鉬 3%。
(5) 耐高溫、耐磨耗的氮化矽、氧化鋯等陶瓷材料。
(6) 有些排氣門使用空心的氣門桿，裏面裝有金屬鈉，藉以幫助散熱。

2. 氣門座（valve seat）

氣門座是與氣門保持緊密接觸，防止漏氣，並須能承受氣門不斷的敲擊而不損傷。有的氣門座與汽缸蓋鑄成一體，也有的製成一個氣門座環壓入汽缸蓋中作為氣門座，如圖 2-25 所示。

氣門座材料的特性為：
(1) 須有足夠硬度。
(2) 能耐高溫且導熱快。
(3) 熱膨脹係數應等於或略大於汽缸體或蓋。
(4) 與氣門面接觸部分不許有氧化結皮現象。

氣門座之材料如下：
(1) 與汽缸體或汽缸蓋鑄成一體者，於鑄造時加入鎳鉻於氣門座附近使成局部合金鑄鐵。
(2) 以碳鋼為本體，用鎢銅合金、或鈷鉻鎢合金作為面料、或使用感應硬化法作局部硬化處理。
(3) 用鎳鉻合金鋼或沃斯田鐵鋼或高速鋼，以離心鑄造法製成氣門環座，再以冷縮法鑲到汽缸體上。
(4) 進氣氣門座可採用合金鑄鐵。
(5) 氧化鋁等陶瓷材料。

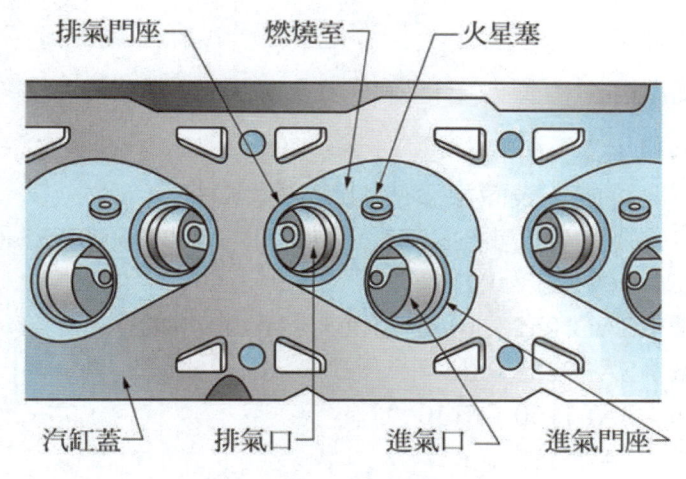

圖 2-25　氣門座

3. 氣門導管（valve guide）

氣門導管之主要作用，為保持氣門的正確直線運動，一般採用精密加工製成後，再壓鑲入汽缸體或汽缸蓋中。氣門桿與氣門導管間必須保持適當的間隙，若間隙太小，氣門可能卡死在導管中；若間隙太大，引擎機油會從此間隙進入燃燒室中。

氣門導管材料應具備之特性：
(1) 耐磨。
(2) 耐熱。
(3) 熱膨脹係數與汽缸體或汽缸蓋相同。

氣門導管所選用之材料：
(1) SAE111、120、121、122 等高級合金鑄鐵。
(2) SAE62、68、73 等銅合金。
(3) 可硬化之鋼料。
(4) 高強度耐高溫的塑膠材料。
(5) 氧化鋯等陶瓷材料。

4. 氣門彈簧（valve spring）

氣門是受凸輪推動而打開，受氣門彈簧彈力而關閉，氣門彈簧之作用，為使氣門能確實的關閉；氣門彈簧之彈力必須一定，不可太強或太弱，如彈力太強，則不但嚴重磨損凸輪，同時也需要很大動力，才能使氣門機構作用，反之彈力太弱，則氣門不能緊閉，高速時易漏氣。

氣門彈簧應具備之特性：
(1) 具有適當之彈力。

(2) 耐疲勞性。
(3) 承受高溫高壓而彈力變化應極小。

氣門彈簧所選用之材料有：
(1) 鉻錳鋼絲繞成，表面塗漆或加以電鍍處理。
(2) 日本特殊用途彈簧鋼 SUP3 含碳 0.75～0.90%，矽 0.15～0.35%，錳 0.30～0.60%，磷、硫≤0.035%。
(3) 高碳鋼：SAE1055、1060、1065、1090、1095。
(4) 矽錳鋼：SAE9255。
(5) 鉻釩鋼：SAE1150、6150。
(6) 矽鉻鋼：SAE5115。

5. 搖臂（rocker arm）

OHV 型引擎，氣門搖臂介於推桿與氣門之間，而 OHC 型引擎，搖臂則直接介於凸輪與氣門之間，搖臂之作用為頂開氣門，並以搖臂軸為支點，利用槓桿效應，使氣門之開啟量較凸輪之升程為大。由於搖臂與氣門桿尾端不斷地運動磨擦，故其接觸端必須耐磨耗。

搖臂採用之材料：
(1) 鑄鐵：經鑄造後接觸部位並經表面磨光。
(2) 鋁合金：作為本體其與氣門接觸部位用燒結合金凸塊焊上，以耐磨耗。
(3) 陶瓷材料：在磨耗部分使用氧化鋯來製造。

6. 氣門舉桿與推桿（valve lifter and push rod）

OHV 型引擎含氣門舉桿及推桿等機件，氣門舉桿係裝在引擎體之氣門舉桿導管中，將凸輪之旋轉運動變成直線運動，氣門推桿上端有球座，以容納搖臂調整螺絲，下端為球頭，承座在氣門舉桿上。

氣門舉桿通常使用的材料有：
(1) 高級鑄鐵：SAE111。
(2) 鋁合金：SAE34、39、321 等。
(3) 表面碳化加硬的低碳鋼。
(4) 氮化矽、碳化矽等陶瓷材料。

氣門推桿通常使用的材料為：
(1) 低碳鋼：SAE3135、3140，經表面滲碳而硬化。
(2) 合金鋼。
(3) 氮化矽、碳化矽等陶瓷材料。

2-2.5 曲軸（crankshaft）

曲軸有如引擎之脊骨，需承受很大的衝擊負載，扭轉及摩擦等力量，且旋轉要很平穩。曲軸是由曲軸與汽缸體支持部分之曲軸頸，連接軸頸與曲軸銷之曲軸臂或稱配重，及與連桿大端連接之曲軸銷等所組合而成；曲軸後端裝有飛輪，在前端則有驅動凸輪軸之曲軸正時齒輪，與帶動發電機、水泵、冷氣壓縮機之曲軸皮帶盤，如圖 2–26 所示。

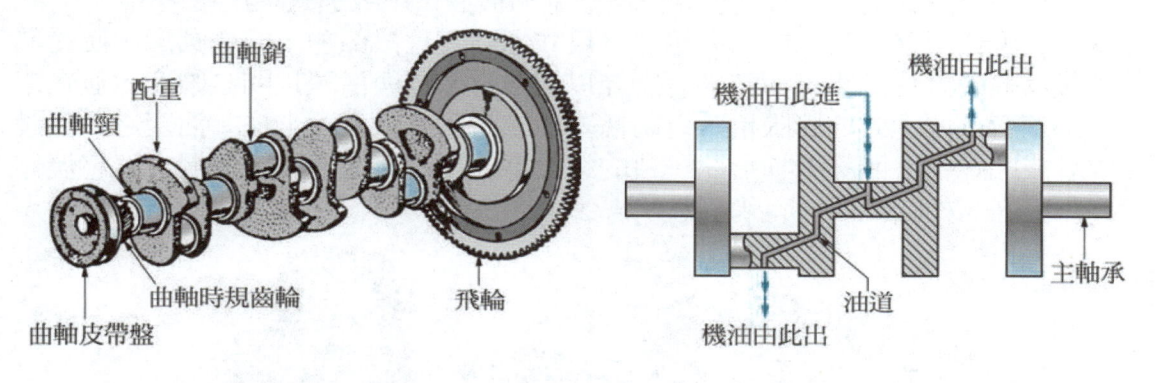

圖 2–26　曲　軸　　　　圖 2–27　曲軸內之油道

曲軸目前大都採用鑄造方式，曲軸頸與曲軸銷部分經加工車光後，表面再作硬化熱處理，並在曲軸內鑽機油孔道，作旋轉中心及平衡校正，如圖 2–27 所示。

曲軸材料必須具備之特性為：
(1) 耐磨耗。
(2) 具有韌性。
(3) 抗彎、抗扭強度大。

曲軸所選用之材料為：
(1) 球狀石墨鑄鐵鑄造而成，再經熱處理增加硬度，多用於轎車上。
(2) 波來鐵基底展性鑄鐵，多用於小型汽油引擎上。
(3) 中碳鋼：SAE1045、1046、1049、1053 等鍛鋼。
(4) 鎳鉻鉬鋼：SAE3140 鍛製成坯，經精密加工而成。
(5) 鉻鋼：SAE4340、4142。
(6) 矽錳鋼。
(7) 特殊合金鑄鐵：含碳 1.35～1.60%，銅 1.50～2.00%，矽 0.85～1.10%，錳 0.60～0.80%，鉻 0.40～0.50%。
(8) 鎳鉻合金鋼。

2-2.6 活塞及活塞環（piston and piston ring）

1. 活塞

　　活塞是在汽缸內作上下運動，在動力行程時承受高溫與高壓，經連桿將動力傳到曲軸，而產生迴轉作用，而在進氣、壓縮與排氣行程時，受曲軸的慣性在汽缸內作上下運動，完成進氣、壓縮與排氣之作用。活塞在汽缸內要能有效承受爆炸壓力，並在高溫下亦不漏氣，活塞與汽缸壁間之摩擦與機械之損失能降低至最低限度，潤滑汽缸壁的機油，不致進入燃燒室中。

　　現代引擎之活塞頭部與裙部之尺寸不同，且裙部加工成橢圓形，使受熱後漸變成圓形。鋁質活塞加有肋條以加強活塞裙與活塞頂間之強度，並在裙部開有不同型式的膨脹槽，以防活塞受熱時膨脹太甚而卡住。活塞之頂部設計成凸、平、凹等各種形狀，目的在於增加混合汽之擾動，使混合汽燃燒作用良好，如圖2-28所示。

圖2-28　各種型式之活塞

表 2–12　活塞材料

材料符號	化學百分組成								
	銅	鎂	錳	矽	鐵	鈦	鋅	鎳	其他
AlSi 12CuNi	0.8～1.5	0.8～1.3	(0.2)	11～13	(0.7)	(0.2)	(0.2)	0.8～1.3	
AlSi 18CuNi	0.8～1.5 0.8～1.2	0.8～1.3 0.7～1.2	(0.2) 0.4～0.6	17～19 16.4～17.5	(0.7) (0.8)	(0.2) (0.2)	(0.2) (0.2)	0.8～1.3 3.2～3.6	0.4～0.6 鉻
AlSi 21CuNi	1.4～1.8	0.4～0.6	0.6～0.8	20～22	(0.7)	(0.2)	(0.2)	1.4～1.6	0.7 鉻
AlSi 25CuNi	0.8～1.5	0.8～1.3	(0.2)	23～26	(0.7)	(0.2)	(0.2)	0.8～1.3	0.3～0.6 鉻
SAE 34 SAE 39 SAE 321 SAE 334	9.2～10.8 3.5～4.5 0.5～1.5 1.8～2.0	0.15～0.35 1.3～1.8 0.7～1.3 0.7～1.3	0.5 0.35 0.35 0.5	2.0 0.7 11～12.5 11～13	1.5 1.0 1.30 1.0	0.25 0.25 0.25 0.25	0.8 0.35 0.35 1.0	0.5 1.7～2.3 2.0～3.0 1.0	0.25 鉻
AlCoa 122 Y 合金 AlCoa 132	10.0 4.0 0.8	0.2 1.5 1.2		12				2.0 2.5	
lo–ex RedX–13 RR53 RR59	0.5～1.5 1～2 2.25 2.25	0.7～1.3 0.4～1.0 1.6 1.5	0.5～0.9	11～13 11～13 1.25 0.15	1.4 1.4	0.10 0.10		2.3 1.3 1.3	

活塞材料必須具備之特性為：
(1) 能耐高溫與高壓。
(2) 摩擦係數小，且耐磨損。
(3) 熱傳導性佳，且膨脹係數小。
(4) 質輕而強度大。

活塞所使用之材料：
(1) 鑄鐵：SAE111、120、122，鑄鐵活塞強度大，膨脹係數小，活塞間隙小，不易漏氣，但重量大，高速引擎並不適用。
(2) 鋁合金：如表 2–12 所示，鋁合金活塞較輕，並有良好之導熱性，摩擦阻力小，且所採用之鋁合金材料，亦能使膨脹係數減小，改善機械強度，故汽油引擎或柴油引擎採用鋁合金活塞。
(3) 陶瓷材料：活塞頂部採用氮化矽製造，膨脹率低，耐熱性佳，並耐磨耗，強度亦高。

(4) 特殊塑料：活塞裙部採用之。

2. 活塞環

活塞環之用途，係使活塞與汽缸之間，保持密接而不漏氣，幫助活塞冷卻及控制汽缸壁上潤滑油膜厚度。活塞環可分壓縮環及油環，有些油環與擴張環配合使用，使與汽缸壁之壓力平均且增強，如圖 2-29 所示。

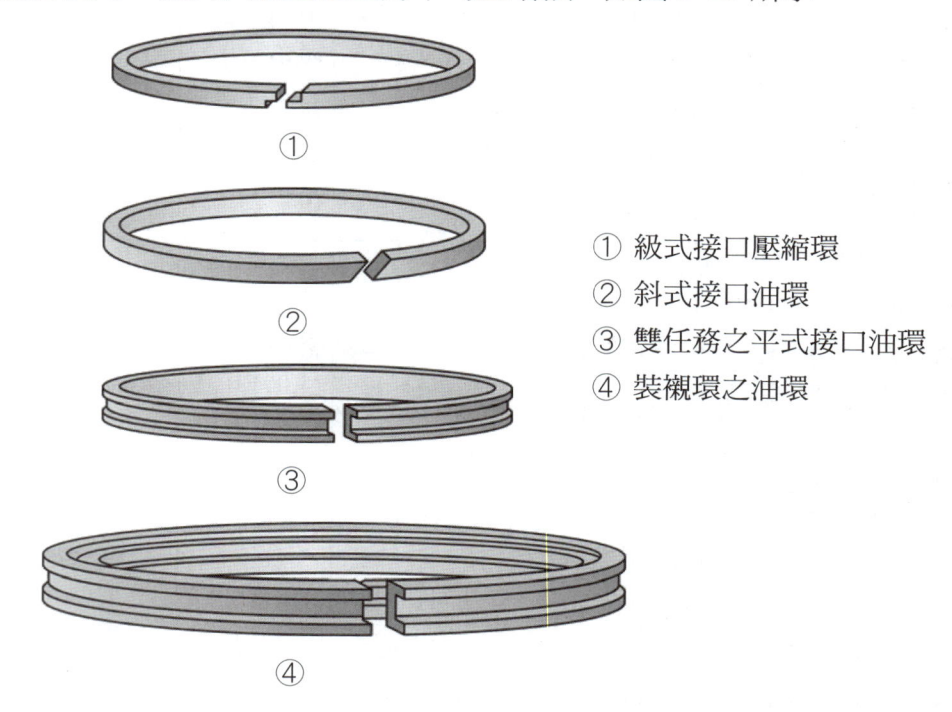

① 級式接口壓縮環
② 斜式接口油環
③ 雙任務之平式接口油環
④ 裝襯環之油環

圖 2-29　活塞環

壓縮環之主要功用係在壓縮及動力行程時，防止漏氣。油環係將汽缸壁上過多之潤滑油刮下，並使部分潤滑油經過環槽內之孔，而回至曲軸箱。活塞環有開口，供膨脹及裝合於活塞上之用。

活塞環應具備之特性為：
(1) 具有耐高溫、耐高壓之強度。
(2) 彈性佳。
(3) 耐磨耗且不易使汽缸壁磨損。
(4) 傳熱性佳。
(5) 油環必須吸油性好。
(6) 膨脹係數小。

活塞環所選用之材料：
(1) 一般係以鑄鐵或合金鑄鐵製成。活塞環常於鍍鉻後磨光，以增加耐磨性，或用凡得荷斯法鍍鉻，使成毛孔狀，以增加吸油性，使潤滑更佳。
(2) 氧化鋁、碳化矽、氮化矽等陶瓷材料。

2-2.7 連桿及活塞銷（connecting rod and piston pin）

1. 連桿（connecting rod）

連桿是連接活塞與曲軸，使活塞承受動力而作的直線運動，經連桿傳到曲軸而變成旋轉運動，如圖 2-30 所示，連桿小端由活塞銷固定在活塞上，連桿大端則與曲軸連接。連桿除了需承受強大的壓力之外，同時又需要承受離心力的扭曲，故連桿材料所具備之特性：
(1) 強度大不易變形。
(2) 耐衝擊。
(3) 重量輕。

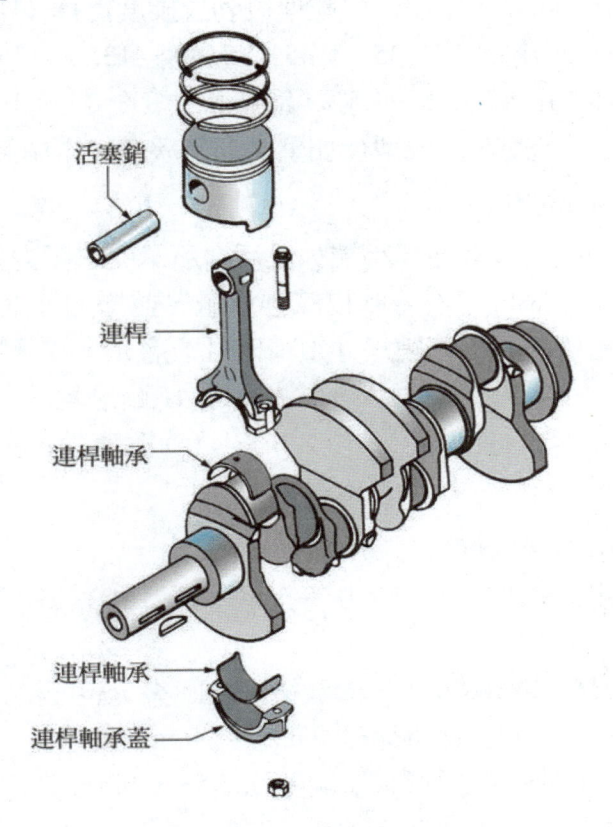

圖 2-30　連桿

連桿所選用之材料，連桿通常由碳鋼或合金鋼鍛製而成，並製成 I 型斷面，以使強度大而質量輕。
(1) SAE1038 鍛造鋼，熱處理後硬度可達勃氏硬度 217～269。
(2) SAE1040 鍛造鋼，熱處理後勃氏硬度 228～269。
(3) SAE1041 鍛造鋼，熱處理後勃氏硬度可達 229～255，使用於高性能引擎上。
(4) SAE1041H 鍛造鋼，熱處理後勃氏硬度可達 217～262。
(5) SAE1053 鍛造鋼，含硫量 0.06～0.09%，熱處理勃氏硬度可達 229～269。
(6) SAE1140 其含錳量為 0.8～1.10%，熱處理後硬度可達勃氏硬度 192～224。
(7) SAE1141 鍛造鋼，熱處理後勃氏硬度可達 212～241。
(8) SAE5141 鍛造鋼，淬火後回火於 571℃，然後於鹽槽中滲氮，硬度可達勃氏硬度 223～262。
(9) SAE8631 鍛造鋼，熱處理後勃氏硬度可達 241～285。
(10) 波來鐵基底展性鑄鐵，熱處理後勃氏硬度可達 241～269。
(11) 其他 H 合金鋼 SAE1335、3135、X3140、4135、5135、5140 及 9437 等。
(12) 杜拉鋁成分為銅 3.5～4.5%，錳 0.4～1.0%，鎂 0.2～0.8%，其餘為鋁。
(13) 連桿可以金屬粉末成型後加壓、加熱燒結後再由熱間鍛造成型。

2. 活塞銷（piston pin）

活塞銷是連接活塞與連桿小端，使活塞所承受之壓力傳到連桿。

活塞銷通常是製成空心管狀以減輕重量，並增加強度，同時表面經過硬化處理而提高耐磨性，活塞銷尺寸須精確且須磨光，其應具備之特性：
(1) 強度大。　　　　　　　　(4) 耐磨耗。
(2) 耐衝擊。　　　　　　　　(5) 耐疲勞。
(3) 質量輕。

活塞銷常用之材料有：
(1) 合金鋼如 SAE2315、2320 等鎳鋼，及 SAE3115、3215、3220 等鎳鉻鋼。
(2) SAE1016 冷擠壓成形，滲碳後淬火回火，表面洛氏硬度約 58～65，內部約 25～42，滲碳厚度 0.635～1.0mm。
(3) SAE1016 冷擠壓成形，滲碳至 0.635～0.9mm 高週波硬化，回火至洛氏硬度 60～65。
(4) SAE1016 無縫鋼管經滲碳後淬火及回火，滲碳厚度 0.89～1.27mm。

(5) SAE1016 薄管或 8617 厚管，冷擠壓成形，滲碳並處理至洛氏硬度 60～65。
(6) SAE1018 冷擠壓成形，滲碳後回火，得滲碳厚度 0.762～1.0mm。
(7) SAE1019 冷擠壓成形，滲碳於 927℃，高週波硬化並回火於 227℃～238℃，洛氏硬度 57～62，硬化深度 1.6mm 以下。
(8) SAE1020。

2-2.8 凸輪軸（camshaft）

凸輪軸包括軸上有與閥相同數之凸輪，有些機械式汽油泵亦靠凸輪驅動，並有帶動分電盤或機油泵之齒輪。凸輪軸應具備之特性：
(1) 足夠強度。
(2) 極高硬度。
(3) 耐磨耗性。
(4) 耐疲勞性。

凸輪軸所使用之材料有：
(1) SAE1019 碳鋼，鍛造後滲碳並熱處理至洛氏硬度 58～63，滲碳層厚度 2.0～2.5mm。
(2) SAE1022 碳鋼，滲碳至 1.5mm，熱處理至洛氏硬度 63，應用於柴油引擎。
(3) SAE1050 碳鋼，高週波硬化至洛氏硬度 63，應用於柴油引擎。
(4) SAE1055 碳鋼，鍛造後凸輪部分經高週波硬化至洛氏硬度 60，用於貨車。
(5) SAE5120 合金鋼，鍛造後滲碳並熱處理至洛氏 60 硬度以上，用於 V-8 柴油引擎。
(6) SAE51B60 合金鋼，鍛造後凸輪部分經高週波硬化至洛氏硬度 60，用於貨車。
(7) SAEG4000C 合金鑄鐵，基底硬度為勃氏硬度 255～321，凸輪部分經高週波硬化至洛氏硬度 52 以上。
(8) GM120M 合金鑄鐵，凸輪部分以火焰硬化至洛氏硬度 48 以上，軸承面處硬化至勃氏硬度 248～302。
(9) 陶瓷材料，可用耐磨性很強的氧化鋯材料。

凸輪軸上正時齒輪是以軟材料製成，以減少噪音，常使用的材料有鑄鐵、鋁或電木纖維材料等。若使用鏈條及鏈輪，凸輪軸鏈輪是以燒結鐵（sintered iron）或鋁轂與尼龍齒輪製成。正時鏈條可用無聲鏈條或滾珠鏈條製成，鏈條之鏈結（link）常用 SAE3135、3140 鎳鉻鋼，銷則用 SAE4815、4820 表面加硬之鉬鋼製造。

2-2.9 軸 承 (bearing)

引擎中凡各機件間有相對運動之處皆須潤滑，並裝有軸承，雖然軸承與軸之間有潤滑油潤滑，但完全隔開軸與軸承完全之潤滑很難達到，軸承的功用是減少摩擦，並如軸承這名詞的本身含義一樣，用來支托汽車各種機構中的轉動部分。

軸承依其接觸的狀況，主要分為兩大類，一種是滾動軸承，為點或線的接觸，摩擦係數小，容許的局部負載高，由軸承的鋼珠或滾柱承受重量，另一種是滑動軸承，為面的接觸，轉動部分在外殼或襯套內旋轉，與軸之間的接觸面，通常由油膜隔開。

引擎軸承具備之特性（如圖 2-31 所示）：
(1) 耐衝擊性：軸承在動力衝程時，受到極大的應力。當曲軸將連桿推上再拉下時，會產生很大的衝擊力，軸承必須能承受負載。
(2) 耐磨耗性：軸承材料必須具有硬度韌性，以避免磨損太快。
(3) 耐腐蝕性：軸承材料必須對引擎燃燒反應所生成的腐蝕性物質，如廢氣及酸，具有優良的抵抗性。
(4) 適應性：指軸承材料對軸頸軸銷之形狀及軸面具有適應能力。
(5) 嵌埋性：指軸承容許外來砂礫等雜質埋入其中的能力，使這些雜質不致刮傷軸頸。
(6) 導熱性：軸承材料必須能將摩擦所產生之熱量傳導至連桿。
(7) 耐溫性：軸承材料必須在溫度升高時仍具有相當的強度。

引擎軸承的種類有：（如圖 2-32 所示）
(1) 使用於主軸承和連桿大端的對合軸承（或為軸瓦軸承）。
(2) 使用於凸輪軸、連桿小端、油泵轉軸等之軸套軸承。
(3) 使用於水泵和發電機軸上的滾珠軸承。

圖 2-31　軸承特性

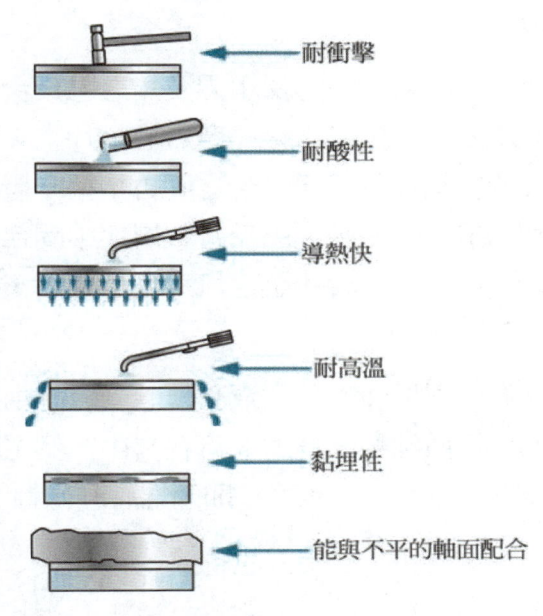

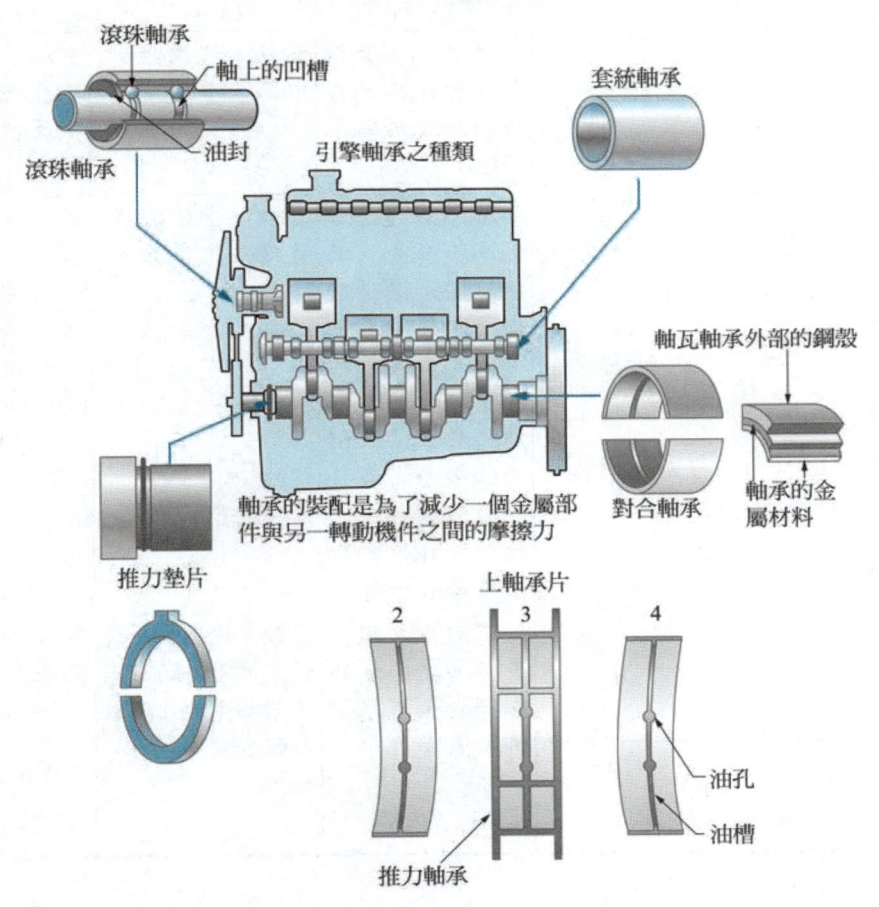

圖 2-32　引擎軸承的種類

1. 對合軸承

對合軸承之材料，通常採用錫及鉛之巴氏合金，因其具有優良之適應性及嵌埋性，巴氏合金通常熔接一薄層於鋼片上，並將此鋼片以機械成形製成軸承套，有時於鋼片及巴氏合金之間再熔接一層高強度與疲勞強度優良之材料，此種軸承稱三金軸承。巴氏合金層與中間合金層之厚度，負載重者厚度較厚。美國汽車工程學會所定之汽車軸承材料，包括材料成分、製造方法及用途，如表 2-13 所示。

主軸承除了支持曲軸外，還必須承受可能由於離合器壓力所產生的軸向推力，為了防止曲軸軸向推力，可在其中一個主軸承端加上兩片推力片，是用薄鋼片製成，一種為整體式，即兩端有凸緣軸承。

表 2-13　汽車軸承材料

材料	化學百分組成				製造方法	特性	用途
錫金合金	錫	鉛	銅		鑄造於鋼，青銅黃銅軸承襯套或直接鑄造於軸承座上	質軟，抗腐蝕，中等疲勞強度	主軸承連桿軸承馬達襯套，可與硬及軟軸配用
SAE11	87.5	6.75	5.75					
SAE12	89	7.5	3.5					
鉛基合金	鉛	錫	銻	砷	SAE16 鑄造於鋼軸承襯套上，其他材料則鑄造於鋼黃銅，及青銅軸承襯套或軸承座上。SAE16 有鑄造於或滲入附於鋼襯套之多孔性燒結材料上，此類多孔性材料如銅鎳合金等	質軟，中級疲勞強度，抗腐蝕	主軸承，連桿軸承，可與硬及軟軸配用，但軸之軸承面需具良好表面粗度 (Surface Finish)
SAE13	餘量	6	10	—			
SAE14	餘量	10	15	—			
SAE15	餘量	1	15	1			
SAE16	餘量	4.5	3.5	—			
鉛錫合金（三金軸承內層）	鉛		錫		以電鍍方法鍍一層極薄之合金於銅鉛合金或銀質軸承表面	質軟，抗腐蝕，運轉中，只鉛錫電鍍層未被磨耗，與軟軸配合使用情形良好	重負載，高速主軸承及連桿軸承
SAE19	90		10				
SAE190	93		7				

表 2-13　汽車軸承材料（續）

材　料	化學百分組成			製造方法	特　性	用　途
銅鉛合金	銅	鉛		鑄造或燒結於鋼質襯套上	比較質硬，稍有幾分受油腐蝕，若再熔接適當材料之內層，可降低油之腐蝕。由SAE49至SAE481疲勞強度由優良而降為中等，硬度亦降低	主軸承及連桿軸承，高鉛含量之合金可用於軟軸，但增加一層適當材料內層，品質更佳，低鉛含量合金用於硬質軸，或增加一內層，用於軟質軸
SAE49	76	24					
SAE48	70	30					
SAE480	65	35		鑄造於鋼質襯套上		
SAE481	60	40					
	銅	鉛	砷	鋼質軸襯，首先熔接一層燒結銅合金基底，然後再以銅鉛合金一層熔接其上	比較質硬，疲勞強度中等，由SAE482至485硬度及疲勞強度遞減，增加銅含量而除去錫含量可增加抗腐蝕強度	主軸承及連桿軸承，此時一般不加內層SAE484及485，可用於硬質及軟質軸，硬化處理軸及鑄造軸，則用SAE482
SAE482	67	28	5			
SAE484	65	42	3			
SAE485	46	51	3			
鋁基合金	鉛	銅	鎳	其他	金屬模鑄造，可析出硬化	質硬，疲勞強度極佳，抗油腐蝕	主軸承及連桿軸承，一般均加內層成三金軸承
SAE770	餘量	1	1	6.25（錫）			
SAE780	餘量	1	0.5	6.0（錫）1.5（矽）	熔接於鋼軸襯	同　上	同　上
SAE781	餘量	—	—	4.0（矽）1（鎘）	熔接於鋼軸襯	同　上	用於主軸承及連桿軸承則同上。同於軸襯及止推軸承則不加內層
SAE782	餘量	1	1	3 鎘	熔接於鋼質軸襯	同　上	

2. 套筒軸承

　　滑動軸承中，有一種是一完整的圓筒形，並不是由兩個半圓片所合成的，稱為軸套軸承，這種軸承用於連桿的小端及凸輪軸上的軸承，採用銅合金材料為多，亦有使用碳化矽、氮化矽等陶瓷材料，銅合金用於銅套之製造方法，

一為鑄造，另則為粉末燒結合金，其製造方法為將金屬粉末加壓成形後，在還原性氣體或真空中燒結，而得到多孔性產品，再經特殊方法浸油，而成為含油軸承，使用時不需再加油潤滑。

美國汽車工程學會所定之軸套軸承合金材料，包括化學成分、製造方法、特性及用途，如表 2-14 所示。

表 2-14　銅套式軸承材料

銅基合金	化學百分組成				製造方法	特性	用途
	銅	錫	鉛	鋅			
SAE795	90	0.5	—	餘量	鍛造青銅	質硬，強度高，疲勞強度佳	中級負載，使用於往復運動之機械如（Tierod）及離合器軸
SAE791	88	4	4	4	鍛造青銅	一般用軸承材料，抗震及負載性佳，高溫強度，用於硬質軸，抗擦傷性低於含鉛百分比高之合金	中級負載至重負載，用於傳動系統之銅套，止推墊圈、活塞銷銅套等
SAE793	餘量	4	8	4 以下	鑄造於鋼套	同　　上	中級負載至重負載，一般用於轉動系統，車架之銅套及止推墊圈
SAE798	餘量	4	8	4 以下	為燒結合金燒結於鋼套上		
SAE792	80	10	10	—	鑄造於鋼套上	在一般之鑄造軸承合金中，有最高之抗震及負載能力，質硬，疲勞強度及抗腐蝕性佳，用於質硬軸	重負載，用於往復及轉動之機件
SAE797	80	10	10	—	為燒結合金燒結於鋼套上		一般用於活塞銷、轉向關節、差速車軸、止推墊圈、耐磨護板
SAE794	73.5	3.5	23	3 以下	鑄造於鋼套上	含鉛量高，高速時，轉承表面作用優良，但抗腐性降低	中級負載，用於往復及轉動機件，如搖臂之銅套、傳動系統銅套
SAE749	73.5	3.5	23	3 以下	為燒結合金燒結於鋼套上		

一、選擇題

(　) 1. 低碳鋼之含碳量為　(A)0.02%以下　(B)0.02～0.3%　(C)0.3～0.6%　(D)2% 以上。

(　) 2. 下列何者非為陶瓷材料之特性？　(A)耐磨　(B)耐蝕　(C)高熱導　(D)高絕緣。

(　) 3. 下列何者屬於陶瓷材料？　(A)氧化鋁　(B)碳化矽　(C)氮化矽　(D)以上皆是。

(　) 4. 下列何者為汽缸體常用之材料？　(A)高碳鋼　(B)熟鐵　(C)鑄鐵　(D)合金鋼。

(　) 5. 下列何者非為汽缸蓋之材料？　(A)高碳鋼　(B)灰鑄鐵　(C)合金鑄鐵　(D)鋁合金。

(　) 6. 汽缸套內壁表面常鍍上？　(A)鉛　(B)鉻　(C)鎳　(D)錫　以減少磨蝕速度。

(　) 7. 下列何者為非氣門彈簧之材料？　(A)高碳鋼　(B)矽錳鋼　(C)彈簧鋼　(D)陶瓷材料。

(　) 8. 曲軸材料需具備之特性為？　(A)耐磨耗　(B)具有韌性　(C)抗扭強度大　(D)以上皆是。

(　) 9. 下列何者非為活塞選用之材料？　(A)矽鋼　(B)鑄鐵　(C)陶瓷材料　(D)鋁合金。

(　) 10. 下列何者非屬引擎機件內之軸承？　(A)滾針軸承　(B)滾珠軸承　(C)對合軸承　(D)軸套軸承。

二、問答題

1. 簡述鋼鐵材料之分類。
2. 汽缸體應具備之特性有那些？通常由何種材料製成？
3. 試述氣門材料應具備之特性。
4. 試述曲軸所選用之材料。
5. 活塞環應具備之特性為何？
6. 試述引擎軸承應具備之特性。

第 3 章

引擎附件材料

3-1　進氣歧管

　　進氣歧管是由一充氣室與各橫流道構成，使用化油器型式的引擎，其充氣室入口以螺栓接合在節流閥體上，進氣口燃料噴射系統的節流閥體則直接置於充氣室入口，橫流道使進氣被引到各氣缸；進氣歧管其設計要求是使空氣流動阻力低、空氣與燃料在各汽缸間獲得良好的分配，進氣歧管一般是由鋁合金製成，為減輕重量，現行車輛也採用強化樹脂材料如圖 3–1 所示。

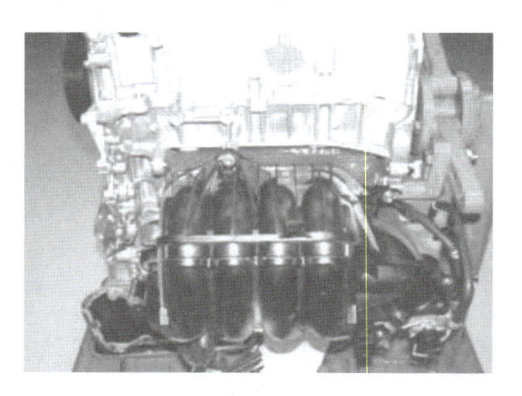

圖 3–1　樹脂材料製之進氣歧管

3-2　排氣歧管

　　排氣歧管設計同樣要求使廢氣流動阻力低，其材質更必須能耐高溫，一般採用鑄鐵材料，新型引擎也有採用不銹鋼材質，如圖 3–2 所示。

圖 3–2　不銹鋼製之排氣歧管

3-3 飛 輪

飛輪的功用依離合器型式的不同而有些差異，其功用為動力行程時吸收大部分動能，供進氣、壓縮、排氣等行程使用；機械式離合器藉由離合器片摩擦飛輪面，而平順的傳遞動力至變速箱，扭力變換器型式之飛輪則與主動葉輪焊在一起以傳遞動力，飛輪係使用 SAE120 鑄鐵車圓磨光而成，較後者係使用 SAE121 鑄鐵，飛輪外緣之環齒輪，係加熱後鑲於飛輪上。

3-4 感測器

1. 溫度感測器

引擎上裝有水溫感測器，如圖 3-3 所示熱敏電阻式溫度感測器，進氣溫度感測器以及有些引擎所使用的熱線式空氣流量計，都屬於溫度感測器；水溫、進氣溫度感測器使用熱敏電阻，其材質多使用錳、鈷、鎳、鐵、銅等金屬氧化物燒結而成的陶瓷半導體，如 Fe_2O_3、MnO、NiO 等；熱線式空氣流量計如圖 3-4 所示，常用鉑金屬材料，因為鉑具有相當良好的穩定性，且工作範圍十分廣大，除了鉑之外，比較常用的金屬還有銅及鎳等金屬。

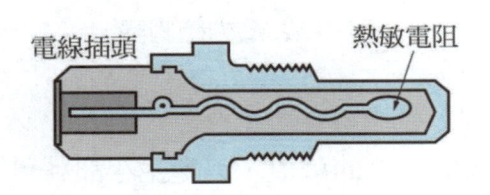

圖 3-3 熱敏電阻式溫度感測器

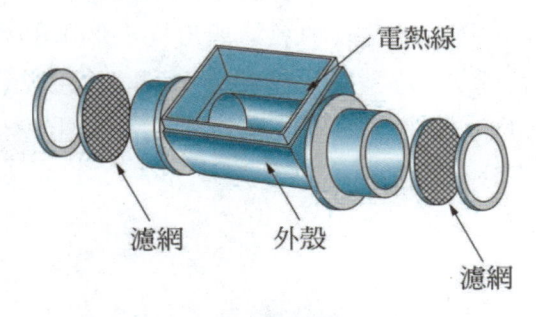

圖 3-4 熱線式空氣流量計

2. 壓力感測器

壓力感測器裝置在進氣歧管內,當引擎在固定轉速時,進氣歧管壓力與汽缸內吸入的空氣量,幾乎成一定比例的關係,感測器測知歧管的壓力而轉換成電壓訊號送到電腦,使電腦作出控制指令。

壓力感測器因著科技的進步,由原來的線性變壓器,改成目前的半導體式壓力感測器,主要使用矽半導體為感測元件,如圖 3-5 所示,因半導體之壓阻效應使矽結晶格子間隔變化,而產生電流訊號的改變。

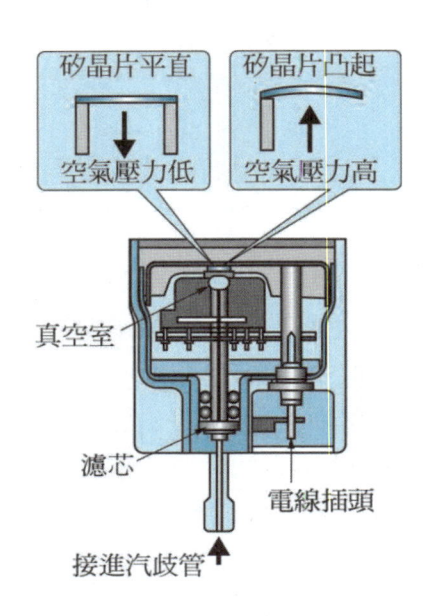

圖 3-5　壓力感測器

3. 含氧感測器

含氧感測器係利用氧氣濃度的差值,以產生小訊號電壓的一種小電池,其材質如圖 3-6 所示,使用氧化鋯(ZrO_2)等陶瓷材料,內側及外側以鉑(Pt)塗敷其上作為電極,最外側再塗上陶瓷材料,裝置在排氣管內,內部則與大氣相通,當混合汽較濃時,氧氣含量少,與大氣中氧氣濃度(21%)的差值大,產生 0.5V 以上的訊號電壓;當混合汽較稀時,氧氣含量多,與大氣中氧氣濃度的差值小,產生的訊號電壓則小於 0.4V,藉由含氧感測器產生的訊號電壓,電腦能控制噴油量,而維持最適當的空氣、燃料混合比值。

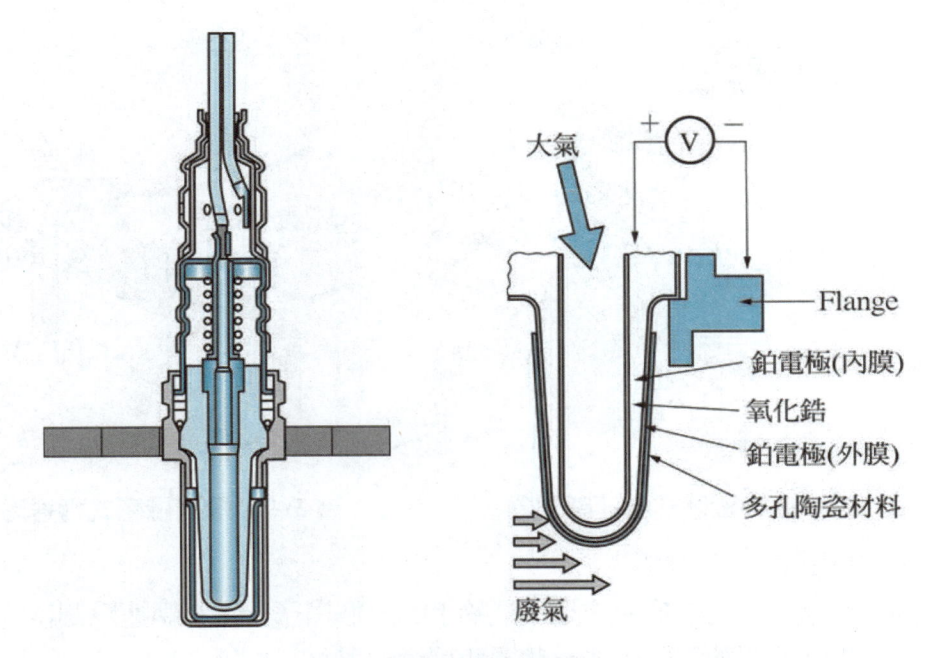

圖 3-6　含氧感測器

4. 引擎轉速感測器

引擎轉速感測器有許多型式：

(1) 分電盤磁感式轉速感測器

如圖 3-7 所示，分電盤的正時轉子上，有許多凸角，每當正時轉子上的凸角，對正感應線圈時，線圈感應生電，作為轉速的信號。

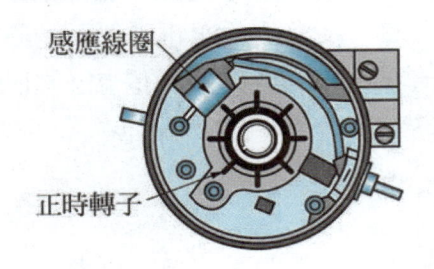

圖 3-7　分電盤磁感式轉速感測器

(2) 曲軸磁感式轉速感測器

如圖 3-8 所示，在曲軸上裝置一個轉盤，轉盤的周圍有許多凸角，每當凸角轉過磁鐵時，磁鐵上的線圈感應出一電壓訊號，作為轉速的信號。

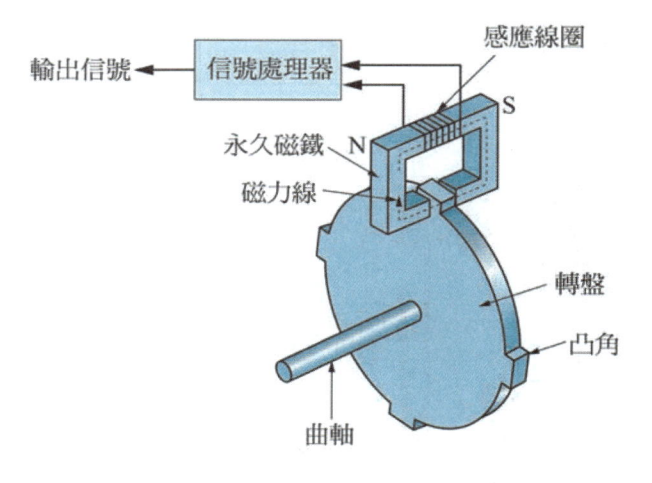

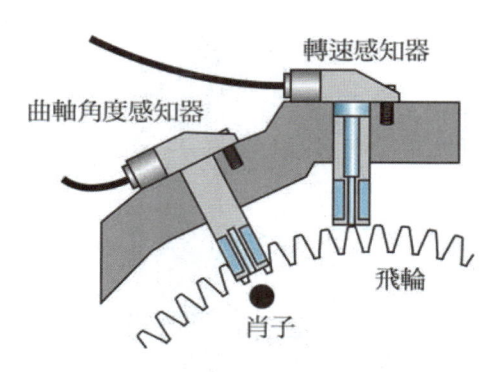

圖 3-8　曲軸磁感式轉速感測器　　　　圖 3-9　飛輪磁感式轉速感測器

(3) 飛輪磁感式轉速感測器

如圖 3-9 所示，利用飛輪的齒或飛輪上的一個肖子，作為轉速感測器的基準，因而產生轉速訊號；磁感式感測器使用半導體材料如銦（In）、銻（Sb）等。

(4) 光電式轉速感測器

利用曲軸轉盤上的圓孔，轉盤的一側有發光二極體，另一側有光敏電阻或感光晶體，每當轉盤上的圓孔對正 LED 時，光敏電阻受到光照發出訊號，即可測出轉速；感測器材質使用半導體材料如矽（Si）、鍺（Ge）、砷（As）、銦（In）、銻（Sb）等。

(5) 霍爾式轉速感測器

利用曲軸轉盤上的凸角，凸角的數量和汽缸數相同，轉盤的頂部有兩塊磁鐵，中央放著霍爾電塊，每當凸角對正磁鐵時，磁鐵的磁力線被凸角擋住，不能抵達霍爾電塊，霍爾電塊就感應出信號，如圖 3-10 所示。感測器材質使用半導體材料如矽（Si）、鍺（Ge）、砷（As）、鎵（Ga）、銻（Sb）等。

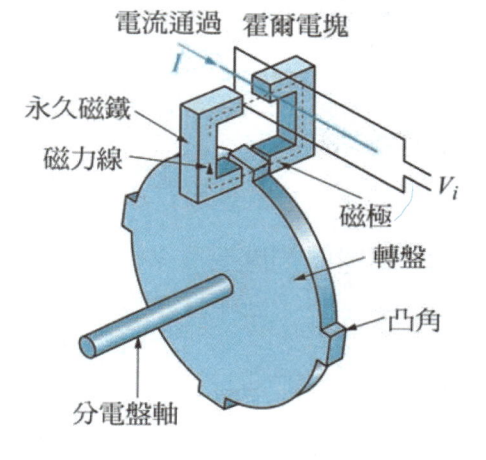

圖 3-10　霍爾式轉速感測器　　　　圖 3-11　爆震感測器剖面圖

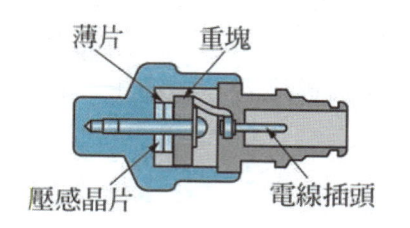

5. 爆震感測器

爆震感測器主要是利用壓電效應（piezoelectric effect）所製成之壓力感測器，所謂壓電效應是指當天然或人造石英晶體，被外力壓擠時晶體結構及形狀發生變化，而產生一電位之輸出。piezo 源自希臘字，即為英文 pressure 之意；爆震感測器裝置於汽缸壁側，當發生爆震時感測器能偵測到異常的壓力，而產生脈衝電壓訊號，圖 3-11 為爆震感測器剖面圖。

3-5 觸媒轉換器

汽油引擎所使用的觸媒轉換器，是由一種活性觸媒材料構成，這種材料被放在一設計特殊的殼內，使排氣流過觸媒床，將 CO 與 HC 氧化或將 NO 還原的活性材料，圖 3-12、圖 3-13 顯示兩種常用的型態，一種為使用一陶瓷蜂巢結構或單體，且放在排氣流中的金屬罐內，活性觸媒材料被植入一多孔性大的鉛薄塗膜內，如圖 3-12；另一種轉換器設計使用一球狀陶瓷顆粒床，使與排氣有較大的接觸面積，如圖 3-13 所示。最常用的氧化觸媒材料是鉑（Pt）與鈀（Pd）的混合物，其較不受燃料中的硫作用而影響活性；還原觸媒有氧化鈣（CaO）、氧化鎳（NiO），但容易與硫作用而失去活性，銠（Rh）是還原觸媒材料的主要成分，它對氮氧化合物（NO）的還原非常活躍，且不易與一氧化碳和硫化物起作用。觸媒材料最怕碰到燃料抗爆震劑中的鉛，與機油添加劑中的磷，這兩種元素會使觸媒被毒化而失去活性。

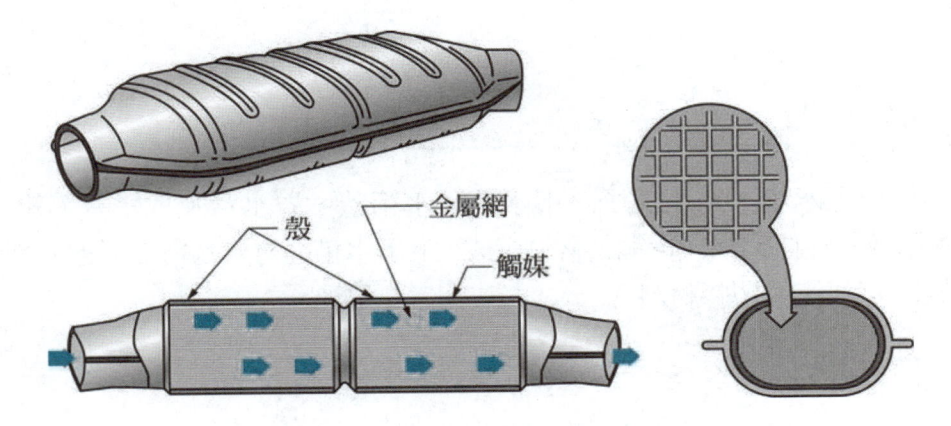

圖 3-12　單體式觸媒轉換器

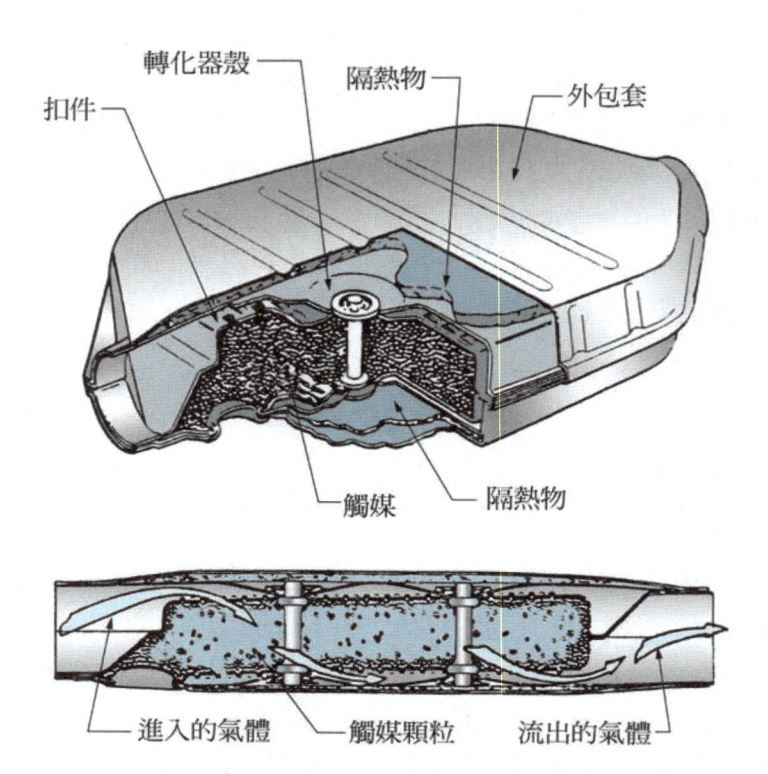

圖 3-13　顆粒化觸媒轉換器

3-6　水　泵

　　水泵之外殼通常使用鋁合金製造，水泵之葉輪則使用高級鑄鐵之材質。

3-7　水　箱

　　水箱係由上水箱、水箱芯子、下水箱、水箱蓋、溢水管及放水塞等組成，水箱芯子採用散熱性佳的銅或黃銅為材料製成，上下水箱之材料為鋼皮或銅皮製成，溢水管及放水塞則使用塑膠材料。

一、選擇題

(　　) 1. 下列何者非為進排氣歧管之材料？　(A)鑄鐵　(B)鋁合金　(C)樹脂材料　(D)陶瓷材料。

(　　) 2. 下列何者非為熱敏電阻之材料？　(A)鋁　(B)錳　(C)鈷　(D)銅。

(　　) 3. 壓力感測器主要材料為　(A)鍺半導體　(B)矽半導體　(C)碳半導體　(D)銦半導體。

(　　) 4. 含氧感測器使用之材料為　(A)氧化鋁　(B)氧化鋯　(C)氮化矽　(D)碳化矽。

(　　) 5. 下列何者非為霍爾電塊之材料？　(A)矽　(B)鎵　(C)鉑　(D)砷。

(　　) 6. 下列何者非為觸媒轉換器使用之材料？　(A)鉛　(B)鉑　(C)鈀　(D)銠。

二、問答題

1. 進排氣歧管設計的要求為何？
2. 列出五種引擎上使用之感測器。
3. 觸媒轉換器主要處理那些廢氣？

第 4 章

汽車底盤材料

汽車之底盤系統，包括傳動系、煞車系、車架及懸吊系，以及轉向系統。當引擎、車輪、傳動系、煞車系及轉向系統固定於車架後，則稱為汽車底盤。

4-1 底盤彈簧（chassis spring）

底盤彈簧是介於車身與輪胎之間，主要在於吸收車輛震動，使乘坐舒適，並分擔車輛重量。良好的底盤彈簧必須具備下列特性：
(1) 能適應負載的大小而有適當彈性。
(2) 對道路的衝擊，因彈性而減少其震動。
(3) 經長時間使用，其彈性不減。
(4) 不易折斷。

底盤彈簧有板片彈簧、螺旋彈簧、扭力桿等金屬彈簧，與橡皮彈簧、空氣彈簧等非金屬彈簧。

1. 板片彈簧（leaf spring）

板片彈簧大部分使用於汽車後承載系統，及與螺旋彈簧相結合使用於前端。板片彈簧係由多片長條形的鋼板重疊而成，並用固定夾與中心螺栓裝合，鋼板由主鋼板算起第二片鋼片，第三片鋼板……等有 8 至 15 片，由上而下按長短順序而疊合。在最長的主鋼板兩端捲成一圓孔，內加一銅套，構成一鋼板銷孔（spring eye），再利用鋼板銷將它固定於車架上。主鋼板一端用鋼板銷固定在不能移動的吊架上，另一端則固定在可移動的吊耳上，中央用 U 型螺栓固定於軸上，如圖 4-1 所示。

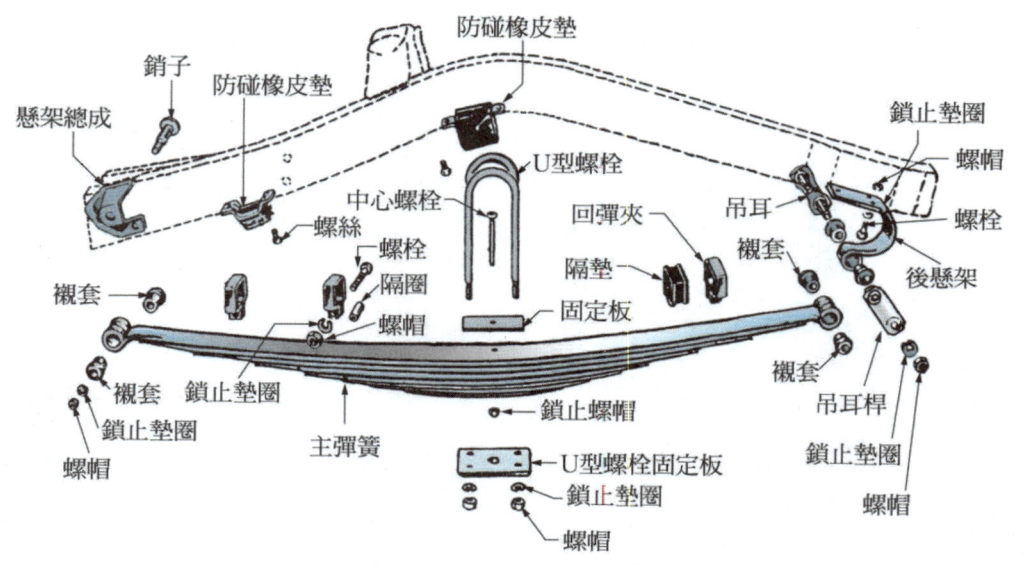

圖 4-1 板片彈簧

板片彈簧所使用的材料有：
(1) 碳鋼：SAE1095，經淬火後回火至勃氏硬度 352～415，多用於貨車及重型車。
(2) 鉬鋼：SAE4063 稱為 Amola 鋼，4083 用在鋼板厚度 6mm 以上。
(3) 鉻鋼：
・SAE5150 其油淬火溫度為 871℃～899℃，回火溫度為 357℃～524℃，硬度為 363～444。
・SAE5155，經熱處理後硬度可達 415～463。
・SAE5160 油淬火溫度 829℃，回火溫度 366℃～510℃，硬度為 388～495。
(4) 矽錳鋼：SAE9260，淬火後回火至勃氏硬度 388～514。
(5) 鉻釩鋼：SAE6135、6150、6152 等，此類材料可淬火均勻，內部亦無應力產生，製造容易，其油淬火溫度 843℃～871℃，回火溫度 357℃～524℃；勃氏硬度為 363～444。

2. 螺旋彈簧（coil spring）

螺旋彈簧為獨立式懸吊裝置使用最多，並配合避震器前後輪懸吊均採用，如圖 4-2 所示，螺旋彈簧由特殊彈簧鋼條加熱捲製而成，因無摩擦力存在，彈簧常數小，較具有彈性，變形量亦大，乘坐較舒適，唯不同於板片彈簧，無法傳遞驅動力。

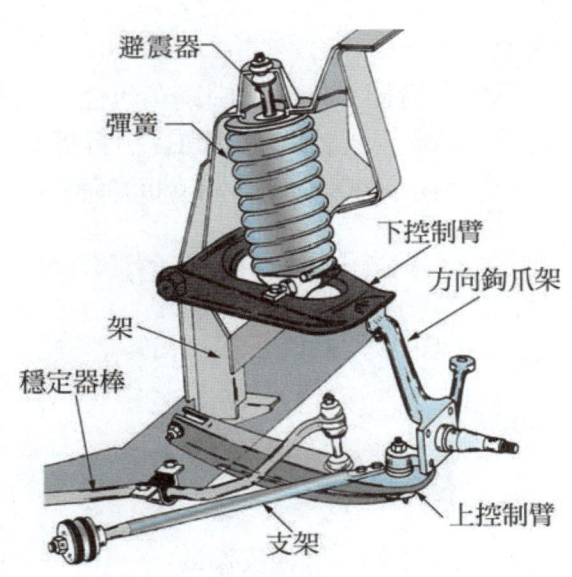

圖 4-2　螺旋彈簧使用於獨立懸吊系

螺旋彈簧使用之材料有：
(1) 鉻鋼：SAE5155 及 5160，線材加溫至 871℃成形，油淬火後回火至勃氏硬度 461～514，以珠擊法處理硬化表面。

(2) 矽錳鋼：SAE9260，淬火後回火至勃氏硬度 461～514，再施以珠擊法硬化其表面。

(3) ASTM-A-228～3951 琴鋼線：含矽 0.12～0.2%，錳 0.2～0.6%，碳 0.7～1.0%。

3. 扭桿彈簧（torsion bar spring）

扭桿彈簧是由一根適當長度的彈簧鋼條所構成，其一端固定在車架上，另一端使用臂與車輪連接，車輪上下跳動時使扭桿扭轉，以扭轉彈力來吸收震動。如圖 4-3 所示。

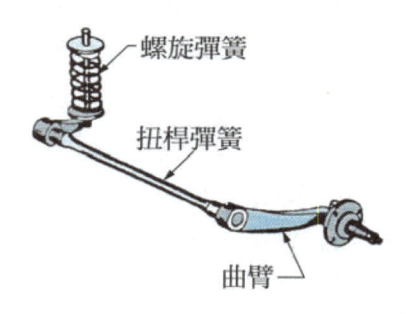

圖 4-3　螺旋彈簧與扭桿之複合彈簧

扭桿彈簧常用之材料：

鉻鋼：SAE5160H，加熱至 871℃，油淬火後回火於 482℃，至勃氏硬度 444～495，以珠擊法處理硬化表面。

4. 橡皮彈簧（rubber spring）

圖 4-4 所示為橡皮彈簧之構造，橡皮係由鋼箱包住，且鋼箱固定於車架上，作用時靜而聲響小，內部摩擦彈性衰減作用時間長，且不必加油，為相當優良之彈簧，但因強度有限，只能用在小型車，或用作輔助彈簧。

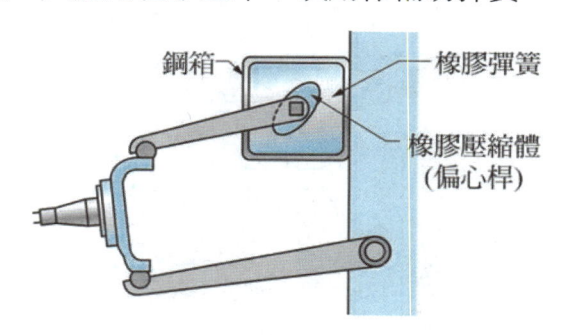

圖 4-4　橡皮彈簧

5. 空氣彈簧（air spring）

空氣彈簧係利用空氣之壓縮性來產生緩衝作用，且不論負載如何，均能維持汽車前後在同一高度，為理想的彈簧裝置。

4-2　車　架（frame）

車架為汽車之骨架，是引擎、傳動裝置、轉向裝置、懸吊裝置等之裝備安裝的地方，成為汽車底盤如圖 4–5 所示。

車架須能承受由於汽車之驅動力、制動作用力、轉向離心力，及從道路所承受的衝擊力等，而引起之歪曲、扭轉、拉伸及震動等，因此車架必須具有很高之強度及剛性，並且儘量減輕重量，節省油料消耗。目前很多客車上，不使用車架而將車身加強成為單體式底盤，如圖 4–6 所示。

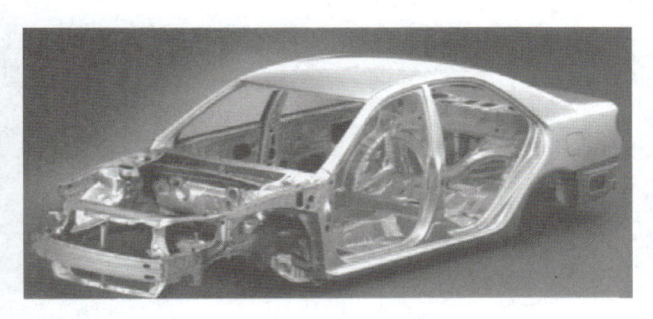

圖 4-5　貨車之車架　　　　　圖 4-6　整體式車身

單體式底盤，車身的底板係以緊固底或支架構成，而各機構則直接安裝之，車身之剛性具有足夠強度能承受垂直負載、水平負載、扭矩、制動反作用力等，且因無車架而重量減輕，故為現在小型車輛廣泛使用。圖 4–7 所示為使用於各種車輛之車架，大致可分類如下：

(1) H 型車架：又稱梯型車架、構造簡單、強度大、施工容易，但對扭轉抵抗力較弱，需用較多橫樑來補救，為大型車或小貨車使用最多之車架型式。

(2) X 型車架：側樑在中間部分相靠近，強度大，能抵抗大的扭矩，構造較複雜，小轎車採用較多。

(3) 脊骨型車架：對彎曲及扭轉之抵抗力大，為性能優越之車架，適用於小型客車上。

(4) 臺床型車架：為大樑與車身一體化之結構，強度大，能抵抗彎曲變形，適用於小型客車。

(5) 桁架型車架：整台車子以 20～30mm 之鋼管焊接合成，重量輕，強度大，但不適合大量生產，僅用於跑車上。

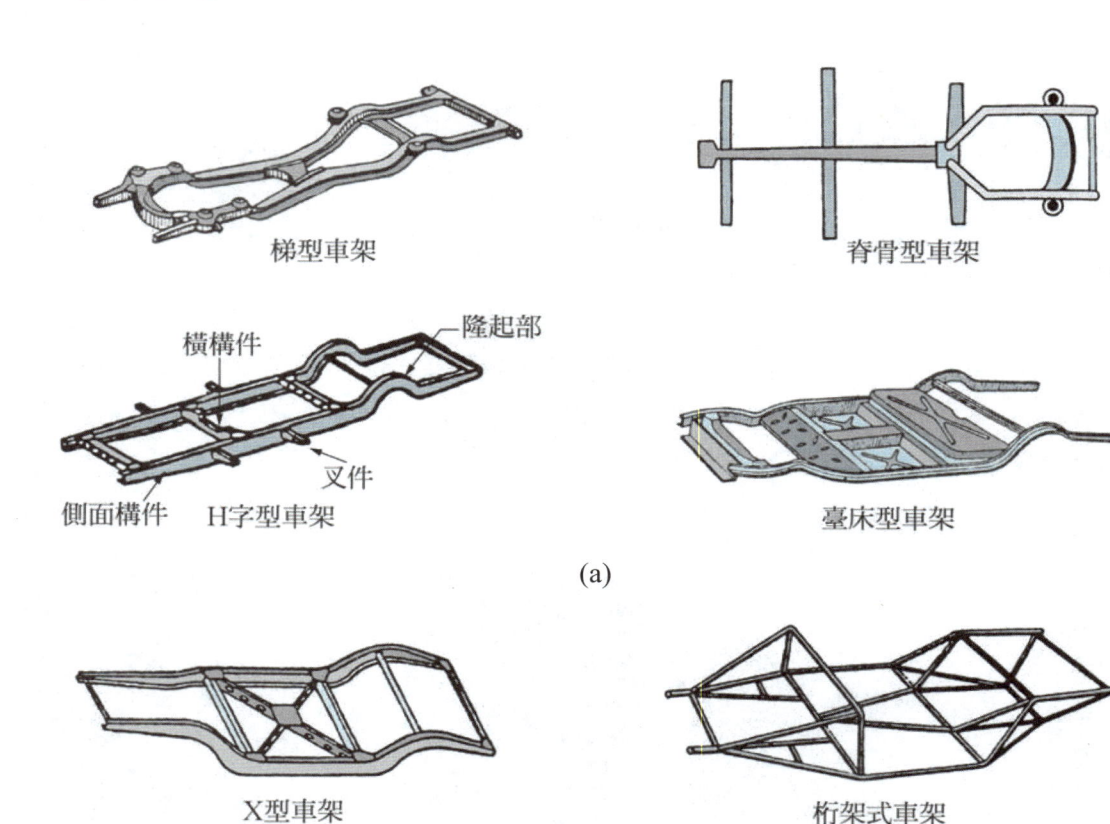

(a) 梯型車架／脊骨型車架／H字型車架／臺床型車架

(b) X型車架／桁架式車架

圖 4-7　車架之種類

車架常用之材料有：
(1) 低碳鋼 SAE1020 多用於小型車。
(2) 中碳鋼 SAE1030、1050。
(3) 鎳鉻合金鋼 SAE3230，大型客車大多採用。
(4) 鉻合金鋼含碳 0.24～0.3%、鉻 0.4～0.6%，用於重型卡車。

4-3 齒　輪（gear）

　　齒輪常用以傳達運動或動力，自主動軸傳至從動軸，當軸與軸作旋轉運動時，能維持一定之速度比，且可傳達預定之動力，故齒輪在汽車動力傳動系中，佔相當重要之地位。齒輪有如下之優點：
(1) 可傳達較大之動力。
(2) 轉速精確。

(3) 兩軸間平行、垂直或任何角度均可傳動。
(4) 可改變速度及運動方向。

齒輪之種類：

1. **傳動平行軸之齒輪**
   (1) 正齒輪（spur gear）：如圖 4-8 所示，係在圓柱形外切成與軸線平行之輪齒。因其齒形簡單，加工容易，製造之精確度亦高，故使用最廣，其兩輪旋轉方向相反。
   (2) 內齒輪（internal gear）：如圖 4-9 所示，係在圓筒內面切成與軸線平行之輪齒，與正齒輪適相反，故通常均與一小直徑之正齒輪銜接使用，其兩輪之旋轉方向相同。
   (3) 齒條（rack）：正齒輪之半徑擴大而為無窮大時，即為齒條，如圖 4-10 所示，與齒條互相銜接之小齒輪作旋轉運動時，齒條即作往復之直線運動。

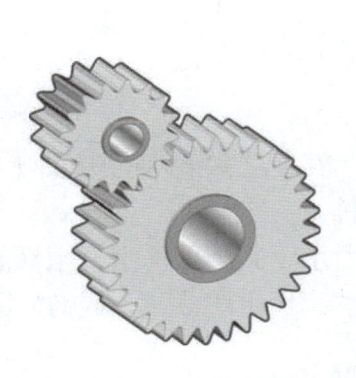

圖 4-8　正齒輪

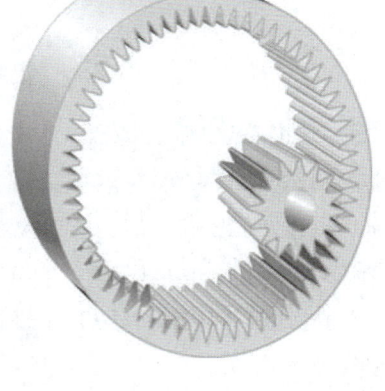

圖 4-9　內齒輪

圖 4-10　小齒輪與齒條

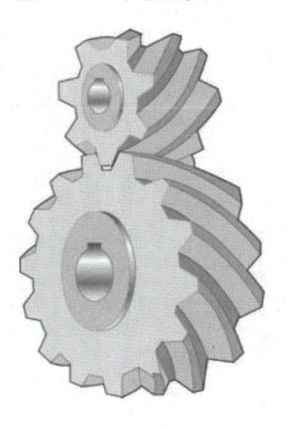

圖 4-11　螺旋齒輪

(4) 螺旋齒輪（helical gear）：如圖 4-11 所示，其輪齒成螺旋形，此種齒輪在運轉時，常有一對以上之兩方輪齒相互嚙合，運轉較為圓滑而無噪音，但運轉時有軸向的推力為其缺點。

(5) 人字齒輪（herringbone gear）：如圖 4-12 所示，就其輪齒而言，實為兩對螺旋齒輪所併合而成，如此左右兩方所生之軸向推力適可彼此抵消，惟此種齒輪製造較為麻煩。

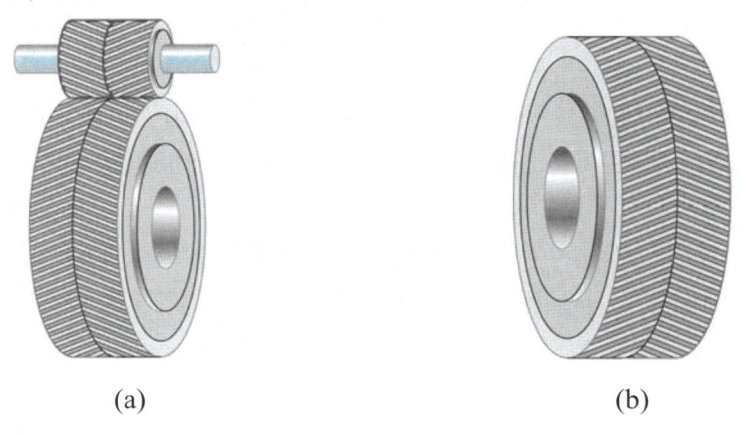

(a)　　　　　　　　　　(b)

圖 4-12　人字齒輪

2. 傳動相交軸之齒輪

(1) 冠狀斜齒輪（crown gear）：如圖 4-13 所示，其上之輪齒均向內傾斜，若與另一斜齒輪配合，即可傳動大於 90°的兩輪軸。

(2) 渦線斜齒輪（spiral bevel gear）：如圖 4-14 所示，其齒形係用直線螺旋、圓弧、漸開線等曲線，以代替直線者。故其接觸率比直線齒高，運轉較圓滑而無噪音。

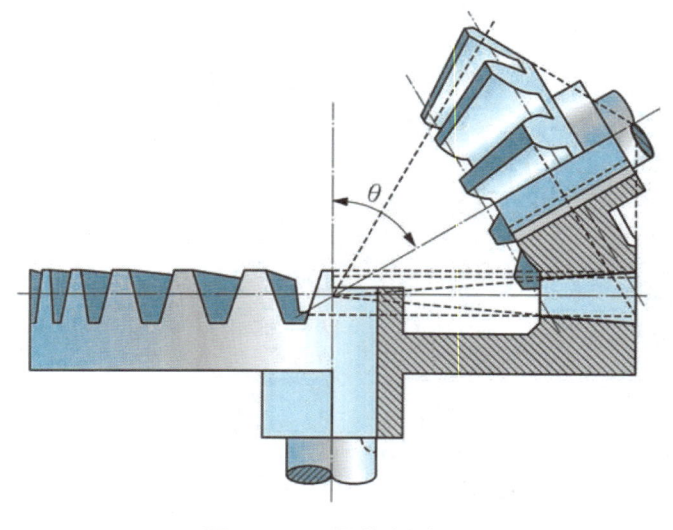

圖 4-13　冠狀斜齒輪

圖 4-14　渦線斜齒輪

3. 傳動不平行且不相交軸之齒輪

(1) 戟齒輪（hypoid gear）：如圖 4-15 所示，常用於汽車差速器之推動。
(2) 蝸桿與蝸輪：如圖 4-16 所示，蝸桿為作成螺旋形狀且齒數較少，而部分能包容蝸桿之齒輪是為蝸輪。此種傳動裝置能傳達甚高之速比，不易逆轉且工作時發聲極小。

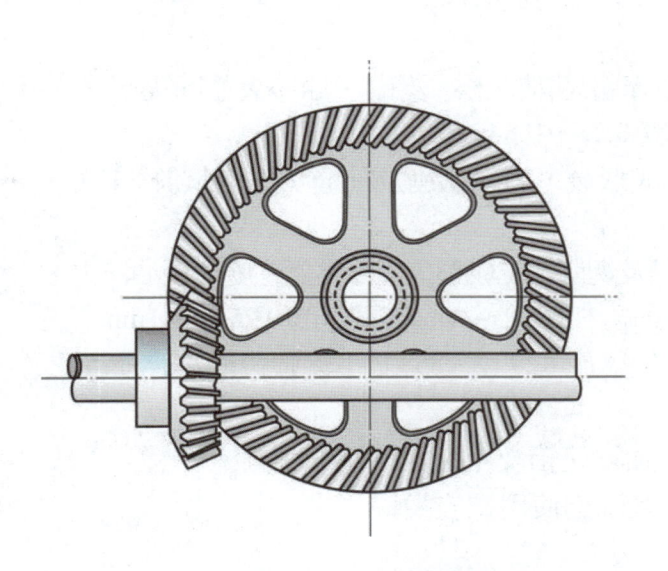

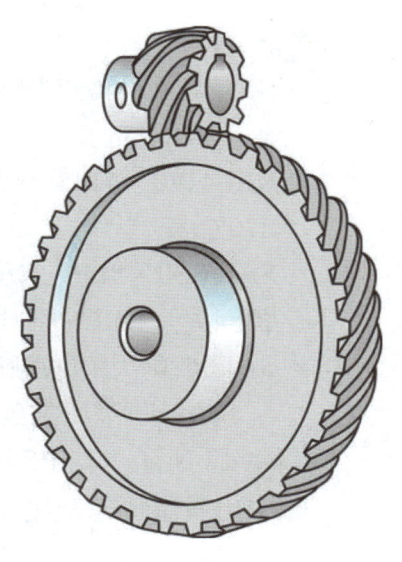

圖 4-15　戟齒輪　　　　圖 4-16　蝸桿與蝸輪

齒輪必須具備之條件：
(1) 具有足夠強度。
(2) 具有良好之韌性。
(3) 具有優良之耐磨耗性。

齒輪之材料大都以鍛造鋼製成，齒面都經表面硬化處理（滲碳、氮化、高週波硬化等），而獲得強硬耐磨耗之表面，同時也可使內部材料保持原來之韌性。汽車底盤中變速箱中之齒輪組，後軸總成，均以齒輪來傳達動力、速度、運動方向，其使用之齒輪材料如下：

1. 變速箱齒輪

(1) 正齒輪
- 碳鋼：SAE1020，經 954℃滲碳後置於水中淬火，再按所需之硬度回火；SAE1045，加熱至 843℃～857℃，油淬火後在 316℃～649℃下回火至所需硬度。
- 鎳鋼：SAE2320、2345、2512、2515，鍛造成形後，滲碳於 829℃～927℃後油淬火，在適當溫度下回火至所需硬度。
- 鎳鉻鋼：SAE3120、3245。
- 鉻鋼：SAE5130、5140、5150、5155 滾齒後剃刨切削成形，再經滲碳處理或高週波硬化。
- 鎳鉻鉬鋼：SAE8620、8650、8720、8822、9310，經鍛造成形切削後，經滲碳後油淬火並回火至所需硬度。

(2) 螺旋齒輪
- SAE4023、4027 以熱軋管或棒料切削成形，滲碳、油淬火並回火至洛氏硬度 HRC58 以上，滲碳深度 0.38～0.64mm。
- SAE4140、4145，以滾齒機成形後，施以剃刨及搪磨，並滲氮於 843℃～870℃。
- SAE5130、5140，以棒材冷壓及切削加工成形，經滲碳氮化處理後油淬火，再回火至 HRC60，中央部分則為 HRC42～48、滲碳厚度 0.25～0.41mm。
- SAE8620：滾齒成形經鉋削後，於 829℃～857℃下滲碳後油淬火並回火至所需硬度。

圖 4-17 所示，為 RS5F30A 五速變速箱及差速器齒輪分解圖。

圖中可看出倒檔使用正齒輪，其餘均使用螺旋齒輪。

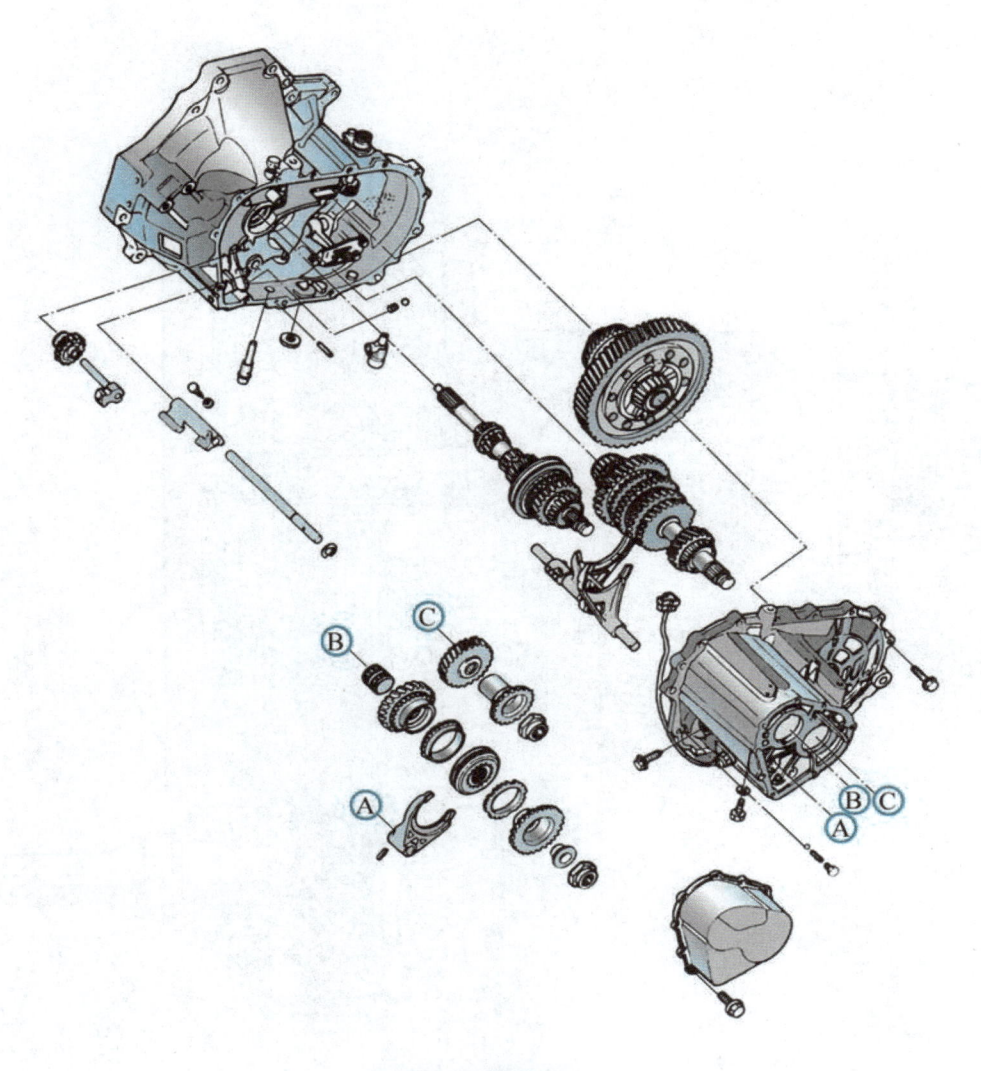

(a) 變速箱構造圖

圖 4-17　變速箱

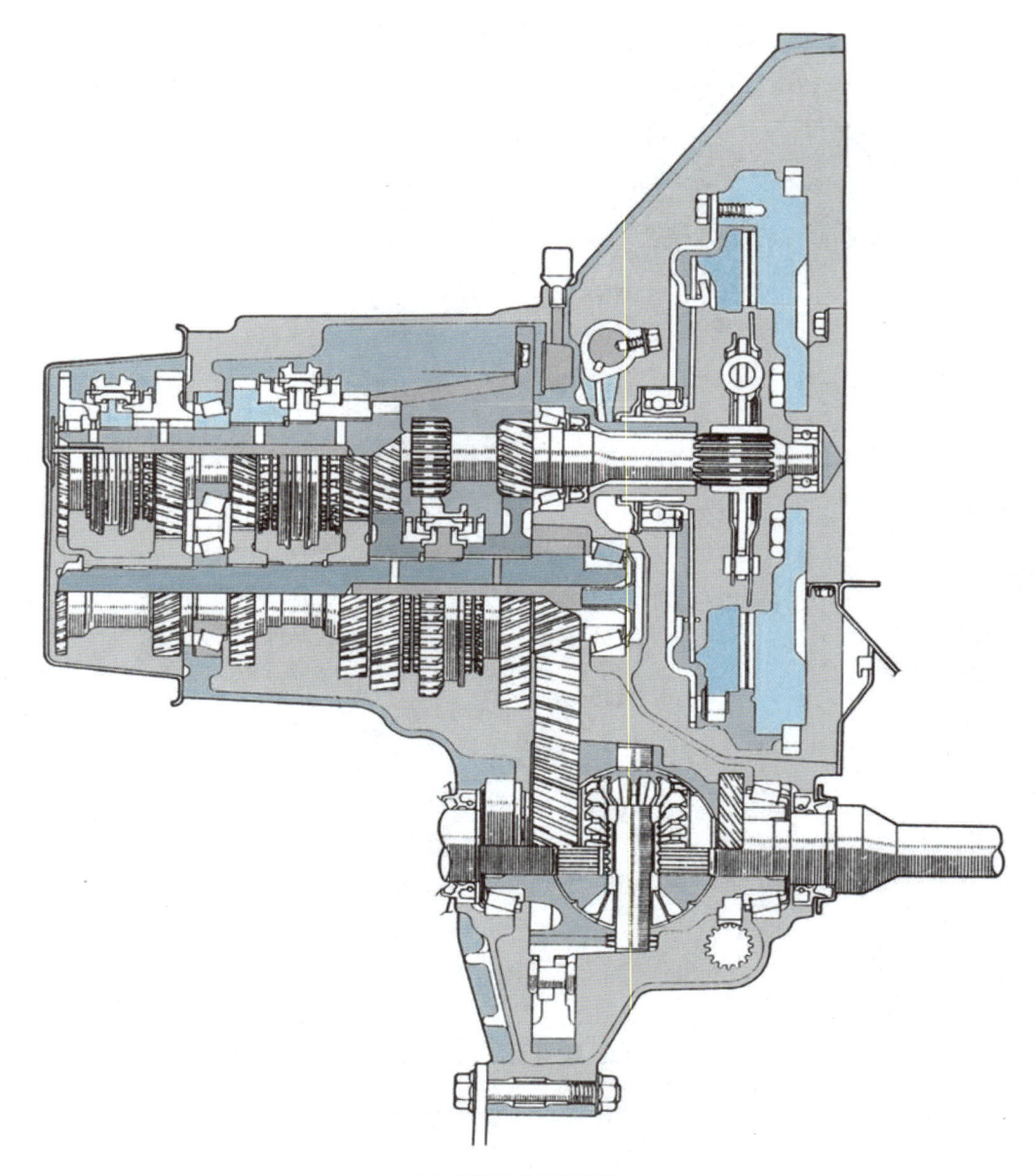

(b) 變速箱剖視圖

圖 4-17　變速箱

2. 自動變速箱

　　自動變速箱內有兩組或兩組以上之行星齒輪組,如圖 4-18 所示 3N71B 型自動變速箱中前行星齒輪及後行星齒輪組。圖 4-19 為簡單行星齒輪系統。
自動變速箱的齒輪所選用之材料如下:
　(1) 內齒輪(internal gear)
　　　・SAE4140:切削加工成形並剃刨,滲碳於 816℃～871℃,或經研磨,滲氮於 843℃～871℃。

‧SAE4145：切削加工成形後經搪磨，滲氮於 816℃～871℃。
‧SAE5130：以無縫鋼管切削及拉刀加工成形，經滲碳氮化處理至厚度 0.31
～0.41mm，淬火於熱油中並回火。
‧SAE8627：熱鍛成形，正常處理於 899℃滲碳於 899℃～927℃，油淬火並
按硬度需要而回火於 132℃～218℃，滲碳厚度為 0.89～1.27mm。
‧波來鐵延性鑄鐵鑄件經切削及拉刀加工成形，油淬火後勃氏硬度為 197～
241，高週波表面硬化及回火至洛氏硬度 HRC50～56。

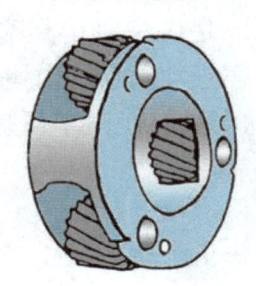

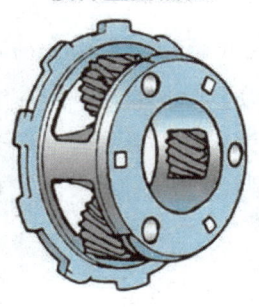

圖 4–18　行星齒輪組

圖 4–19　簡單行星齒輪系統

(2) 太陽齒輪（sun gear）
‧SAE1330 鍛造鋼，滲碳氮化溫度 871℃，回火溫度 177℃。
‧SAE4023、4024 管料，成形後，淬火及回火至洛氏硬度 HRC58～62，滲
碳厚度 0.18～0.30mm。
‧SAE5130 棒料，成形後滲碳氮化處理後，油淬火及回火至洛氏硬度 HRC
60，中央部分則為 HRC42～48 滲碳厚度 0.25～0.41mm。
‧SAE5132、5140 鍛造成形後經滲碳氮化處理，淬火及回火至厚度 0.127～
0.38mm。

(3) 行星齒輪（planet gear）
- SAE1330 條料鋼，滲碳氮化溫度 829℃，回火溫度 177℃。
- SAE4024 棒料、滲碳、淬火及回火至洛氏硬度 HRC58 以上，滲碳厚度 0.38～0.64mm。
- SAE4027 鍛造成形，滲碳氮化處理，淬火及回火硬化厚度 0.38～0.40mm。
- SAE5130 棒料，冷作成形，經滲碳氮化處理，油淬火並回火，得到表面為洛氏硬度 HRC60，而中央部分則為洛氏硬度 HRC42～48。

3. 後軸總成

後軸總成（rear axle assembly）如圖 4–20 所示，是由主動小齒輪（drive pinion）（俗稱角尺齒輪）、環形齒輪（俗稱盆形齒輪）、差速小齒輪及後軸所構成。主要是將傳動軸所傳來的動力改變 90°後，經後軸驅動車輪而使汽車行駛；並利用主動小齒輪與環形齒輪，增加減速比，使傳出的速度減慢。

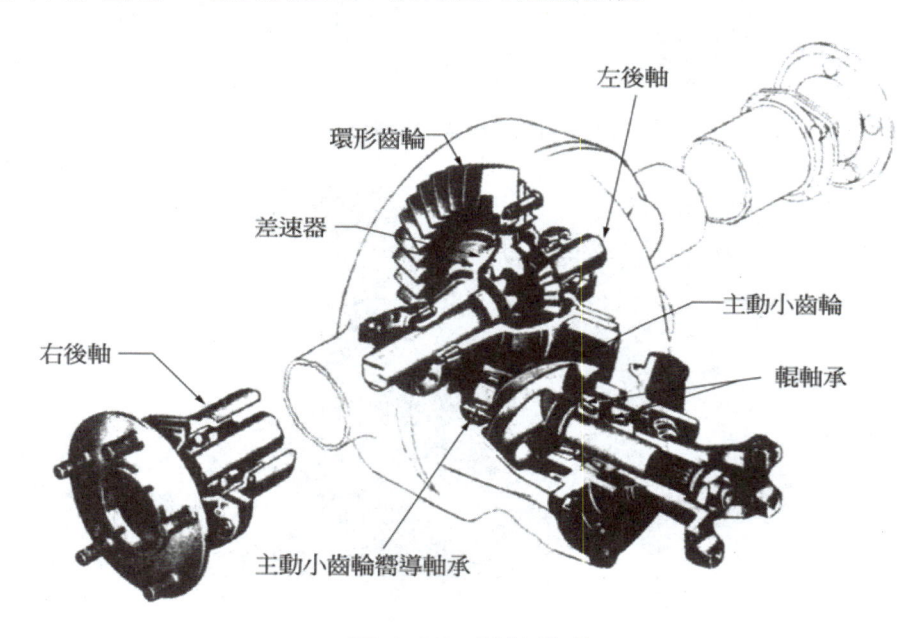

圖 4–20　後軸總成

後軸總成之齒輪，所選用之材料如下：
(1) 主動小齒輪
- 鎳　鋼：SAE2315。
- 鎳鉻鋼：SAE3115。
- 鉬　鋼：SAE4615、4820。
- 鉻釩鋼：SAE6115。

(2) 環形齒輪
- ・碳　　鋼：SAE1027、1045。
- ・鎳鉻鋼：SAE3115、3120。
- ・鉬　　鋼：SAE4340、4640。
- ・鉻　　鋼：SAE5140。
- ・鎳鉻鉬鋼：SAE8620、8622、8720。

(3) 差速器小齒輪
- ・SAE1518、1526 熱鍛造成形後，滲碳、淬火並回火至洛氏硬度 HRC58以上，滲碳厚度 0.76～1.14mm。
- ・SAE4023、4027 冷作成形，經滲碳後淬火並回火至洛氏硬度 HRC58 以上。
- ・SAE4118 熱鍛造成形，滲碳處理於 899℃～927℃油淬火並回火於 149℃，滲碳厚度 0.86～1.27mm。

最後傳動齒輪的種類有：(1)蝸桿齒輪式（worm gear type）；(2)蝸線斜齒輪式（spiral bevel gear type）；(3)戟齒輪式（hypoid gear type），如圖 4–21 所示，所使用之材料如下：

(1) 蝸桿齒輪
- ・蝸桿常用材料有低碳鋼、鎳鋼、鎳鉻鋼等。
- ・蝸輪常用磷青銅製成。

(2) 戟齒輪
- ・SAE1527 鍛造成形，滲碳處理，油淬火並回火於 149℃，滲碳厚度 0.89～1.27mm。
- ・SAE4023、4420、4620 熱鍛造成形，滲碳並加壓淬火，回火至洛氏硬度 HRC58 以上，滲碳厚度 1～1.4mm。
- ・SAE4817 鍛造成形後施以切削加工，滲碳於 954℃，油淬火並回火於 193℃～204℃，滲碳厚度 0.76～2.03mm。
- ・SAE8615 熱鍛造成形，滲碳並加壓淬火，回火至洛氏硬度 HRC58 以上。

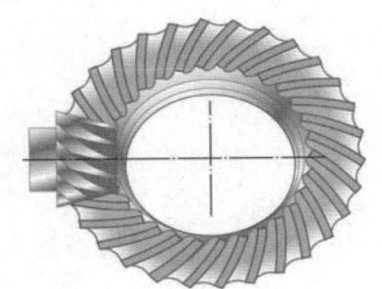

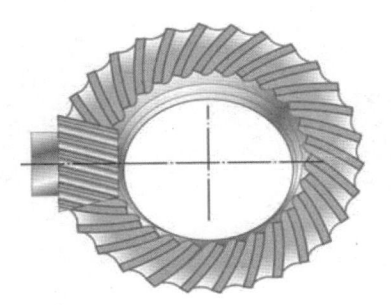

(a)蝸桿齒輪式　　(b)蝸線斜齒輪式　　(c)戟齒輪式

圖 4–21　最後傳動齒輪的種類

4-4 軸

　　汽車上使用之軸種類甚多，主要的有前軸（front axle）、變速箱輸出軸（output shaft）、傳動軸（drive shaft）、後軸（rear axle）等，其使用的材料如下：

(1) 前　軸
　　・碳　鋼：SAE1035、1040。
　　・鎳　鋼：SAE2340。
　　・鎳鉻鋼：SAE3240。
　　・鉬　鋼：SAE4130。

(2) 變速箱輸出軸或稱主軸，圖4–22所示為自動變速箱之輸出軸。
　　・碳　鋼：SAE1038改良材料，含矽為0.40～0.60%，冷擠成形，高週波硬化及弛力退火。
　　・碳　鋼：SAE1052改良材料，含錳為1.35～1.65%，鍛造成形，正常處理及回火至勃氏硬度197～229高週波硬化，表面硬度為洛氏硬度HRC50～56。
　　・鎳　鋼：SAE2315、2320、2340、2512。
　　・鎳鉻鋼：SAE3115、3120。
　　・鉬　鋼：SAE4027鍛造成形，滲碳處理，油淬火及回火至硬化厚度0.89～1.38mm。
　　・鉻　鋼：SAE5140。
　　・鉻釩鋼：SAE6145。
　　・鎳鉻鉬鋼：SAE8620、8625鍛造成形，滲碳後油淬火並回火至表面為洛氏硬度HRC58～63。

圖 4-22　自動變速箱行星齒輪系

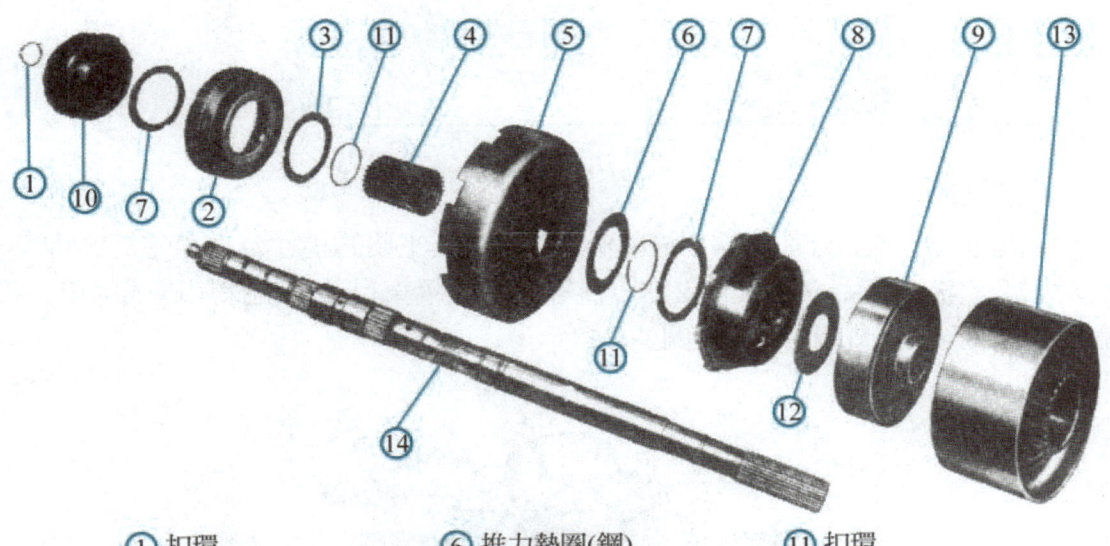

① 扣環
② 前行星齒輪總承
③ 推力墊圈
④ 太陽齒輪
⑤ 主動殼
⑥ 推力墊圈(鋼)
⑦ 推力墊圈
⑧ 後行星齒輪總承
⑨ 後環槽齒輪總承
⑩ 前環槽齒輪總承
⑪ 扣環
⑫ 推力塊
⑬ 低速檔及倒車鼓
⑭ 輸出軸

(3) 傳動軸（空心、鋼管軸）
　・碳　鋼：SAE1020、1025、1037 鍛造成形。
　・鎳　鋼：SAE2320、2345。
　・鎳鉻鋼：SAE3140。
　・鉬　鋼：SAE4047、4140、4150。
　・鉻釩鋼：SAE6135、6140。

(4) 後軸
　・碳　鋼：SAE1037、1038、1039，冷擠成形後，經高週波硬化並回火至表面硬度為洛氏硬度 HRC45～55。
　・碳　鋼：SAE1038 鍛造成形，經高週波硬化，得到表面為洛氏硬度 HRC46～52，而心部為洛氏硬度 HRC28 以下。
　・碳　鋼：SAE1041、1050 鍛造成形，經高週波硬化後，前者達表面硬度 HRC52～59，而後者達 HRC59 以上。
　・鎳鉻鋼：SAE3140、3240、3250、3312。
　・鉬　鋼：SAE4023、4140，經回火至勃氏硬度 300。
　・SAE4150 鍛造成形，熱處理至勃氏硬度 388～444。

4-5　其　他

1. 煞車系統

　　現代的汽車大部分都是採用液壓煞車系統，其主要的構件為煞車主缸、油管、煞車分缸、煞車蹄片、煞車鼓或煞車盤等，一般轎車目前前輪採用碟式煞車，後輪採用鼓式煞車，如圖 4–23 及圖 4–24 所示。

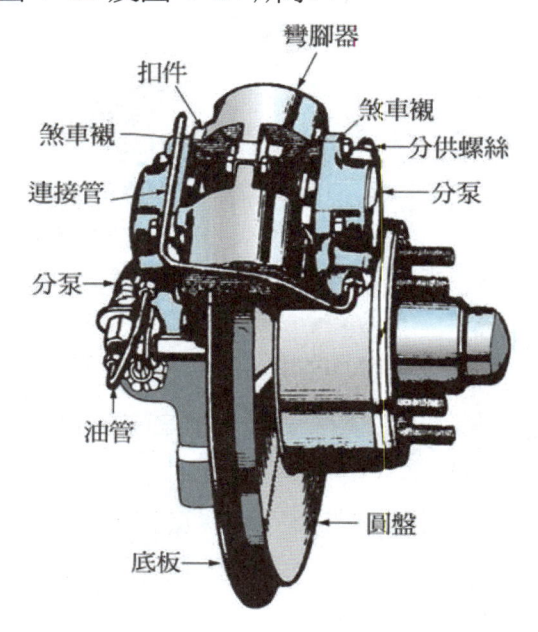

圖 4–23　碟式輪煞車

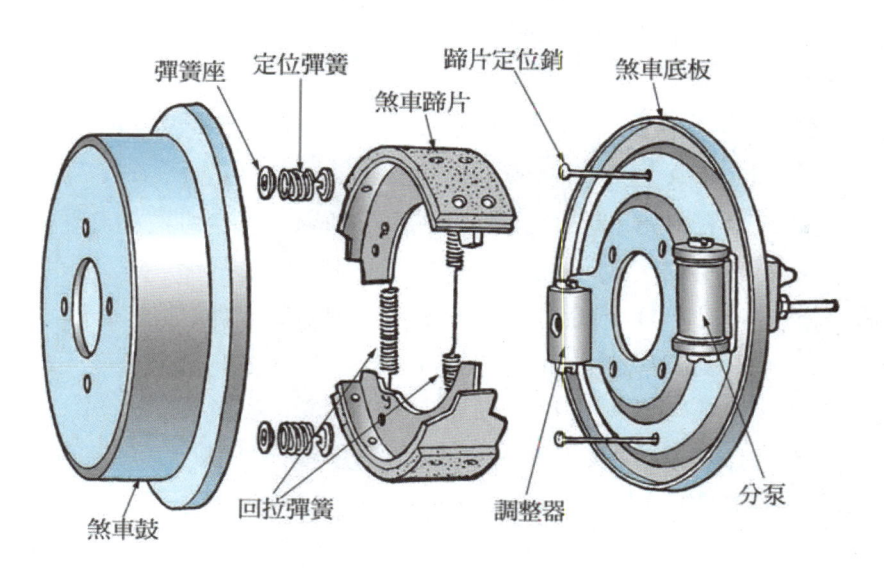

圖 4–24　鼓式輪煞車

煞車系統各機件所使用之材料如下：
(1) 煞車主缸及分缸
 ・鑄鐵。
 ・鋁合金鑄造而成。
(2) 煞車油管
 ・鋼。
(3) 煞車鼓及煞車盤
 其必須具備之特性為：
 ・重量輕。　　　　　・耐磨耗。
 ・強度大。　　　　　・散熱性佳。
 ・不易變形。
 煞車鼓之材料為：
 ・鋼板壓成：以 SAE1025 低碳鋼壓製而成，其優點為質輕、強度大、耐磨耗，但受熱易變形、價格高。
 ・鑄鐵模製：鑄鐵混以碳鋼模製而成，質硬、耐磨、厚度較大，散熱快、不易變形。
 ・鑄鐵及鋼板混合製成：煞車鼓環由鑄鐵壓成，而煞車底板由鋼板壓成，具有上述兩種之優點，耐磨耗、耐高溫、不易變形。
 ・鋼板與特種金屬製成：煞車鼓外殼用鋼板製成，鼓環與來令片接觸部分，襯以特種耐磨合金，摩擦性佳且易散熱。
 ・鑄鐵及鋁合金製成：煞車鼓之外殼以鋁合金模製而成，鼓環與來令片接觸部分襯以鑄鐵，以提高摩擦係數，重量輕、散熱快。
 煞車盤之材料係由鑄鐵製成。
(4) 煞車蹄片
 大型車以展性鑄鐵製成較多，小型車以鋁合金、鑄鋼、壓鍛鋼較多。
(5) 煞車來令片
 其特性為：
 ・摩擦係數高。　　・耐磨耗。
 ・耐高溫。　　　　・價廉。
 　常用之煞車來令片材料由石綿纖維、樹脂、橡膠、黃銅、綿紗、乾油、焦煤、木炭、鋁、鋅等配合而成。

2. 轉向系統

轉向系統包括方向盤（steering wheel）、轉向齒輪（steering gear）、畢特門臂（pitman arm）、直拉桿（drag link）、橫拉桿（tie rod）、球接頭（ball joint）、轉向

節（steering knuckle）、轉向節臂（knuckle arm）及大王銷（king pin）等。一般轎車之轉向齒輪使用循環滾珠螺帽式、齒桿與小齒輪式較多。如圖 4–25 及圖 4–26 所示。

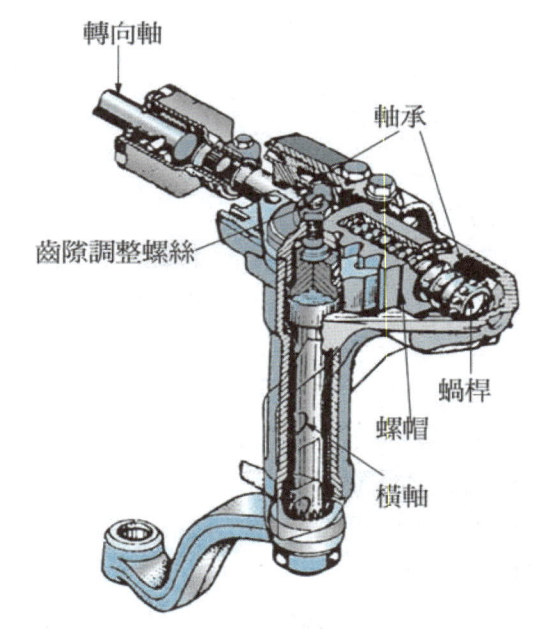

圖 4–25　循環滾珠螺帽式轉向齒輪

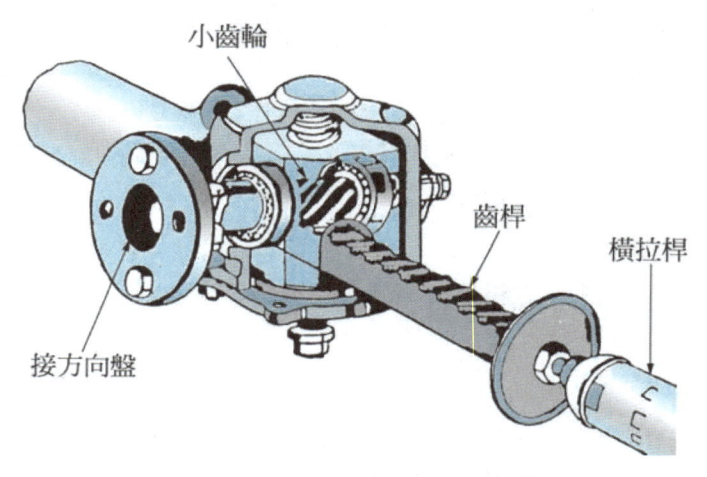

圖 4–26　小齒輪與齒條式轉向齒輪

轉向系統各機件所使用之材料如下：
(1) 轉向齒輪內之扇形齒輪、蝸桿、螺帽，使用經表面硬化之低碳鋼或合金鋼：如 SAE4130、4140、5140、5160、8617 等。
(2) 畢特門臂：可用低碳鋼鑄造而得，如 SAE1020。
(3) 直拉桿：可用低碳鋼，如 SAE1010、1020、1050 等。

(4) 橫拉桿：可用低碳鋼 SAE1020。

(5) 球接頭：可用經表面硬化之低碳鋼或合金鋼，如 SAE4017、8115、8602 等。

(6) 轉向節及轉向節臂：
- 碳鋼：SAE1046、1050、T1330、1340、1345、鍛造後經熱處理至適當硬度。
- 鎳鉻鋼：SAE3130、3135、3140 等。
- 鉻鉬鋼：SAE4130、4132、4137、4140 等。
- 鉻鋼：SAE5135、5140、5147、5150 等。
- 鎳鉻鉬鋼：SAE8632、8640、8742。
- 球狀石墨鑄鐵。

(7) 大王銷
- 碳鋼：SAE X1015、X1314。
- 鎳鋼：SAE2315。
- 鎳鉻鋼：SAE3115。
- 鎳鉬鋼：SAE4620、4815。
- 鉻鋼：SAE5046、5145。
- 鉻釩鋼：SAE6120。

3. 離合器

離合器本體部分包括被動部分之離合器片（clutch disc）及主動部分之壓板（pressure plate）、離合器蓋板（clutch cover）、離合器彈簧（clutch spring）、釋放槓桿（release lever）、釋放軸承（release bearing）等，如圖 4-27 所示，一般常用之圈狀彈簧式離合器及膜片彈簧式離合器。

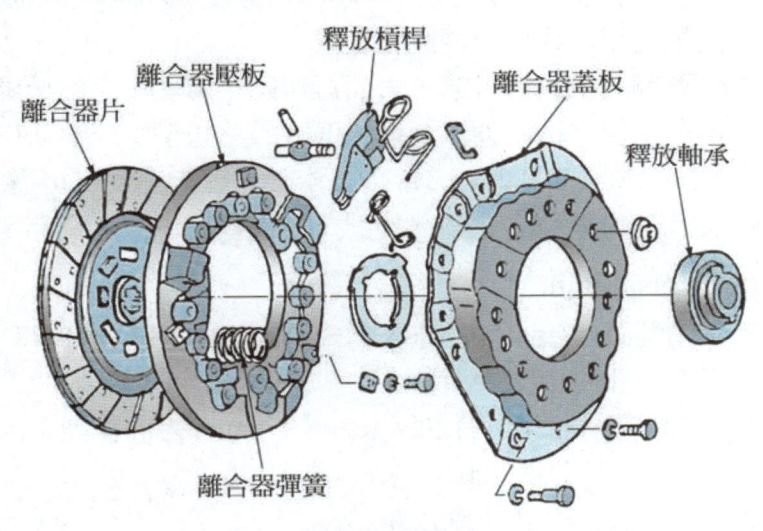

(a)圈狀彈簧離合器

圖 4-27　圈狀彈簧式與膜片彈簧式離合器

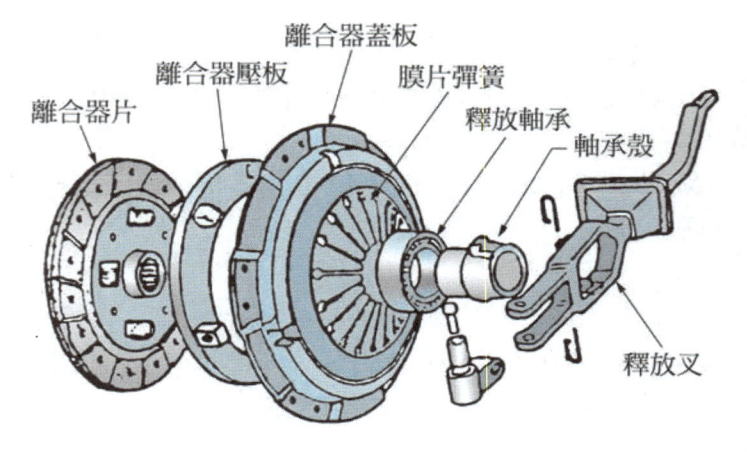

(b)膜片彈簧離合器

圖 4–27　圈狀彈簧式與膜片彈簧式離合器

離合器各部分零件所選用之材料為：
(1) 離合器片
　　・鋼片：使用中碳鋼。
　　・摩擦片：使用石綿纖維、樹脂、金屬粉膠接而成。
(2) 離合器壓板使用鑄鐵製成。
(3) 離合器蓋板：可用鑄鐵，如 SAE111、121 等。
(4) 離合器彈簧：可用中碳鋼，如 SAE1055、1060、1065 等，以及鉻釩鋼，如 SAE6160、6165 等。
(5) 釋放軸承
　　・軸圈：一般使用鉻鋼，或含鉬 0.3～0.5%、釩 0.3%等；合金的鋼，用熱鍛衝壓而成，或用無縫鋼管製成。
　　・滾珠：低碳鋼或中碳鋼製造，表面再作硬化處理，至洛氏硬度 HRC62～64。使用鉻錳高碳合金鋼或低碳的鉻鎳鋼（含碳 0.12～0.17%，Ni 1.5～2%，Mo 0.2～0.3%），經滲碳處理表面硬度可達 HRC64～66，採用冷壓或熱壓方法衝擊而成。亦有採用氧化鋁等耐磨材料。

4. **萬向接頭**（universal joint）

　　常見者為十字軸型萬向接頭，及球驅動式萬向接頭，如圖 4–28 及圖 4–29 所示，可將動力傳送至彼此成角度的兩軸上。
(1) 十字軸：SAE1020、2320、3120、4620、8720 等表面作硬化處理。
(2) 萬向接頭軛：可用鑄鐵 M7002。
(3) 滾針軸承：用銅合金或鋼針製成。

汽車底盤材料

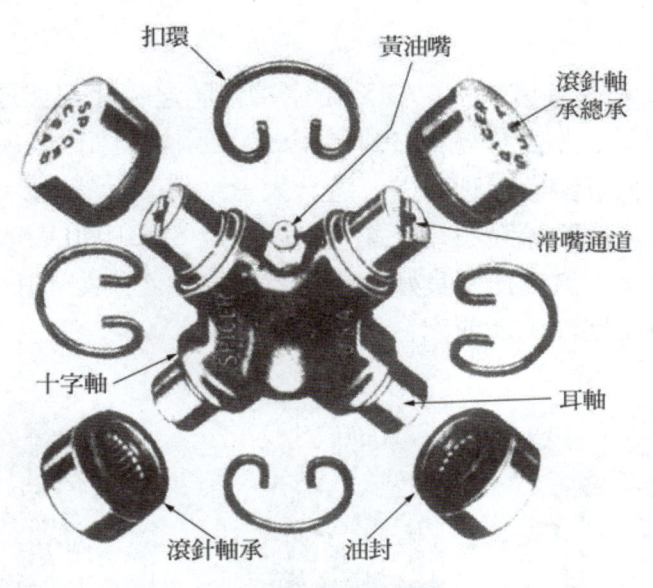

圖 4-28　十字軸型萬向接頭

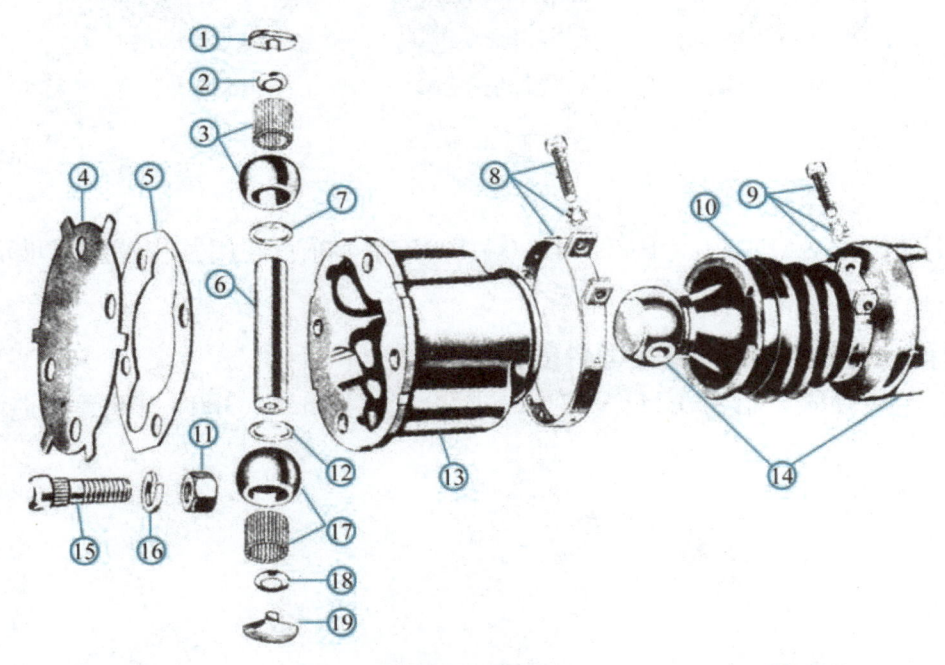

① 中間鈕
② 圓頭彈簧
③ 滾針軸承
④ 護油蓋
⑤ 墊片
⑥ 中心銷
⑦ 墊圈
⑧ 固定夾與螺栓
⑨ 固定夾與螺栓
⑩ 防塵罩
⑪ 螺帽
⑫ 墊圈
⑬ 球頭座
⑭ 球形軸
⑮ 螺栓
⑯ 鎖緊墊圈
⑰ 針軸承
⑱ 圓球彈簧
⑲ 中間鈕

圖 4-29　球驅動式萬向接頭

5. 車　輪

車輪必須重量輕、強度大，其構造由密接輪胎之輪緣，與連接輪緣與輪轂之車輪盤所組成，車輪之型式如圖 4-30 所示，其使用材料如下：

(1) 鋼盤式：用低碳鋼板壓製而成，適合大量生產。
(2) 鋼絲式：用鋼絲將輪轂與輪緣連接，鋼絲以 SAE1040 製成，重量輕、型式優美、減震作用良好，不適合大量生產，跑車用。
(3) 鋼礮式：可用展性鑄鐵或鋁合金製成。

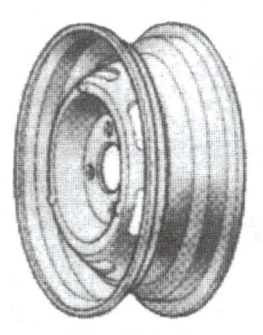

鋼盤式車輪　　　　鋼絲式車輪　　　　鋼礮式車輪

圖 4-30

6. 保險桿

使用碳鋼如 SAE1030、1080、1090、1095 等，亦有使用強化塑膠及玻璃纖維製成。

7. 變速箱、差速器及後軸殼等外殼

可採用灰鑄鐵，如 SAE111、121，或鋁合金，如 356、360、366 等鑄造而成。

習題

一、選擇題

(　　) 1. 獨立懸吊系統大多使用　(A)片狀彈簧　(B)圈狀彈簧　(C)橡皮彈簧　(D)空氣彈簧。

(　　) 2. 下列何者非為圈狀彈簧之材料？　(A)鉻鋼　(B)矽錳鋼　(C)鎳鋼　(D)琴鋼。

(　　) 3. 下列何者非為傳動平行軸之齒輪？　(A)冠狀齒輪　(B)正齒輪　(C)螺旋齒輪　(D)人字齒輪。

(　　) 4. 下列何者非為自動變速箱之齒輪？　(A)戟齒輪　(B)環齒輪　(C)太陽齒輪　(D)行星齒輪。

(　　) 5. 下列何者非為車輪之材料？　(A)低碳鋼板　(B)展性鑄鐵　(C)灰鑄鐵　(D)鋁合金。

二、問答題

1. 試述底盤彈簧之種類。
2. 試述齒輪之種類。應用在汽車底盤上何處？

第5章

汽車電器材料

汽車材料

汽車電系主要分為五大系統，分別為點火系統、起動系統、充電系統、燈路系統、儀表及空調系統等。點火系統包括電瓶、發火開關、外電阻、發火線圈、分電盤、電容器、火星塞等，起動系統包括電瓶、起動開關、起動馬達等，充電系統包括發電機、調整器、電流錶或充電指示燈等；如圖 5-1 所示汽車電系圖。汽車電系構件雖多，然就材料之觀點而言，所用之材料不外乎磁性材料、導電材料、電線及其他電子零件。

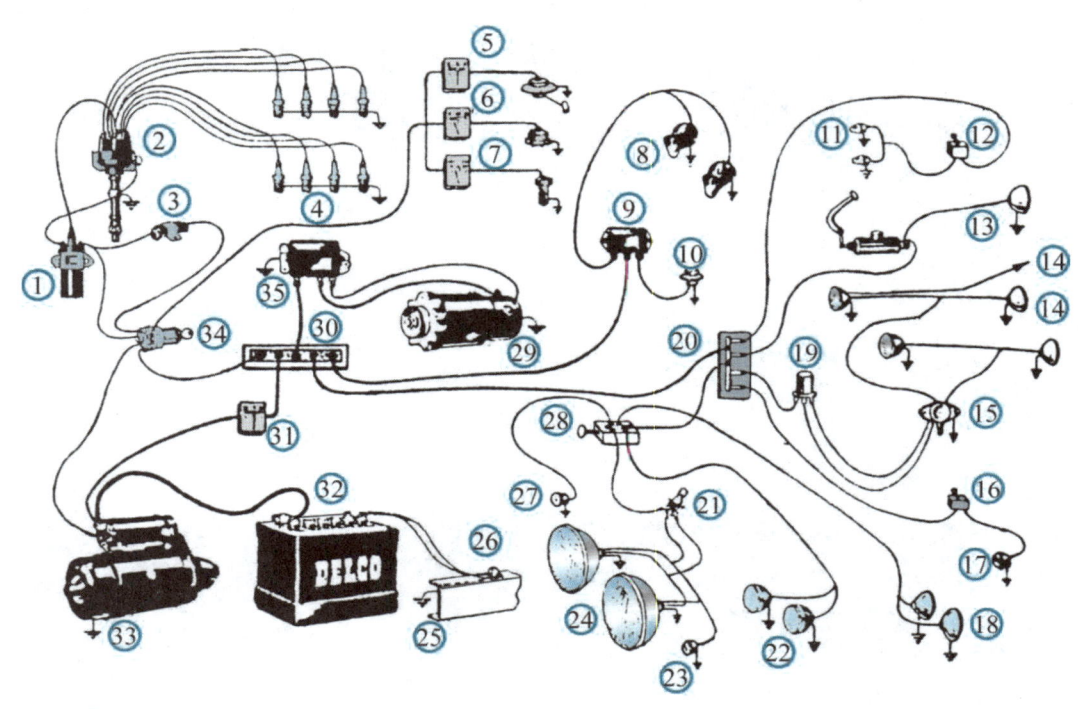

① 發火線圈
② 分電盤
③ 外電組
④ 火星塞
⑤ 汽油錶
⑥ 機油
⑦ 壓力錶
　 溫度錶
⑧ 喇叭
⑨ 喇叭繼電器
⑩ 喇叭按鈕
⑪ 角燈
⑫ 角燈開關
⑬ 煞車燈開關
⑭ 轉向燈
⑮ 轉向燈開關
⑯ 室內燈開關
⑰ 室內燈
⑱ 後燈
⑲ 閃光器
⑳ 保險絲板
㉑ 變光器
㉒ 停車燈
㉓ 遠光指示燈（前小燈）
㉔ 頭燈
㉕ 車架搭鐵
㉖ 搭鐵線
㉗ 儀錶板燈
㉘ 燈總開關
㉙ 交流發電機
㉚ 接線板
㉛ 電流錶
㉜ 電瓶
㉝ 發動馬達
㉞ 發火開關
㉟ AC系統

圖 5-1　全車電系

5-1 電　瓶

　　電瓶亦稱蓄電池，能將化學能轉換成電能，或將電能變成化學能儲存，電瓶之主要作用如下：

(1) 發動引擎時，電瓶供給起動馬達所需的大量電流。
(2) 當發電機電壓低於電瓶電壓時，由電瓶供給汽車上所有電器部分的用電。
(3) 當汽車上電器的用電量，超過發電機的輸出量時，由電瓶幫助發電機，供給電器所需的電流。
(4) 平衡汽車電系的電壓，避免因引擎轉速改變或瞬間大量用電，所造成的過度電壓改變，而損壞電器零件。

　　電瓶之構造如圖 5-2 所示，係由外殼、正極板、負極板、隔板、分電池蓋板、分電池連接器、電解液、加水蓋子等各件所組成。

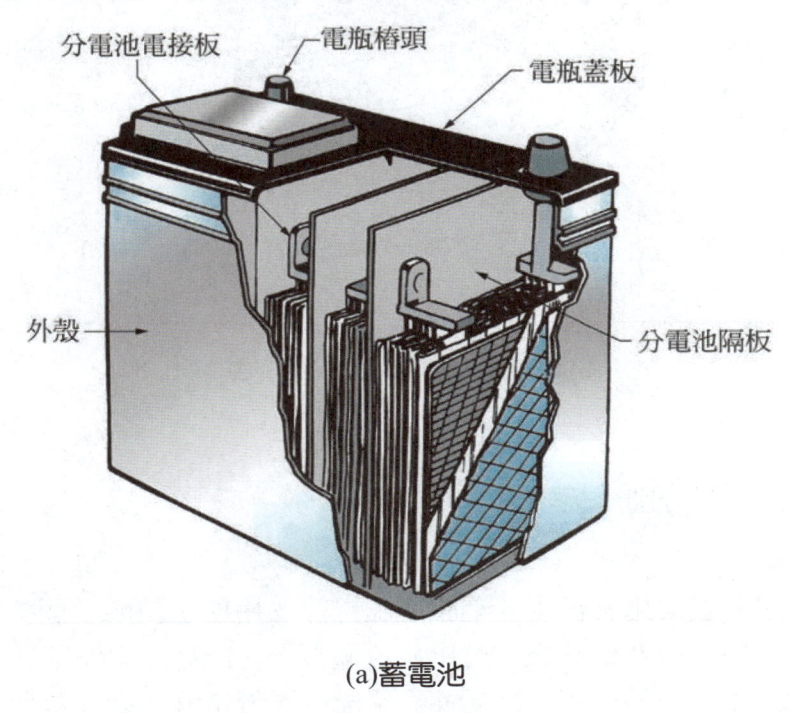

(a)蓄電池

圖 5-2　電瓶之構造

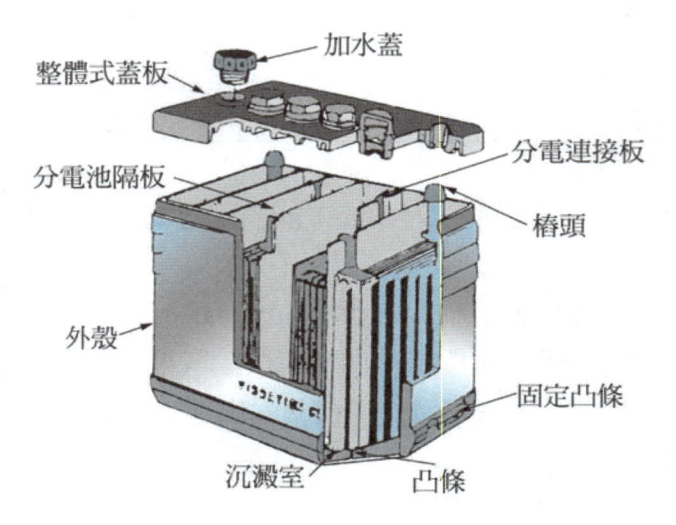

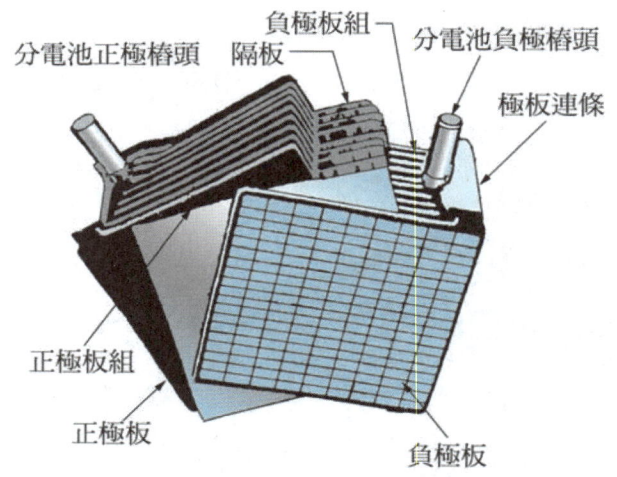

(b)蓄電池之剖面圖及分電池組

圖 5-2　電瓶內構造

汽車電瓶使用之材料分別介紹如下：

1. 外　殼（case）

　　汽車電瓶之外殼常用硬橡皮、塑膠或瀝青等，用模子製成一個整體，其中分隔成數室，每室底部有四根凸條，用以放置極板組，凸條間之空間作為沉澱室，使極板在充電放電作用時，落下之活性物質能積聚於室底，有些電瓶用半透明的塑膠製成外殼，可以很清楚看到電水的高度是否適當，及底部的沉澱是否堆滿。

　　電瓶外殼材料所須具備之特性為：
(1) 不吸收酸液及水。
(2) 不為硫酸所腐蝕。
(3) 能耐汽車行駛時的劇烈震動。

(4) 在酷熱或嚴寒時，不會變形、軟化或碎裂。
(5) 由於汽油和油脂能溶化瀝青中之膠劑，故儘可能避免汽油及油脂沾及電瓶外殼及瀝青。

2. 格子板（plate grid）

格子板為外圈稍寬，中央為橫直細條組成的網格，所以稱為格子板，如圖 5-3 所示。

格子板須有極佳之強度性，其主要成分為鉛，另外有 5～12%的銻，銻使軟性的鉛成為堅固強韌、不易腐蝕，並可使網格鑄造得極細緻，電瓶之重量減輕，格子板的另一功用，是將電流平均分布到整個極板，也使極板所產生的電流很快傳出。

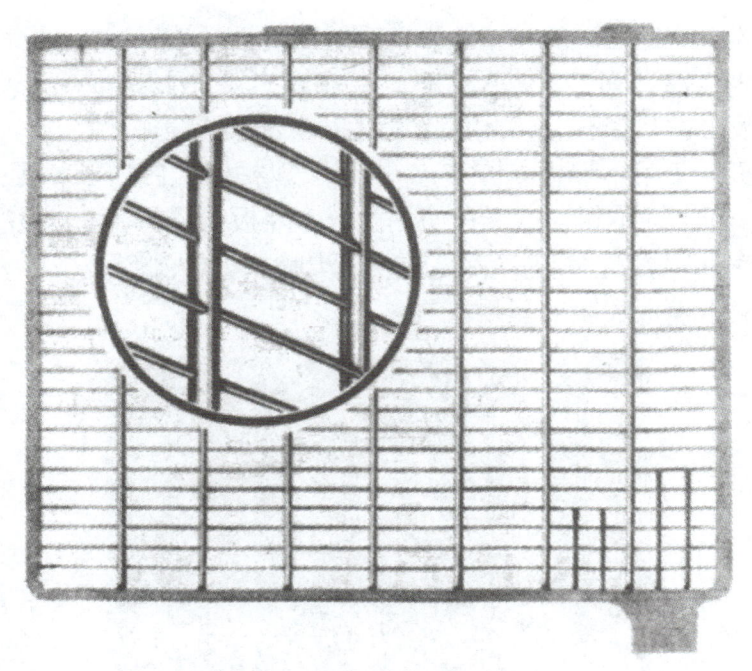

圖 5-3　格子板

3. 極　板（plate）

極板是電瓶中最主要的一部分，極板的損耗，就等於電瓶壽命的消耗。在格子板上的網格中，填入藥料，經過充電放電之極化處理後，藥料硬化後，轉變成活性物質，即成為極板，可分為正極板及負極板兩種。

(1) 正極板

正極板藥料的主要成分是紅鉛粉（Pb_3O_4），又名紅丹粉，用稀硫酸調配成漿糊狀，填入格子板的網路中，為了防止脫落，常加入硫酸銨〔$(NH_4)_2SO_2$〕作為膠合劑。

(2) 負極板

負極板藥料之主要成分是黃鉛粉（PbO），又名密佗僧，用稀硫酸調配成漿糊狀，填入格子板的網格中，因為黃鉛粉在作用時會起收縮，必須再加入硫酸鋇（$BaSO_4$）或硫酸鎂（$MgSO_4$）作為膨脹劑，也有些廠家再加入黑煙粉或石墨粉。

將正極板與負極板相互交叉，間隔稍遠，放於充電箱中，在充電箱內加入比重 1.100 或 1.200 之稀硫酸（H_2SO_4），正極板與電源正極相接，負極板與電源負極相接。通電後，正極板轉變成咖啡色極微粒結晶之過氧化鉛（PbO_2），密佈細孔，能使電水自由通過正極板，負極板則轉變成灰色海棉狀多孔軟質之鉛（Pb），此稱之為極化處理。

4. 隔　板（separator）

正極板與負極板之間，必須夾有絕緣之隔板，使不互相接觸，以免發生短路，損失電量。隔板必須具多孔性、耐酸、電阻小、強度高等特性。

早期的電瓶，使用木隔板如圖 5-4 所示，以柏樹、白洋杉、櫻桃樹、洋松、白楊、菩提樹、紅木等木料製成。在使用前，木隔板須浸於 3% 之鹼性蘇打液中 24 小時，或置於 1～2% 鹼性蘇打溶液中加熱至沸騰或近於沸騰至少 5 小時，除去木料中之酸性，使木隔板膨脹，呈現細孔。

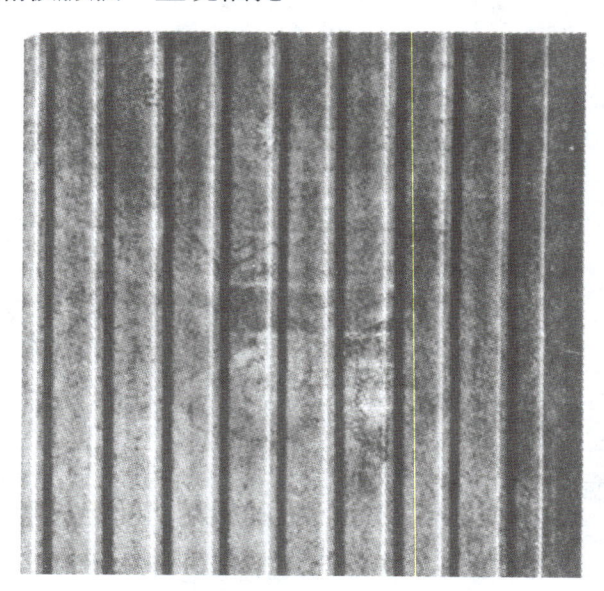

圖 5-4　木隔板

但木隔板有不夠堅強、極易碎裂、電水略濃時容易燒焦之缺點，所以目前電瓶的隔板都用橡皮隔板，如圖 5-5 所示，不論是木隔板或是橡皮隔板，一面是光滑的，另一面製成許多平行的凸條和溝槽，凸條面要貼向正極板，因為正極板的

活性物質，會使隔板強烈氧化，將隔板製成凸條，可以減少隔板和正極板的接觸面積，並使正極板上脫落之活性物質，從隔板之溝槽落入沉澱室，不致於擠破。有些電瓶，在正極板和隔板之間，加放一張玻璃纖維絲附板，使隔板和正極板不直接接觸，減少隔板被極板氧化和活性物質刮傷的情形。

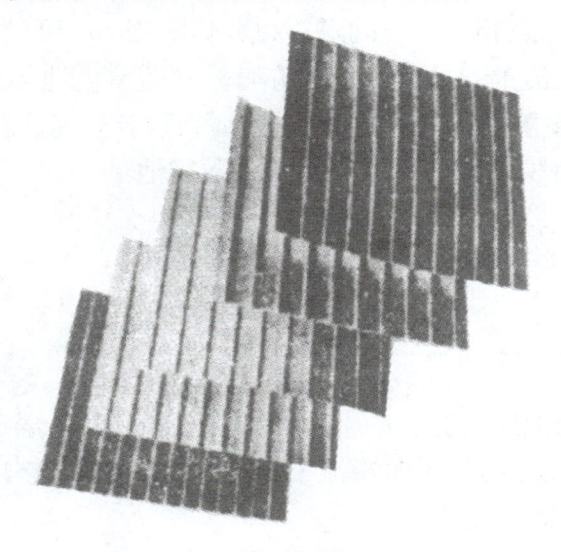

圖 5-5　橡皮隔板

5. 分電池蓋板（cell cover）

分電池蓋板是由硬橡膠模造製成，上面有兩孔，容納正負極樁頭，中央有塑膠製之空心加水蓋，蓋上有不對正之通氣孔，可防止電水濺出。

6. 電瓶樁頭及連條（terminal and cell connector）

電瓶樁頭係把各分電池正負串聯之後，引出電瓶蓋板的兩圓柱，分別為正極樁頭及負極樁頭。正極樁頭刻有（+）或 P 或 POS，柱頭直徑較大，塗紅色，分電池連條呈黑色。負極樁頭刻有（-）或 N 或 NEG，柱頭直徑較小，塗藍色，分電池連條呈灰色。如圖 5-6 所示。電瓶樁頭及連條大多以硬鉛合金或以多片銅片鉛焊而成。

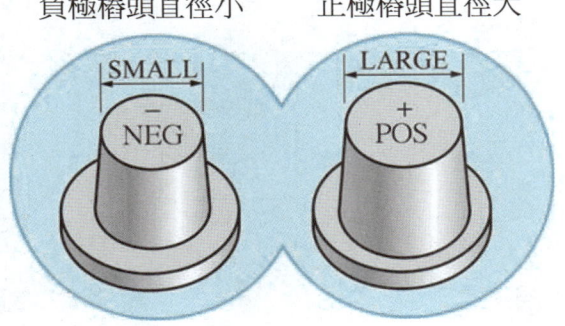

圖 5-6　電瓶樁頭

7. 電　水（electrolyte）

電瓶中之電解液，稱為電水，由純硫酸與蒸餾水配製而成。

為了降低環境污染而發展電動汽車，新型的蓄電池，正在研究發展中，如鋰－硫蓄電池，正極是金屬的硫化物，負極是鋰的合金，並以熔融的氯化鋰，和氯化鉀作電解液，正負極之間以多孔的陶質材料作隔板，溫度則需要維持在 415℃～430℃ 之間，鋰離子才能最有效的導電。亦有鈉－硫蓄電池，正極是熔融的硫和多硫化鈉，負極是鈉，電解質卻是固體的多孔性陶質材料，溫度則需維持在 300℃～350℃ 之間。其他尚有鎳－鋅蓄電池、鎳－鐵蓄電池。

5-2　電　線

汽車電線通常由銅線製成，外圍包覆一層橡皮或聚乙烯等絕緣材料。選擇電線必須考慮到足夠粗細，所能承載電流，適當的絕緣性，能夠適應所使用的環境，例如震動、油垢等因素。

常用之電線是以號數分類，普通採用美國線規（AWG）（American Standard Wire Gauge），如圖 5-7 所示，自 0000 號至 40 號，分 44 個號數，號數愈大則電線愈細。

電線之直徑以密爾（Mil）代表，一密爾等於 0.001 吋，電線的截面積，是以圓密爾（Circular Mil）來代表，將直徑的密爾數值自乘，就是截面積的圓密爾，如圖 5-8 所示，直徑是 1 密爾的電線，截面積是 1×1=1 圓密爾，直徑是 2 密爾的電線，截面積是 2×2=4 圓密爾。公制尺寸，一般則直接以導線之截面積（mm^2）表示，如圖 5-8 所示。

汽車使用電線之種類及規格如表 5-1 所示。

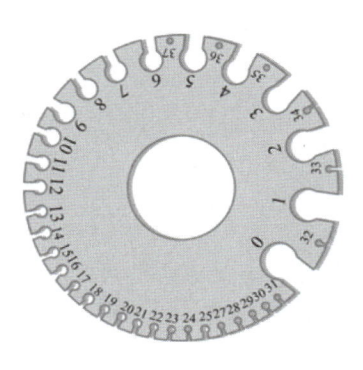

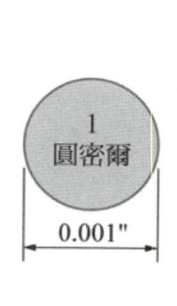

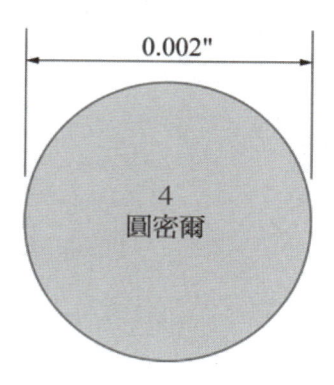

圖 5-7　量線規　　　　　　　　圖 5-8　電線的斷面積

表 5-1　汽車常用電線之標準規格與公制對照表（美國線規 AWG）

AWG 編號	直徑（密爾）	截面積公制尺寸（mm²）	截面積（圓密爾）	電阻（1000 呎長）單位（歐姆） 0℃ (32°F)	20℃ (63°F)	50℃ (122°F)	75℃ (167°F)
0000	460.0	107.0	211600	0.04516	0.04901	0.05479	0.05961
000	409.6	84.6	167800	0.05695	0.05180	0.06909	0.07516
00	364.8	67.0	133100	0.07181	0.07793	0.08712	0.09478
0	324.9	54.0	105500	0.09055	0.09827	0.1099	0.1105
1	289.3	42.0	83690	0.1142	0.1239	0.1385	0.1507
2	257.6	34.0	66370	0.1440	0.1563	0.1747	0.1900
4	204.3	19.0	41740	0.2289	0.2485	0.2778	0.3022
6	162.0	13.0	26250	0.3640	0.3951	0.4416	0.4805
8	128.5	8.0	16510	0.5788	0.6282	0.7023	0.7640
10	101.9	5.0	10380	0.9203	0.9989	1.117	1.215
12	80.81	3.0	6530	1.463	1.588	1.775	1.931
14	64.08	2.0	4107	2.327	2.525	2.823	3.071
16	50.82	1.0	2583	3.700	4.016	4.489	4.384
18	40.30	0.8	1624	5.883	6.385	7.138	7.765
20	31.89	0.5	1288	9.355	10.15	11.35	12.35

1. 電瓶線

　　起動馬達搖轉引擎時，約耗用 150 至 500 安培之電流，因此電瓶線必須相當粗，方能承載此項巨大的電流，且電瓶線必須能強力抵抗電水的侵蝕。電瓶線係由多股細銅線絞合而成，6V 電瓶使用 AWG0 號或 1 號電線，12V 電瓶則使用 4 號電線。如圖 5-9 所示為各種式樣的電瓶線。

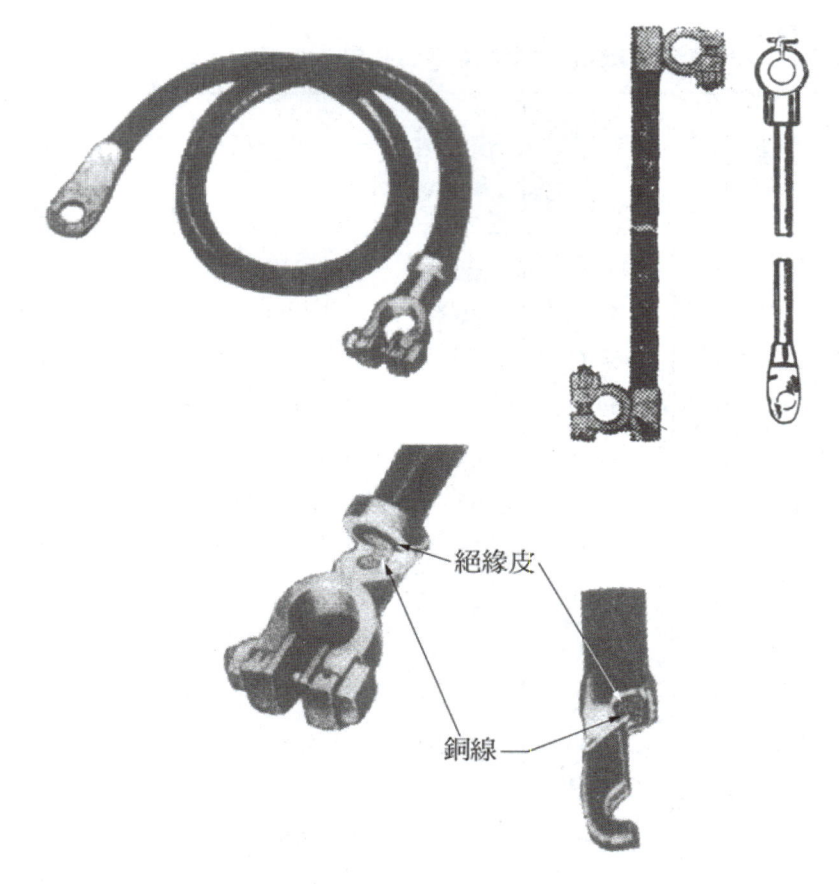

圖 5-9　電瓶線

2. 搭鐵線

電瓶搭鐵線承受與電瓶線同樣大小的電流，因為是用來搭鐵，無需加以絕緣，常以銅線編織成扁條狀，各線頭處電壓降不得超過 0.12 伏特。日本汽車用搭鐵線規格如表 5-2 所示。電瓶搭鐵線如圖 5-10 所示。

表 5-2　車用搭鐵線規格

截面積	股線數	寬	備註
14.7mm^2	0.18×12×48	20mm	電瓶用搭鐵線 360
22.0mm^2	0.26×13×32	25mm	馬達用搭鐵線 360
33.0mm^2	0.26×13×48	25mm	

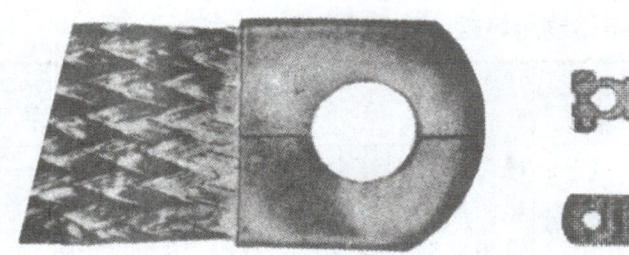

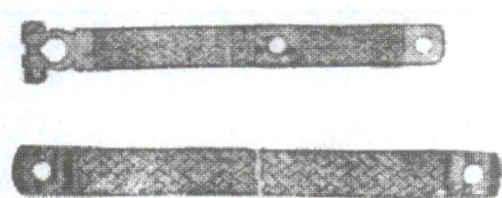

圖 5-10　電瓶搭鐵線

3. 汽車燈線

又稱低壓電線，用以連接汽車內各部電器，其內部多由數股鍍錫細銅線絞合而成，可分為下列數種型式，如圖 5-11 所示。

(1) 塑膠或橡皮電線

塑膠電線是汽車電線中最常用的一種，直徑細小，比較柔軟，價格低廉，能抵抗油脂、汽油和化學品。但塑膠電線不宜用在溫度高的地方。如圖 5-11(a) 所示。

(2) 編紗塑膠電線

為了使電線能加強抵抗摩擦、酸類、汽油、柴油的能力，在塑膠電線外面，再包一層棉紗編織層，並在編織層上，塗抹多層高級透明膠漆，如圖 5-11(b) 所示。

(3) 套管塑膠電線

在塑膠電線的外面，套一層強韌編織套管，以增加抵抗能力，供大電流的電器使用，如圖 5-11(c)所示。

汽車電器用電線 AWG 號數如表 5-3 所示。

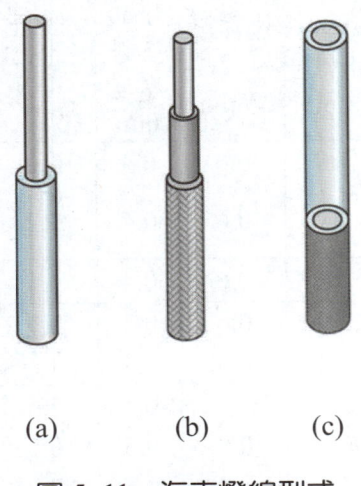

(a)　(b)　(c)

圖 5-11　汽車燈線型式

表 5-3　汽車電器用電線 AWG 號數

電　路	電線號數 12V	電線號數 6V	電　路	電線號數 12V	電線號數 6V
起動馬達到電流錶	12	10	轉向開關到轉向燈	16	14
電流錶到發火開關	12	10	轉向開關到煞車燈	16	14
電流錶到燈總開關	12	10	燈總開關到停車燈	18	16
電流錶到調整器	12	10	燈總開關到後燈	16	14
電流錶到喇叭繼電器	12	10	燈總開關到儀錶燈	18	16
電流錶到打火機	16	14	室內燈開關到電源	18	16
發火開關到發火線圈	16	14	室內燈開關到室內燈	18	16
發火線圈到分電盤	16	14	各種儀錶	18	16
發電機到調整器（A 線）	12	10	電暖器	16	14
發電機到調整器（F 線）	14	12	霧燈	14	16
發電機到調整器（搭鐵線）	18	16	喇叭繼電器到喇叭	12	10
燈總開關到頭燈變光器	14	12	喇叭繼電器到按鈕	18	16
變光器到頭燈（近光）	16	14	引擎蓋下燈	16	14
變光器到頭燈（遠光）	14	12	電鐘	18	16
變光器到遠光指示燈	18	16	倒車燈	16	14
閃光器到電源接線板	16	14	收音機	16	14
閃光器到轉向開關	16	14			

日本汽車標準電線規格，及日本汽車用橡皮絕緣低壓電線規格（JIS D5402）如表 5-4 及表 5-5 所示。

表 5-4　車用橡皮絕緣低壓電線規格（JIS D5402）

JIS 稱呼	銅線 鋼線 mm× 股數	斷面積 mm²	相當直徑 mm	橡皮絕緣體厚度 mm	外包塗料厚度 mm	總外徑 標準 mm	總外徑 最大 mm	安全電流 A	用　途
ARB0.5	0.26×10	0.53	1.0	0.6	0.4	3.0	3.2	7	後燈、停車燈、角燈、牌照燈
ARB0.1	0.26×16	0.85	1.2	0.6	0.4	3.2	3.5	9	
ARB1.5	0.32×16	1.29	1.5	0.6	0.4	3.5	3.8	11	頭燈等
ARB2	0.32×26	2.09	1.9	0.6	0.4	3.9	4.2	16	頭燈、小型車充電系統
ARB3	0.32×41	3.30	2.4	0.8	0.4	4.8	5.1	21	
ARB5	0.32×65	5.23	3.0	0.8	0.5	5.6	5.9	29	大型車充電系統
ARB 8b	0.6×30	8.48	3.9	0.8	0.5	6.5	6.9	39	
ARB 15b	0.6×48	13.57	4.9	1.0	0.5	7.9	8.4	53	
ARB 20b	0.6×75	21.20	6.1	1.0	0.6	9.3	10.1	71	

表 5-5　車用塑膠絕緣低壓電線規格（JIS D5402）

JIS 稱呼	銅線 股線 mm ×股數	銅線 斷面積 mm^2	銅線 相當直徑 mm	PVC 絕緣體厚度 mm	總外徑 標準 mm	總外徑 最大 mm	安全電流 A	用途
AV0.5	0.26×10	0.53	1.0	0.8	2.6	2.8	7	後燈、牌照燈
AV1	0.26×16	0.85	1.2	0.8	2.6	3.0	9	小型車照明燈
AV1.5	0.32×16	1.29	1.5	0.8	3.1	3.4	11	
AV2	0.32×26	2.09	1.9	0.8	3.5	3.8	16	
AV3	0.32×41	3.30	2.4	1.0	4.4	4.7	21	頭燈，其他照明燈
AV5	0.32×65	5.23	3.0	1.0	5.0	5.3	29	
AV 8b	0.6×30	8.48	3.9	1.0	5.9	6.2	39	充電系統
AV 15b	0.6×48	13.57	4.9	1.2	7.3	7.7	53	
AV 20b	0.6×75	21.20	6.1	1.2	8.5	9.6	71	
AV 30b	0.8×70	35.19	8.0	1.4	10.8	11.5	98	大電流電路
AV 40b	0.8×85	42.73	8.6	1.4	11.4	12.1	110	
AV 50b	0.8×108	54.29	9.8	1.6	13.0	13.8	129	
AV 60b	0.8×127	63.84	10.4	1.6	13.6	14.4	142	
AV 85b	0.8×169	84.96	12.0	2.0	16.0	17.0	169	
AV 100b	0.8×217	109.10	13.6	2.0	17.6	18.6	197	

4. 高壓電線

高壓電線如圖 5-12 所示，用於發火線圈中央的高壓線頭至分電盤蓋，再由分電盤蓋到各缸火星塞。高壓線的絕緣，必須能忍受 30,000 伏特的高壓電不致漏電，並且能耐熱，抗油脂，不產生裂紋和電暈放電（corona）的能力，高壓線儘量縮短長度，使所輸送的高壓電損失減少。

高壓線是由許多股鍍錫銅線或鋼線組成，包以極厚的絕緣橡皮或人造橡皮，其外再編織一層以油漆浸塗的棉紗線，以防油脂侵害絕緣橡皮。有的高壓線，橡皮層外面包以人造的無機物體，以增加其耐熱、抗油脂等之能力。此類無機物在 105℃ 的燙油中和 150℃ 的烤爐中，以及在 30kV 的電壓下證明壽命比浸塗油漆之高壓線更長久。最近有一種矽質橡皮（silicone rubber）的高壓線，能耐非常高溫。

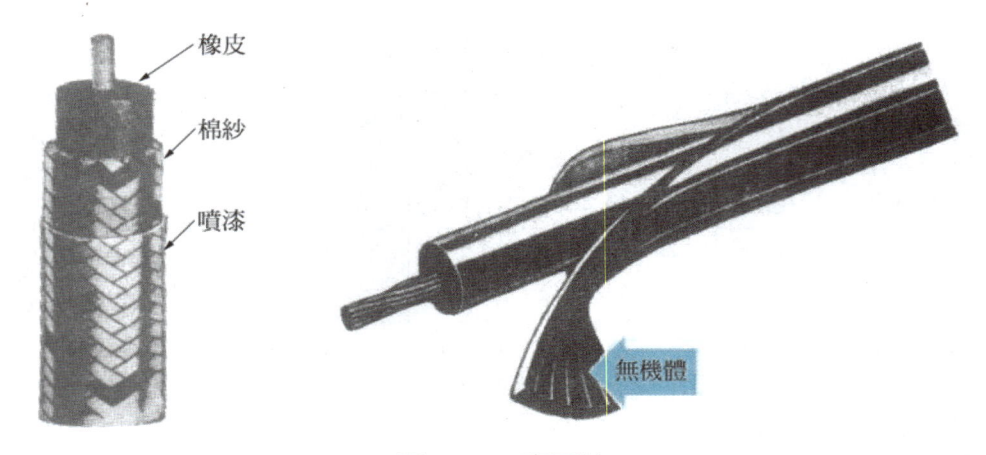

圖 5-12　高壓線

有的汽車為防止汽車收音機受到點火系統的干擾，使用高電阻的高壓線，裏面沒有銅線或鋼線，而是抹有石墨粉的棉紗線，每根電線的電阻約有 1000～5000 歐姆。

高壓線的頂端必須加裝銅套使導電良好，並且加裝橡皮套，使水氣不侵入分電盤蓋中，如圖 5-13 所示。

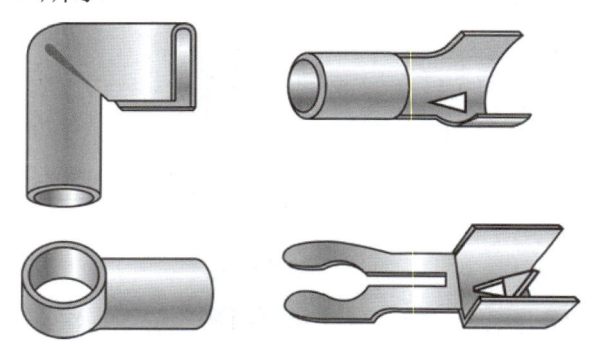

圖 5-13　高壓線銅套

日本汽車用高壓電線規格（JIS D5402），如表 5-6 所示。

表 5-6　車用高壓電線規格（JIS D5042）

JIS 稱呼	電線 股線 mm ×股數	斷面積 mm^2	相當直徑 mm	橡皮絕緣體厚度 mm	外部材料 質料	厚度 mm	絕緣厚度 mm	總外徑標準 mm
1 種 A	0.29×19	1.255	1.5	2.15	編紗橡皮	6.6	—	7.0
1 種 B	0.29×19	1.255	1.5	2.15	人造橡皮	6.6	—	7.0
1 種 C	0.29×19	1.255	1.5	2.15	塑　膠	6.6	—	7.0
2 種 A	0.29×19	1.255	1.5	2.15	編紗橡皮	6.6	0.45	7.9
2 種 B	0.29×19	1.255	1.5	2.15	人造橡皮	6.6	0.45	7.9
2 種 C	0.29×19	1.255	1.5	2.15	塑　膠	6.6	0.45	7.9

5-3 電磁鐵芯配線的各種規格

汽車電器系統中之發電機、起動馬達、變壓器、電錶等皆必須使用磁性材料。磁性材料依其作用可區分為軟磁材料、硬磁材料及特殊磁性材料三種。軟磁材料容易磁化亦容易失去磁性，適合於作發電機、馬達及變壓器之鐵芯材料。而硬磁材料不易磁化，但亦不容易失去磁性，適合於作一般之永久磁鐵材料。其他特殊磁性材料如錄音材料等。

硬磁材料具有磁性穩定度高，不易受外界磁場或機械應力影響，且經年不起變化，溫度變動時，磁性變化少，耐久且價格低廉等特性。目前使用之硬磁材料，大致可分為淬火硬化型、析出硬化型及燒結型三種。

1. 淬火硬化永久磁石材料

從高溫把材料淬火，使它的組織細化，原為面心立方格子之結晶，在高溫加熱時，則部分將變為體心立方格子而具有所謂麻田散體（martensite）組織，利用淬火時在空間格子內所產生的應變、應力，使材料不容易失去磁性，這種材料叫做淬火硬化型磁性合金。

(1) 碳鋼：為最早之永久磁鐵材料，含碳量 0.8～1.2%，自 750℃～800℃淬火於水中，碳含量增大時殘留磁力隨之減小，保磁力隨之增大，碳鋼加工容易，價格低廉，惟其組織不安定，因老化而減弱其磁性，目前應用少。

(2) 鎢鋼：含 0.5～1.0%碳，5～7%鎢的鎢鋼，它的淬火組織較安定，時效作用亦少，磁氣特性比碳鋼好，製造費用也不很高，淬火溫度為 800℃～900℃。

(3) KS 鋼（鈷鋼）：1916 年日本所發明，含有 35%鈷，0.7～1%碳，3～5%鉻，及 5～8%鎢，淬火硬化型磁石鋼中它的磁氣特性最優良。淬火溫度為 930℃～970℃，冷卻在油中。

2. 析出硬化永久磁石材料

是從高溫把材料急冷，得高飽和固溶體，然後在適當的溫度施行回火，使材料內析出新的相。這時空間格子發生歪變，所以材料不容易失去磁性。這種材料叫做析出硬化型磁性合金。

(1) MK 鋼：1931 年日本所發明之 MK 鋼含 15～40%鎳，7～15%鋁，0～20%鈷，其餘為鐵，鑄造於金屬模內，然後保持在 650℃～700℃數小時，使它發生析出硬化。它的組織因析出硬化而變為微細晶粒的集合體，磁性很安定。惟此鋼甚脆，不能鍛造為其缺點。

(2) 新 KS 鋼：這種鋼是改良之 KS 鋼，含 10～25%鎳，20～40%鈷，5～20%鈦，其餘為鐵。鑄造後回火於 650℃～750℃，使它析出硬化。

(3) Alnico：為美國 G.E 公司所研究成功之材料，有 1、2、4、5、6、12 等種類，如 Alnico5，含 8%Al，14%鎳，24%Co，3%銅，其餘為鐵。其鑄造於磁場中，使其在鑄造期間磁化。它的殘留磁力及保磁力很大。

(4) Koster 鋼：1931 年德國所發明之析出硬化鋼含 14～19%鉬或鎢，5～12%鈷，其餘為鐵。自 1300℃淬火於油中，再回火於 700℃而析出硬化之，其機械加工較易，於高溫具有輥壓或鍛造之可能性，但鈷、鉬含量多時，價格較貴為其缺點。

(5) Cu–Ni 合金：其中有 Cunife，含 20～40%鎳，10～20%鐵，其餘為銅。及 Cunico，含 20～50%鈷，20～30%鎳，20～50%銅。機械加工容易，自 1000℃～1050℃淬火於油中後，回火於 600℃時而析出硬化之。

(6) Vicalloy：為鈷－鐵－釩之合金，由強力之冷軋加工可有顯著之非各向等性之磁性，做成薄包層可用作磁性錄音材料。

3. 燒結型永久磁石鋼

此型磁石較脆，但質輕，乃加壓成型後燒結製成，故成品之均勻性較差，代表性之燒結型永久磁石鋼。

軟磁材料用來製造變壓器、馬達、繼電器、發電機、各種電器儀表等的鐵芯。軟磁材料以能自較弱的磁場很快變為很強的磁石，而當磁場消失時，能立刻消除其磁性者為最理想。軟磁材料的殘留磁力和保磁力都要小，以減小磁滯損失。為了減小 Hc，則晶粒要粗大，同時需要除去內部之應變。純鐵和矽鋼片是最常用的軟磁材料。

(1) 純　鐵

純鐵具有高導磁率，且殘留磁力、保磁力值低，可用為直流發電機之鐵芯，但電阻小不適用於交流發電機，且純度高，製造成本高。

(2) 矽鋼片

變壓器、交流發電機、起動馬達等使用之鐵芯材料，磁性要大，且電流方向改變而磁場方向改變時，磁化的方向也要很容易改變，為要減少渦流損失，將鐵芯之電阻增加，使渦電流不容易流動。要增加鐵芯的電阻有二種方法：一為增加材料本身的比電阻，鐵中添加 5%以下的矽，可使比電阻增大，渦流損減小，二為把材料做成薄片而重疊起來。

鐵芯上之線圈，分漆包線、紗包線、絲包線三類，汽車發電機的電樞和兩刷馬達，大多採用漆包線，漆包線係在軟銅線之表面上塗烤一層之油質假漆（varnish）以作絕緣。假漆層之厚度雖薄，但絕緣能力頗佳，同時對於油、熱以及酸、鹼、鹽等溶劑亦有甚佳之抗力，但漆層脆弱，在彎曲位置，漆層常碎裂，在摩擦和震動下，漆層也易損壞，且易生針孔。近年來以聚乙烯系之絕緣塗料，代替假漆塗烤於軟銅線表面，其皮膜很堅韌，且耐磨性、耐油性及可撓性均頗佳。

5-4 其 他

1. 分電盤（distributor）

分電盤之功用有三：
(1) 將點火線圈的低壓電路，適時的連通或切斷，以感應出高壓電。
(2) 隨引擎的轉速和負載，適當地調節點火的早晚，以產生最大動力。
(3) 將高壓電按點火順序，分送到各正待爆發汽缸的火星塞。

分電盤之構造，如圖 5–14 所示，主要包括外殼、驅動軸、配重、凸輪、白金組、電容器、分火頭、分電盤蓋等。

分電盤各零件所選用材料及其特性如下：
(1) 分電盤本體：以鑄鐵或鋁合金製成。
(2) 分電盤蓋及分火頭之絕緣部分：使用酚醛樹脂模造製成。
(3) 分火頭：銅凸片上之頂端是鎢片，能夠承受高壓跳火而不致燒壞。
(4) 白金接點：必須能耐連續衝擊且經久耐用，故常用鎢質白金。
(5) 電容器之構造如圖 5–15 所示，係由兩片錫箔片或鋁箔片，中間夾以絕緣油紙捲製成圓筒狀，再裝入鋁製之電容器圓筒形外殼中，並做防水處理。

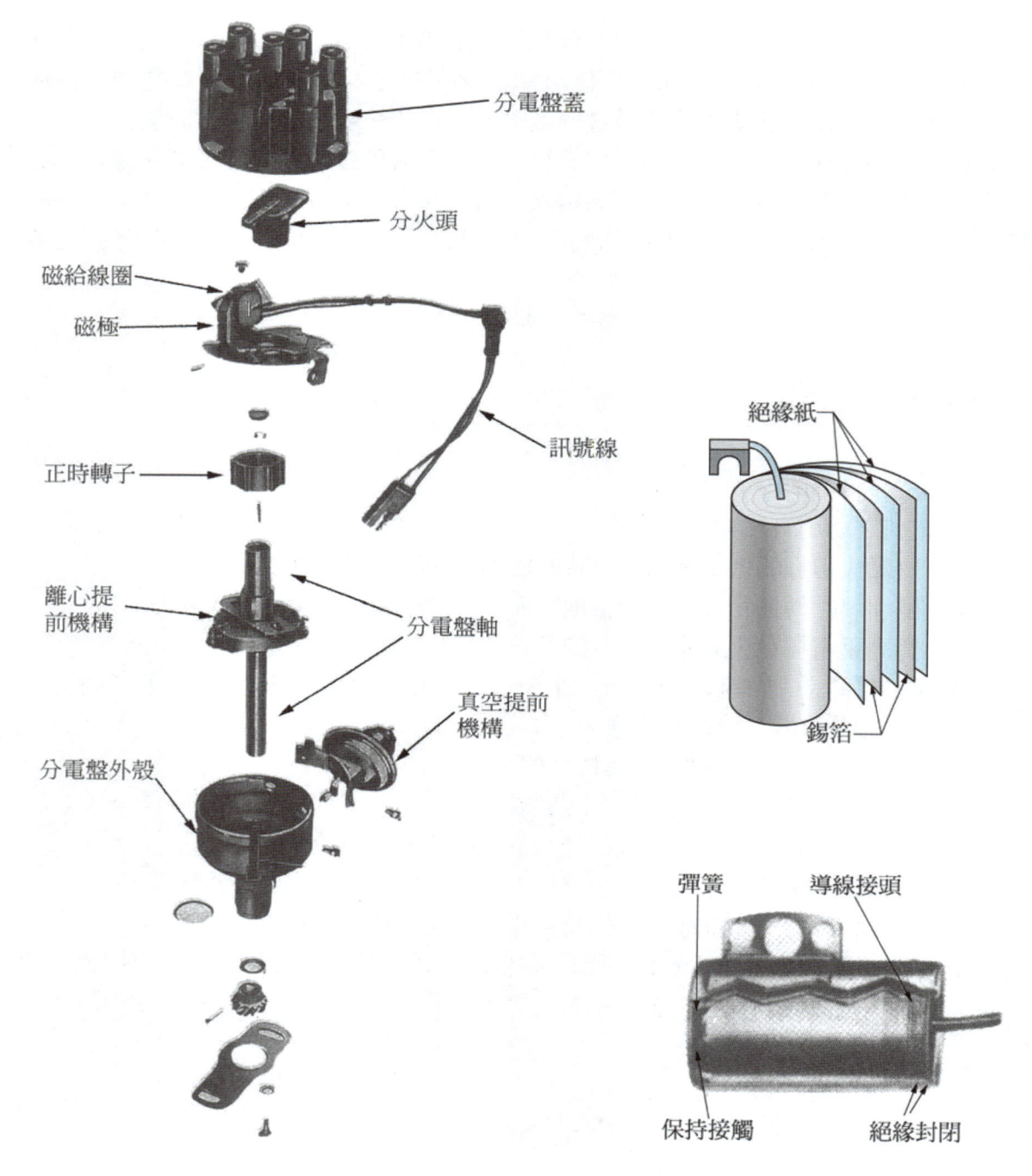

圖 5-14　部分分解的分電盤　　　　　圖 5-15　電容器之構造

2. 點火線圈（ignition coil）

　　點火線圈之功用是使電瓶之低壓電（6V 或 12V）變成高壓電（5000～30000V）。點火線圈是由鐵芯、低壓線圈、高壓線圈、鐵殼及絕緣質所構成，如圖 5-16 所示。

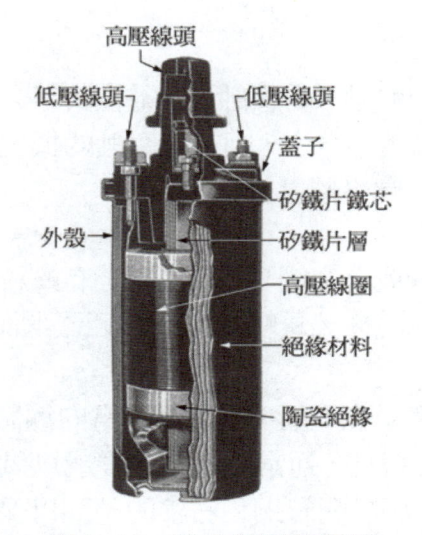

圖 5-16　點火線圈的構造

　　點火線圈之鐵芯由許多矽鋼片所組成，鐵芯外面，用絕緣紙包裹，並用 40 號漆包線，繞 16000～23000 圈作為高壓線圈。繞妥後塗以臘絕緣，外面再以 20 號漆包線繞 200～300 圈作為低壓線圈，並包以多層軟鐵皮。高低壓線圈整體再放入鐵殼或電木中，內部充以絕緣油，最後加上蓋子密封，以防潮濕或髒物進入。

3. 火星塞（spark plug）

　　火星塞之功用是將高壓電跳過火星塞間隙，產生強烈火花，點燃壓縮後之混合汽、產生動力，使引擎運轉，火星塞如圖 5-17 所示，其構造主要分為三部分：中央電極、鋼體和邊電極、絕緣瓷體。

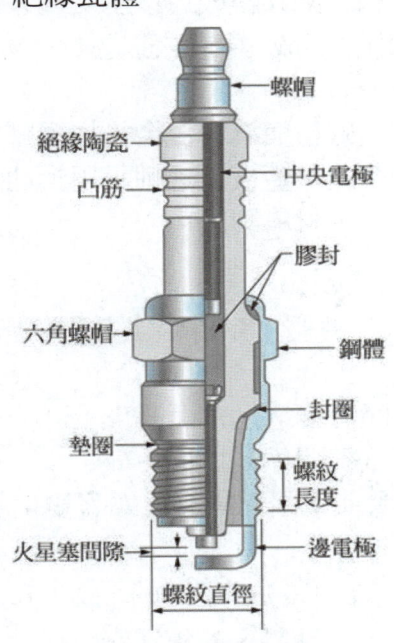

圖 5-17　火星塞之構造

(1) 中央電極

　　中央電極必須用耐熱、耐腐蝕、導電性良好之材料製成。最常用之材料是鎳及鎳合金，有的用鉑合金，因其對腐蝕的抵抗力最強，且能幫助電子跳火，為最佳材料，但價格較貴。

(2) 鋼體和邊電極

　　鋼體是由低碳鋼或合金鋼製成，鋼體上有螺紋，上部作成六角形以利拆裝，邊電極又稱搭鐵電極，藉螺紋旋入汽缸蓋上而搭鐵。

(3) 絕緣瓷體

　　絕緣瓷體包圍著中央電極，不使高壓電向鋼體漏電。必須具有耐高溫、耐腐蝕、耐震動等之特性。通常以硬質陶瓷或以氧化鋁為材料，在高溫下燒結而成，絕緣瓷體和鋼體間有銅和石綿的墊圈以保持密封，上方製成凹凸之肋條，以防高壓電短路。為了防止火星塞跳火的干擾，有一種電阻式火星塞，裏面裝有一個約 10000 歐姆之圓棒形的碳精電阻，以防止干擾並延長火星塞壽命。

4. 起動馬達

起動馬達的構造，主要有外殼、磁場線圈、電樞、銅刷、整流子、蓋板等，其所選用之材料如下：

(1) 外殼為一個圓柱型之鋼筒，內部加工車圓，內有軟鋼質磁極，用螺栓固定於外殼內部。
(2) 磁場線圈：係用粗而扁之銅條繞成，以承受極大電流，而產生強力磁場。
(3) 電樞：整流子由銅片組合而成，中間嵌以雲母片，互相隔絕，並與軸相絕緣，線圈亦是用銅條繞成。
(4) 銅刷：銅刷是用極細之碳粉與銅粉混合後加高壓燒結而成。
(5) 蓋板：常用鋼板衝壓製成，蓋板上之軸承用含油銅套製成。
(6) 齒輪可用碳鋼或銅合金等材料製成。

5. 電晶體點火系統材料

最基本所採用之材料為半導體，半導體之電阻係數較導體為大，而較絕緣體為小。半導體之特性為：

(1) 電阻在低溫時較大，隨溫度之上升而減少。
(2) 電壓電流之間，不成直線關係。
(3) 由少量之雜質滲入，會使電阻係數發生顯著變化。即雜質增加時，電阻急速減少。

　　半導體元素如矽（Si）、鍺（Ge）、硒（Se）、銻（Te）使用最廣，尤其矽晶體，目前被大量用來製造電晶體、二極體、體積電路等元件。通常摻雜是把少量之五

價元素如砷、或三價元素如銦等加入鍺或矽元素中,以增進其導電性能。另有氧化物半導體,例如氧化銅(Cu_2O)、氧化鋅(ZnO)、氧化錫(SnO_2)等,主要作為感測元件(sensor)。

印刷電路板,由酚醛樹脂或環氧樹脂玻璃纖維材料作基板,以接著劑黏貼純度 99.5%以上的電解銅箔而製成,並依設計電路,用照相腐蝕法或絲網印刷法完成。

6. 燃料電池

燃料電池於 1839 年由英國人 William Grove 發明,1962 年美國 Gemini 太空計畫開始使用,1989 年日本東京電力公司建造 11MW 電廠,1993 年加拿大 Ballard 公司展出 PEMFC 巴士,目前日本 TOYOTA 及 HONDA 汽車提供燃料電池汽車給美國及日本政府租用。

燃料電池的特色:
(1) 高能源轉換效率。
(2) 清潔、低環境污染。
(3) 運轉安靜噪音少。

燃料電池依電解質的型式分類:
(1) 鹼性燃料電池(Alkaline Fuel Cells,AFC)。
(2) 質子交換膜燃料電池(Proton Exchange Membrane Fuel Cells,PEMFC)。
(3) 磷酸型燃料電池(Phosphoric Acid Fuel Cells,PAFC)。
(4) 熔融碳酸鹽燃料電池(Molten Carbonate Fuel Cells,MCFC)。
(5) 固態氫化物燃料電池(Solid Oxide Fuel Cells,SOFC)。

燃料電池的作用以質子交換膜燃料電池為例,如圖 5-18 所示。

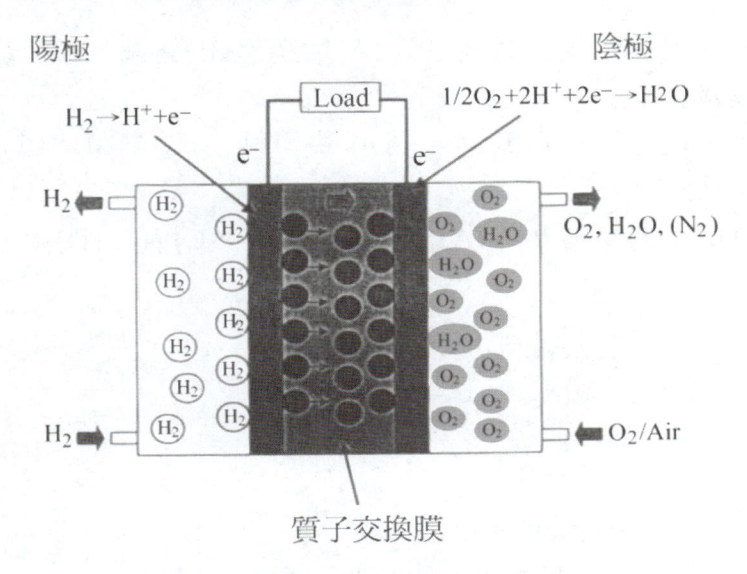

圖 5-18　質子交換膜燃料電池的作用情形

其構造為電解質使用離子交換膜，觸媒塗在薄膜的兩側表面用來加速化學反應，觸媒的材料大部分為白金；陽極和陰極分別位在薄膜的兩側，氫氣 H_2 由陽極供應，氧氣 O_2 由陰極供應。

　　優點為此燃料電池的唯一液體是水，腐蝕問題小，操作溫度介於 80 至 100℃ 間，散熱及安全顧慮較低，適合為汽車動力來源。缺點為觸媒白金價格昂貴，白金容易與一氧化碳反應而發生中毒現象。

習題

一、選擇題

(　　) 1. 電瓶格子板之主要成分為鉛，另加有 5～12%的　(A)砷　(B)銻　(C)磷　(D)鎵。

(　　) 2. 電瓶之正極板藥料的主要成分是　(A)紅鉛粉　(B)黃鉛粉　(C)鉛　(D)過氧化鉛。

(　　) 3. 電瓶隔板上之凸條是朝向　(A)正極板　(B)負極板　(C)均可。

(　　) 4. AWG 編號之號數愈大表示電線愈　(A)長　(B)短　(C)粗　(D)細。

(　　) 5. 起動馬達之電樞大多採用　(A)純鐵　(B)矽鋼片　(C)雲母　(D)銅。

(　　) 6. 下列何者非為硬磁材料？　(A)鈷鋼　(B)鉻鋼　(C)鎳鋼　(D)鎢鋼。

(　　) 7. 鎳合金使用於火星塞之　(A)中央電極　(B)鋼體　(C)邊電極　(D)絕緣瓷體。

(　　) 8. 燃料電池的燃料為　(A)白金　(B)氧　(C)氫　(D)鎳。

二、問答題

1. 簡述汽車電瓶使用之材料。
2. 簡述磁性材料之分類。

第 6 章

汽車
車身材料及特性

車身（body）為車子用以乘坐人員或裝載貨物之處，車身必須使其具有最大之空間，並要使乘坐在裏面的駕駛員感到舒適愉快，發生衝撞時並能保護人員之安全。車身包括車身板金、車門、玻璃窗、保險桿等外部機構，及儀錶板、座椅、車內裝潢飾板等車身內部機件。

車身必須具有防止水、灰塵等進入之密封效果，防止震動、隔音、防止銹蝕、具有高強度、吸收衝擊，重量輕易維修保養等之特性。為了滿足以上諸多特性之要求，車身由非常多種類的材料所構成，大致可分為鋼鐵、鋁合金、不銹鋼等金屬材料，以及塑膠、橡膠、玻璃、纖維強化塑膠、塗料等非金屬材料。

6-1 金屬車身材料

6-1.1 鋼 板

車身板金是以鋼板沖壓成型後點焊組合而成，為了減輕車身重量又能保持一定強度，車身板金各部位視需要強度，而有不同的厚度。車身所用之鋼板厚度為0.6～2.0mm，一般使用的低碳鋼，材質軟便於沖壓成型，如圖 6–1、6–2、6–3。

圖 6–1　車身板金由油壓沖模而成

(a)機械人正焊接車身底部

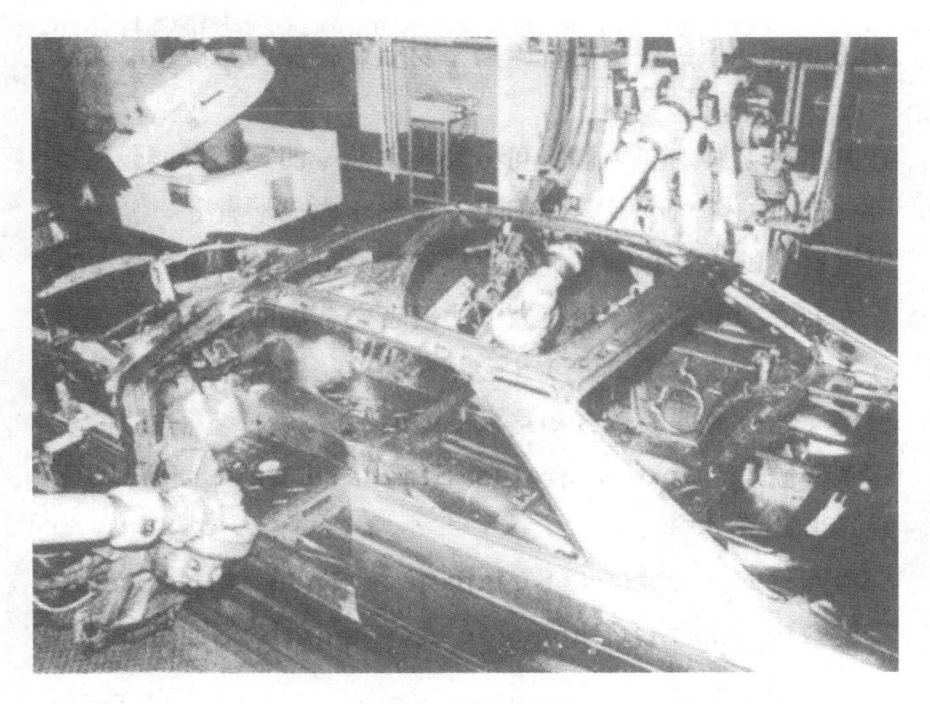

(b)機械人熔接車身

圖 6-2　機械式操作焊接

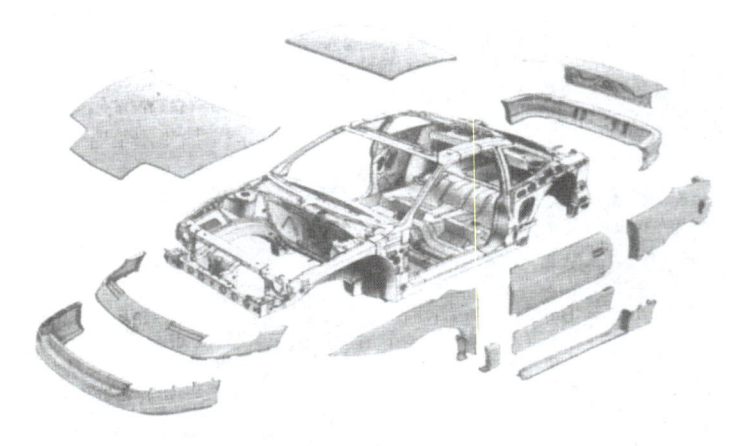

圖 6-3　組成現代汽車車身的各部分零件

　　鋼板按其用途及製造法大體上可分為兩大類，即實心板與包覆板，都是經過數次之高溫加工（熱軋）及低溫加工（冷軋）而成形者。

　　實心板為經熱軋後施以矯正軋延之黑鐵皮（black sheet），及熱軋後再施以 50%左右之冷軋鋼板。包覆板依所鍍者之金屬而有多種，如鍍鋅鐵皮（即白鐵皮）、鍍錫鐵皮（馬口鐵）、鍍鋁、鍍鉻、鍍鉛錫鋼板、琺瑯鋼板，塑膠包覆鋼板等。鋼板厚度較厚者稱為板（plate），較薄者稱為片（sheet），厚度以美國標準號規（United States Standard Gage 簡稱 USG）所定的號數來稱呼。（如表 6-1）

　　車身鋼板照日本工業規格 JIS（Japanese Industrial Standards）及日本自動車協會規格 JASO（Japanese Automobile Standards Organization），分類編號區分為：熱軋鋼板、冷軋鋼板、高張力鋼板、表面包覆鋼板，及不銹鋼等五種，鋼板之製造過程如圖 6-4 所示。

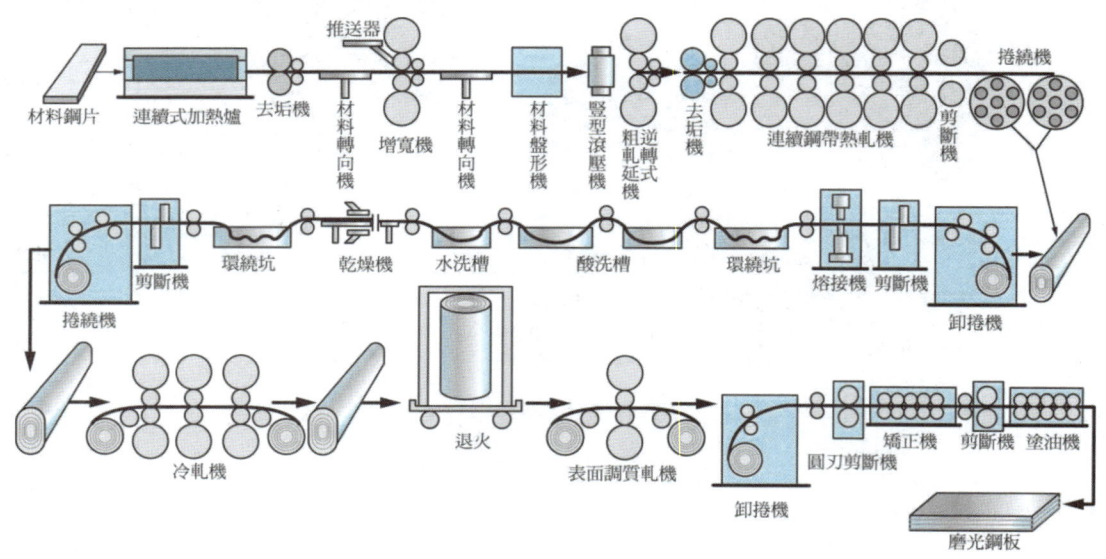

圖 6-4　鋼板之製造過程

表 6-1　鋼板之美國標準號規（United States Standard Gage）

號　數	每平方公尺重量 kg	每平方呎重量 1b	近似厚度 mm 熱　鐵（480 lb/f$_t^3$）	近似厚度 mm 鋼及平爐鐵（489.6 lb/f$_t^3$）
0000000	97.65	20.00	12.70	12.45
000000	91.55	18.75	11.91	11.67
00000	85.44	17.50	11.11	10.90
0000	79.34	16.25	10.32	10.12
000	73.24	15.00	9.52	9.34
00	67.13	13.75	8.73	8.56
0	61.03	12.50	7.94	7.78
1	54.93	11.25	7.14	7.00
2	51.88	10.62	6.75	6.62
3	48.82	10.00	6.35	6.23
4	45.77	9.375	5.95	5.84
5	42.72	8.750	5.56	5.45
6	39.67	8.125	5.16	5.06
7	36.62	7.500	4.76	4.67
8	33.57	6.875	4.37	4.28
9	30.52	6.250	3.97	3.89
10	27.46	5.625	3.57	3.50
11	24.41	5.000	3.18	3.11
12	21.36	4.375	2.778	2.724
13	18.31	3.750	2.381	2.335
14	15.26	3.125	1.984	1.946
15	13.73	2.812	1.786	1.761
16	12.21	2.500	1.588	1.557
17	10.99	2.250	1.429	1.400
18	9.765	2.000	1.270	1.245
19	8.544	1.750	1.111	1.090
20	7.324	1.500	0.952	0.934
21	6.713	1.375	0.873	0.856
22	6.103	1.250	0.794	0.778
23	5.493	1.125	0.714	0.700
24	4.882	1.000	0.635	0.623
25	4.272	0.8750	0.556	0.545
26	3.662	0.7500	0.476	0.467
27	3.357	0.6875	0.437	0.428
28	3.052	0.6250	0.397	0.389

表 6-1　鋼板之美國標準號規（United States Standard Gage）（續）

號　數	每平方公尺重量 kg	每平方呎重量 1b	近似厚度 mm 熱　鐵（480 1b/f$_t^3$）	近似厚度 mm 鋼及平爐鐵（489.6 1b/f$_t^3$）
29	2.746	0.5625	0.357	0.350
30	2.441	0.5000	0.318	0.311
31	2.136	0.4375	0.278	0.272
32	1.983	0.4062	0.258	0.253
33	1.831	0.3750	0.238	0.233
34	1.678	0.3438	0.218	0.214
35	1.526	0.3125	0.198	0.195
36	1.373	0.2812	0.179	0.175
37	1.297	0.2656	0.169	0.165
38	1.221	0.2500	0.159	0.156
39	1.144	0.2344	0.149	0.146
40	1.063	0.2188	0.139	0.136
41	1.030	0.2109	0.134	0.131
42	0.9917	0.2031	0.129	0.126
43	0.9536	0.1953	0.124	0.122
44	0.9155	0.8175	0.119	0.117

其材料記號的原則如例

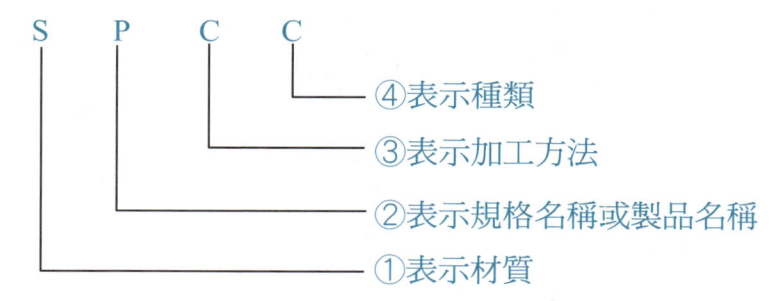

S　P　C　C
- ④表示種類
- ③表示加工方法
- ②表示規格名稱或製品名稱
- ①表示材質

(1) 材質是用英文或羅馬文的第一個字或元素記號表示，除去例外者，均以 S 表鋼（Steel：鋼）或 F 表鐵（Ferrum：鐵）的記號等。

(2) 製品名稱是用英文或羅馬文的第一個字，使表示板、棒、管、線、鑄造件等製品形狀的種類或用途的記號組合一起表示。

　　P：板（Plate）　　　　U：特殊用途（Use）
　　W：線材、線（Wire）　 T：管（Tube）
　　C：鑄件（Casting）　　 K：工具（Kogu）
　　F：鍛造（Forging）

(3) 加工方法

　　C：冷軋鋼板（cold rolled sheet）

　　H：熱軋鋼板（hot rolled sheet）

(4) 種類有材料種類、號碼的數字、最低抗拉強度或耐力如：

　　 1 ：第 1 類，2A：第 2 類 A 級

　　24 ：抗拉強度或耐力

　　 C ：普通（Common）

　　 D ：模（Die）

　　 E ：擠製（Extruding）

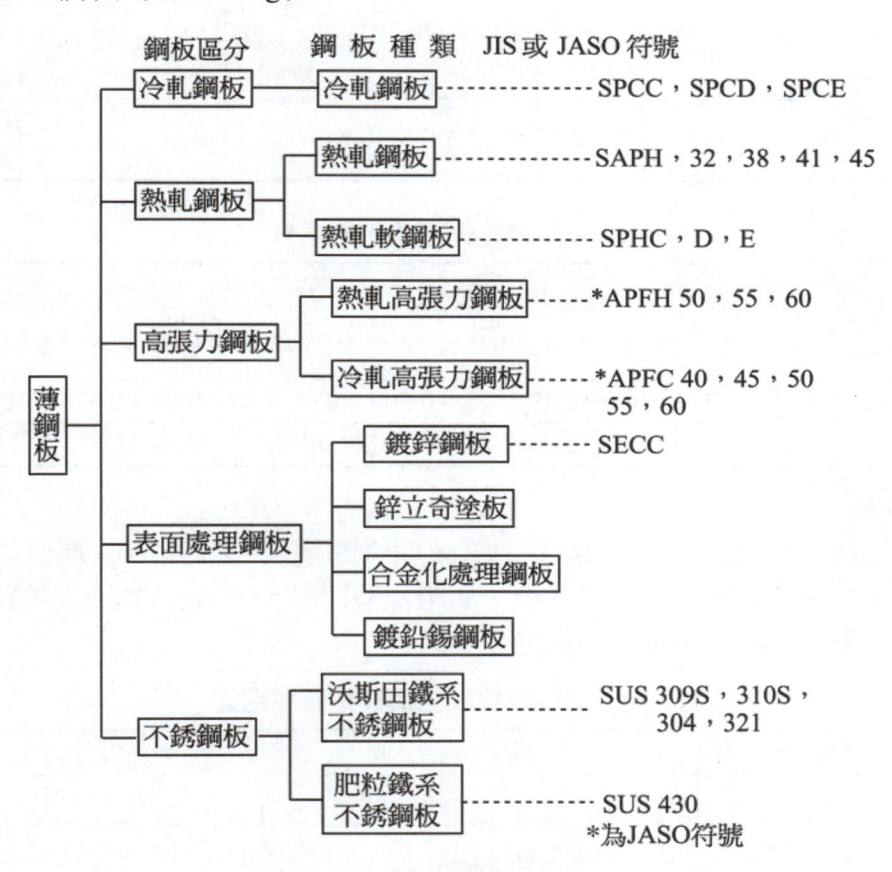

鋼板區分	鋼板種類	JIS 或 JASO 符號
冷軋鋼板	冷軋鋼板	SPCC，SPCD，SPCE
熱軋鋼板	熱軋鋼板	SAPH，32，38，41，45
	熱軋軟鋼板	SPHC，D，E
高張力鋼板	熱軋高張力鋼板	*APFH 50，55，60
	冷軋高張力鋼板	*APFC 40，45，50，55，60
表面處理鋼板	鍍鋅鋼板	SECC
	鋅立奇塗板	
	合金化處理鋼板	
	鍍鉛錫鋼板	
不銹鋼板	沃斯田鐵系不銹鋼板	SUS 309S，310S，304，321
	肥粒鐵系不銹鋼板	SUS 430

*為 JASO 符號

圖 6-5　車身用鋼板的種類

1. 熱軋鋼板

熱軋鋼板是將鋼錠置於冷熱爐內，經過較長時間的加熱，使鋼錠內外之溫度均勻，然後經過軋延機軋延，再送入連續式加熱爐內加熱，保持 300～400℃之溫度後，經過連續鋼帶軋延機，表面處理而製成。

熱軋軟鋼板含碳量在 0.15% 以下，以熱軋加工製成，一般使用在不重外觀之處，其機械性質和用途例如表 6-2 所示，其化學成分如表 6-3 所示。

表 6-2　熱軋軟鋼板的機械性質和用途

種類	符號	抗拉強度 kg/mm², 公厘	厚度 1.0公厘以上 1.2未滿	厚度 1.2公厘以上 1.6未滿	厚度 1.6公厘以上 2.0未滿	厚度 2.0公厘以上 2.5未滿	厚度 2.5公厘以上 3.2未滿	厚度 3.2公厘以上 4.0未滿	厚度 4.0公厘以上	用途例
1種	SPHC	28 以上	25 以上	27 以上	29 以上	29 以上	29 以上	31 以上	31 以上	後軸殼
2種	SPHD	28 以上	—	30 以上	32 以上	33 以上	35 以上	37 以上	39 以上	懸架、變速箱殼
3種	SPHE	28 以上	—	31 以上	33 以上	35 以上	37 以上	39 以上	41 以上	行李箱蓋絞鏈

表 6-3　熱軋鋼板的化學成分

種類	牌號	碳%	矽%	錳%	磷%	硫%	類似鋼材
碳鋼	JIS SPHC	0.1 以下	0.08 以下	0.25～0.50	0.05 以下	0.05 以下	SAE 1010
碳鋼	SPHD	0.12 以下	0.05～0.10	0.25～0.50	0.05～0.10	0.06 以下	1012
碳鋼	SPHE	0.12 以下	0.08～0.15	0.25～0.50	0.06 以下	0.06 以下	1012

2. 冷軋鋼板

　　熱軋鋼板再經過冷軋延及表面調質處理後的鋼板，稱為冷軋鋼板或磨光鋼板，大都使用於汽車車身、車門內板、油箱、輪罩等。表 6-4 為冷軋軟鋼板的機械性質和用途，表 6-5 為冷軋鋼板的化學成分。

表 6-4　冷軋軟鋼板的機械性質和用途

種類	抗拉試驗 符號 板金區分	抗拉強度 0.25 以上	0.25 以上 0.40 未滿	0.40 以上 0.60 未滿	0.60 以上 1.0 未滿	延伸率(%) 1.0 以上 1.6 未滿	1.6 以上 3.5 未滿	2.5 以上	用途例
1種	SPCC kg/mm²	28 以上	32 以上	34 以上	36 以上	37 以上	38 以上	39 以上	車底板
2種	SPCD kg/mm²	28 以上	34 以上	36 以上	38 以上	39 以上	40 以上	41 以上	車輪室蓋板、車門外板
3種	SPCE kg/mm²	28 以上	36 以上	38 以上	40 以上	41 以上	42 以上	43 以上	前覆輪蓋、車門內板

表 6-5　冷軋鋼板的化學成分

種　類	牌號 JIS	碳%	矽%	錳%	磷%	硫%	類似鋼材
碳　鋼	SPCC	0.12 以下	0.08～0.12	0.25～0.50	0.045 以下	0.05 以下	SAE 1012
碳　鋼	SPCC	0.10 以下	0.08～0.15	0.25～0.45	0.035 以下	0.04 以下	1010
碳　鋼	SPCE	0.08 以下	0.08～0.15	0.25～0.45	0.03 以下	0.035 以下	1008

3. 高張力鋼板

一般抗拉強度 50kg/mm² 以上的低碳合金系的構造用鋼稱為高張力鋼，具有可焊接並保持原有機械性質，不必再做熱處理的好處。另有耐候性高張力鋼，能減慢生銹進行的速度，目前汽車使用高張力鋼的比例不斷提高。表 6-6 為高張力鋼板的機械性質。表 6-7 為高張力鋼板的主要化學成分。

4. 表面包覆鋼板

表面包覆鋼板利用鍍層膜隔絕鋼板與大氣及濕氣接觸，可使車身具有更好之耐蝕性，防止內部的腐蝕。表 6-8 為使用在車身上的表面包覆鋼板。

表 6-6　高張力薄鋼板的機械性質

分類	種　類	符　號	抗拉強度（kg/mm²）	降伏點（kg/mm²）	延伸率（%） 厚度 mm 1.0 未滿	厚度 mm 1.0 以上 1.6 以下	厚度 mm 1.6 以上 2.0 未滿	厚度 mm 2.0 以上 2.5 未滿	厚度 mm 2.5 以上 3.2 以下
冷軋	40kg 級	APFC40	40 以上	24 以上	30 以上	30 以上	—	—	—
	45kg 級	APFC45	45 以上	28 以上	26 以上	27 以上	—	—	—
	50kg 級	APFC50	50 以上	32 以上	23 以上	24 以上	—	—	—
	55kg 級	APFC55	55 以上	36 以上	20 以上	21 以上	—	—	—
	60kg 級	APFC60	60 以上	40 以上	17 以上	18 以上	—	—	—
熱軋	50kg 級	APFH50	50 以上	35 以上	—	—	22 以上	23 以上	24 以上
	55kg 級	APFH55	55 以上	38 以上	—	—	21 以上	22 以上	23 以上
	60kg 級	APFH60	60 以上	45 以上	—	—	19 以上	20 以上	21 以上

表 6-7　高張力鋼板的主要化學成分

種別	名稱	國別	化學成分（％）							
			C	Si	Mn	Cu	Ni	Cr	Mo	其他
50kg級	WEL-TEN50	日	<0.18	0.25~0.45	0.90~1.30					
	St 52	德	<0.20	<0.55	<1.50					
	Man Ten	美	<0.25	<0.30	1.10~1.60	>0.20				
60kg級	WEL-TEN60	日	<0.16	<0.55	<1.30		<0.60	<0.40		V<0.15
	Vanity	美	<0.18	0.15~0.35	<1.30					V>0.02 Ti>0.005
	Ducol W25	英	<0.20	<0.30	<1.60		<0.50	<0.30	<0.30	
	Ducol W30	英	<0.17	<0.30	<1.50	<0.30	<0.30	<0.70	<0.28	V<0.10
耐候性	Cor-Ten	美	<0.12	0.25~1.00	0.10~0.50	0.30~0.50	<0.55	0.50~1.50		
	YAW-TEN50	日	<0.16	0.15~0.55	0.80~1.40	0.25~0.50		0.40~0.65		Ti<0.15
	River-Ten50	日	<0.15	0.15~0.55	0.50~1.00	0.20~0.50	0.10~0.50	0.30~0.60		Nb<0.05

表 6-8　使用在車身上的表面包覆鋼板

	名稱	特徵	使用部位
鍍層鋼板	溶鋅鍍鋅板（單面、雙面）	1.鍍層表面粗糙 2.塗裝密著性問題	1.下護板、車頂之內襯板、車門等 2.車身底部
	合金化處理鋼板	1.電阻銲接性及塗料密著性良好 2.加工成形受限制	
	電鍍鍍鋅板	1.電鍍層膜厚均一 2.鍍層膜厚可調整	
	鍍鉛錫鋼板	1.沖床加工之成形性優良 2.銲接性良好	汽油油箱
	鍍鋁鋼板	1.高濕情況下，耐蝕性強	消音器、排氣管等排氣之相關零件
	塗裝處理鋼板（鋅粉漆）	1.具有較佳之防蝕性及加工性	下護板、車頂之內襯板、車門框等

5. 不銹鋼板

　　不銹鋼板是在碳鋼中添加鉻或鎳，用以改良鋼之耐蝕性，而不容易生銹，鉻含量較多的鋼叫做不銹鋼。其中肥粒鐵系不銹鋼，質軟容易加工，易熔接，耐蝕

性優良。沃斯田鐵系不銹鋼含鉻 18%、鎳 8%，質軟富於韌性，無磁性，表 6-9 為不銹鋼的化學成分和用途例。

表 6-9　不銹鋼的化學成分和用途

分類	符號	特性	C	Si	Mn	P	S	Ni	Cr	其他	用途
奧斯田鐵系	SUS 309S	鉻、鎳含量多，耐熱性、耐蝕性優良	0.08 以下	1.00 以下	2.00 以下	0.040 以下	0.030 以下	12.00～15.00	22.00～24.00		進氣、排氣歧管
	SUS 310S	鉻、鎳含量多，耐熱性、耐蝕性優良	0.08 以下	1.50 以下	2.00 以下	0.040 以下	0.030 以下	19.00～22.00	24.00～26.00	—	同上
	SUS 304	廣泛使用者 18-8 不銹鋼	0.08 以下	1.00 以下	2.00 以下	0.040 以下	0.030 以下	8.00～10.50	18.00～20.00	—	車窗飾條、車輪飾蓋
	SUS 321	18-8 系中添加 Ti，以防止粒間腐蝕	0.08 以下	1.00 以下	2.00 以下	0.040 以下	0.030 以下	9.00～13.00	17.00～19.00	Ti 5×C% 以上	觸媒容器、排氣管
肥粒鐵系	SUS 430	一般之鉻系不銹鋼	0.12 以下	0.75 以下	1.00 以下	0.040 以下	0.030 以下	—	16.00～18.00		

圖 6-6　使用鋁合金車身之吉普車

表 6–10　鋁合金之化學成分及機械性質

合金系	記載	化學成分（%）（餘量為 Al）								性質	抗拉強度 kg/mm²	伸長率 %	溶解處理溫度 ℃	回火		參考
		Si	Fe	Cu	Mn	Mg	Cr	Zn	Ni					溫度 ℃	時間 hr	
Al–Mg	5005	<0.30	<0.7	<0.20	<0.20	0.5～1.1	<0.10			H18	>18	>2				強度低，加工性、耐蝕性好
	5052	<0.25	<0.40	<0.10	<0.10	2.2～2.8	0.15～0.35			H18	>28	>3				普通強度、加工性、耐蝕性好
	5056	<0.30	<0.40	<0.10	0.05～0.20	4.5～5.6	0.05～0.20			H12	>31	>3				非熱處理用，中等強度，陽極處理好
	5154	Si+Fe	<0.45	<0.10	<0.10	3.1～3.9	0.15～0.35			H18	>32	>3				強度比 5056 高
Al–Mg–Si	6061	0.40～0.8	<0.7	0.15～0.40	<0.15	0.8～1.2	0.04～0.35			T6	>30	>10	515～550	155～165	18	普通強度，耐蝕性、熔接性好
	6063	0.20～0.6	<0.35	<0.10	<0.10	0.45～0.9	<0.10			T6	>21	>10	515～525	約175	約8	強度比 6061 低，耐蝕性、擠製性好
	6151	0.6～1.2	<1.0	<0.35	<0.20	0.45～0.8	0.15～0.35			T6	>31	>14	510～525	165～175	10	強度比 6061 高，耐蝕性、鑄造性好
Al–Cu–Mg	2014	0.50～1.2	<0.7	3.9～5.0	0.40～1.2	0.20～0.8	<0.10	<0.25		T6	>45	>6	495～505	170～180 150～165	10 18	耐蝕性差，強度高，熱加工性好
	2017	0.20～0.8	<0.7	3.5～4.5	0.40～1.0	0.40～0.8	<0.10	<0.25		T4	>36	>15	495～510	室溫	>96	杜拉鋁，強度高
	2024	<0.5	0.50	3.8～4.9	0.30～0.9	1.2～1.8	<0.10	<0.25		T4	>44	>15	490～500	室溫	>96	超級杜拉鋁，高強度合金
	2117	<0.8	<0.7	2.2～3.0	<0.20	0.20～0.50	<0.10	<0.25		T4	>26	>18	475～500	室溫	>96	時效性低，加工性好，鉚釘材料

6-1.2 鋁 片

　　純鋁具有耐蝕性和易加工性，若添加適當合金元素，可增加強度、硬度，改善機械性質，尚可易於鑄造或鍛造。大客車或卡車之車身俗稱車皮，都採用鋁合金材料，能減輕車身之重量。在小客車上使用鋁合金材料的部分，僅限於對強度沒有特別要求之零件上，或者車身表面之外部零件，如車門、行李蓋板、飾條、水箱前飾罩等。

　　常用之鋁合金車身材料有鋁銅系鋁合金、鋁鎂系鋁合金，及鋁鎂矽系鋁合金，其化學成分及機械性質如表 6-10 所示。

6-2　塑膠及 FRP 製品

6-2.1 塑膠於汽車上之應用

　　塑膠工業為近年來發展最為突出之化學工業，其技術突飛猛進，產品日新月異。塑膠即合成樹脂可以代替紙、纖維、木材、油漆、橡膠、鋼鐵等材料，成為日常生活常見之用品，而在汽車材料的構成上，塑膠的使用也大幅成長。如圖 6-7 日本汽車材料的構成預測。

　　複合材料的開發應用，特別是纖維強化塑膠（fiber reinforced plastics），喊出"比鐵更強，比鋁更輕"的口號，實在當之無愧，更廣泛用在汽車上，如圖 6-8(a) 現代化的全塑膠車身，圖 6-8(b) 之 1、2、3、4 所示部分為塑膠配件。

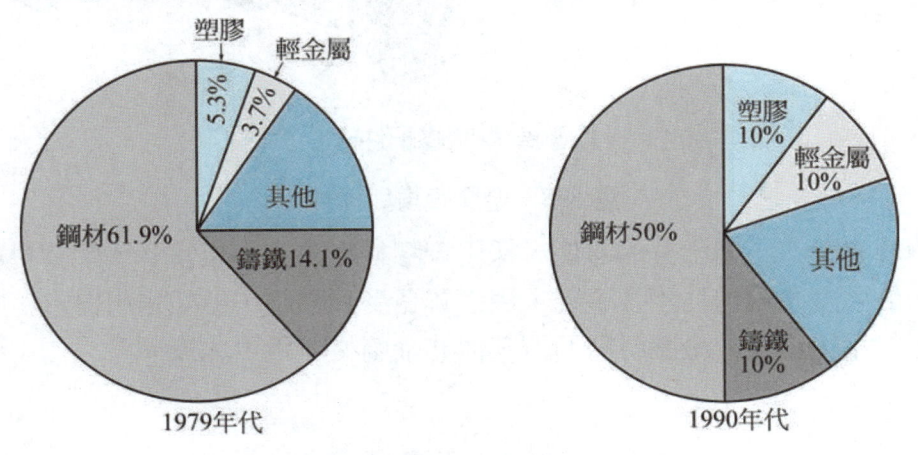

圖 6-7　1990 年代日本車的材料構成預測

(a)現代化塑膠車身

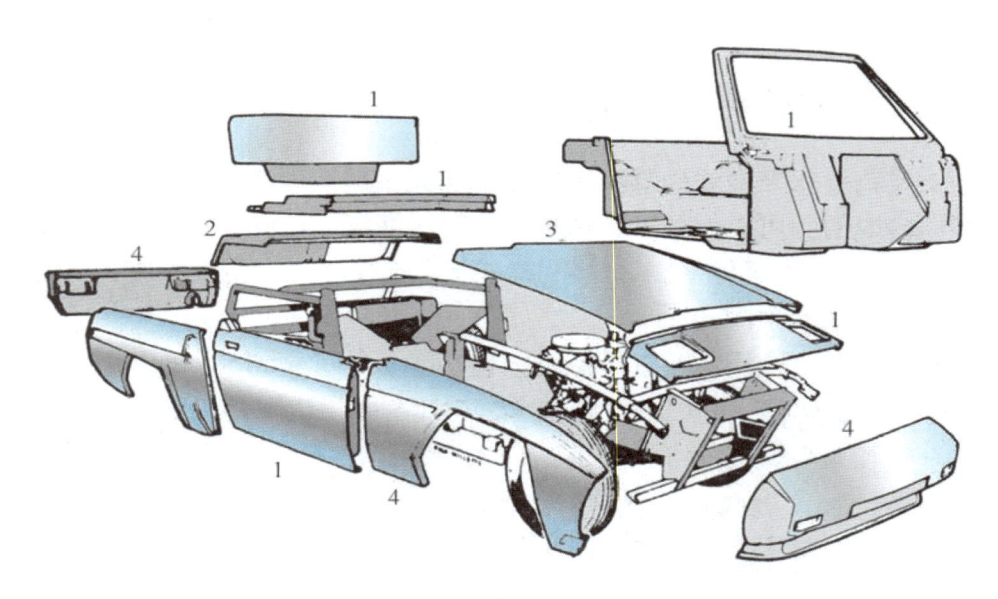

(b)車身塑膠配件

圖 6-8　塑膠車身與配件

　　汽車車身及汽車各部分的零件，採用塑膠材料的比例相當多，塑膠材料雖然由於本身的強度及耐熱性不及金屬，用途難免受到限制，但如選用得宜，塑膠在許多方面的用途則遠非金屬材料乃至其他非金屬材料所可比擬。

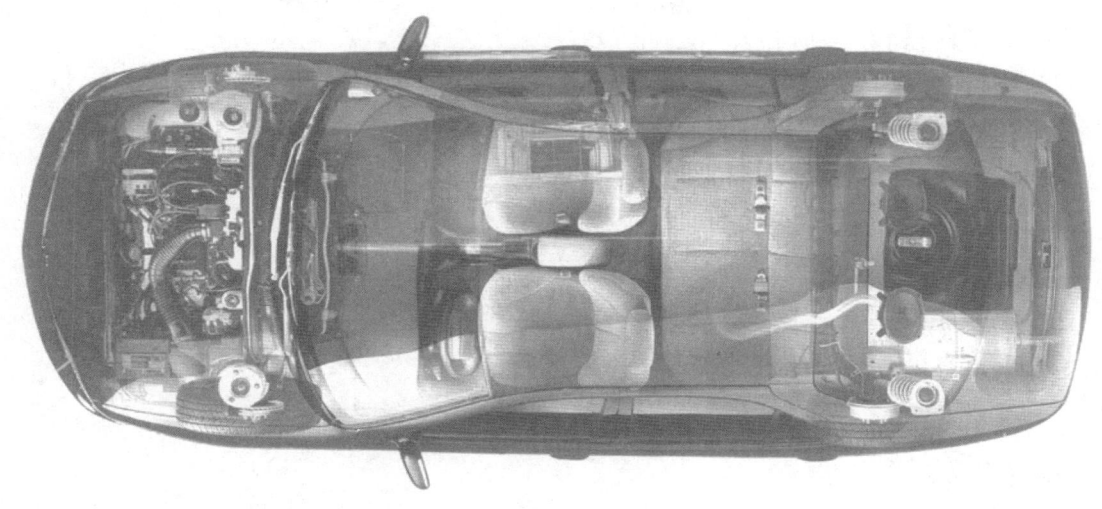

車身零件所使用之塑膠材料，包括下列部分：
① 暖氣管道（PE，PP）
② 上通風板（ABS）
③ 離合器，煞車貯油器（尼龍，PU）
④ 分電盤蓋（PP、酚醛）
⑤ 車身外後視鏡（ABS，PP）
⑥ 空氣濾清器外殼（PP）
⑦ 電腦接頭、軟管
⑧ 水箱（PU，尼龍）
⑨ 水箱護罩（ABS，PP）
⑩ 頭燈飾板（ABS，PP）
⑪ 保險桿護絲（PU，PP，SMC）
⑫ 前護板
⑬ 電瓶殼（PP，ABS）
⑭ 水箱護罩集風罩（PP）
⑮ 洗滌水壺（PE，PP）
⑯ 冷卻風扇（PP，尼龍）
⑰ 暖氣殼（PP）
⑱ 手套箱蓋（ABS，PVC，PU）
⑲ 置物箱（ABS，PP，PU）
⑳ 變速桿把手（ABS，PU）
㉑ 踏板（PP）
㉒ 儀表板（ABS，PP）
㉓ 表皮（ABS，PVC，PU）
㉔ 軟墊儀表蓋（PP，ABS）
㉕ 通風器（ABS，PP）
㉖ 煙灰缸（酚醛）
㉗ 導管（PP）
㉘ 飾板（PP，ABS，PP）
㉙ 儀表蓋（壓克力，ABS）
㉚ 方向盤（PP，PU，PVC）
㉛ 轉向機柱外飾蓋（ABS，PP）
㉜ 中柱飾板（PP，ABS）
㉝ 扶手（ABS）
㉞ 車門裝潢件（門飾板）（ABS，PP，PU，PVC）
㉟ 臂靠（ABS，PU，PVC）
㊱ 通風口（PP，PU）
㊲ 車室頂裏襯（PVC，PE）
㊳ 行李箱裝潢件（行李箱飾板）（PP，PE）
㊴ 行李箱墊（PVC）
㊵ 汽油箱（HDPE）
㊶ 後組合蓋 { 面板（壓克力 Acrylic） 座（PP）
㊷ 標誌牌（ABS，聚酯，PU）
㊸ 保險桿護板（PU，FRP）
㊹ 輪圈蓋（ABS，PP）
㊺ 地毯（PU，PP，PVC）
㊻ 背靠（ABS，PU，PVC）
㊼ 座椅皮帶（PU，ABS）
㊽ 座椅（ABS，PVC，PU）

圖 6-9　塑膠材料在汽車上之應用

塑膠材料具有下列特性：
(1) 重量輕。
(2) 韌性佳，並有足夠的強度。
(3) 成形性好，易於大量生產。
(4) 優越的電絕緣性。
(5) 耐酸、耐鹼、耐油、耐化學藥品之侵蝕。
(6) 美觀、易著色、觸感亦佳。
(7) 隔音、防震、斷熱性能好。

6-2.2 塑膠之原料

塑膠是屬於石化工業的產品，如圖 6–10 所示。

塑膠是一種以有機聚合物（organic polymer）為主原料，並以顏料、填料、固化劑、安定劑或塑化劑為副原料，而於加熱或與加壓下可被加工成形的物料。聚合物是指由低分子物質亦稱為單體（monomer），所連結而成的高分子物質，單體由多種聚合反應而連結成聚合物。

可做為塑膠主原料的有機聚合物包括天然樹脂、纖維素衍生物、蛋白質衍生物及合成樹脂（synthetic resin）。其中以使用合成樹脂為主原料的最多。所以塑膠可說是以樹脂為主原料，而與一種或數種副原料拌合而製成液狀、粉狀、粒狀或餅狀之配合物，以供加工成形為各種製品。塑膠副原料之主要成分如下：

1. **填料**：包括纖維素、木粉、棉花、石綿、雲母、玻璃纖維等物料，添加於樹脂中以改善其機械、絕緣、耐溫等性質並降低成本。

2. **塑化劑**：又稱為可塑劑（plasticizer），例如酞酸二辛酯、磷酸三甲酚酯等。塑化劑可降低樹脂之黏度而使其易於被加工成形，並賦予塑膠製品撓曲性及其他性質。

3. **安定劑**：塑膠於加工或使用之際，遇光或熱則易起分解作用。樹脂中加入安定劑之目的即在抑制分解作用之產生。常用於聚氯乙烯之安定劑包括金屬肥皂、鉛鹽及有機錫化合物三類，透明製品則用二丁基二硬脂酸錫或二丁基錫。

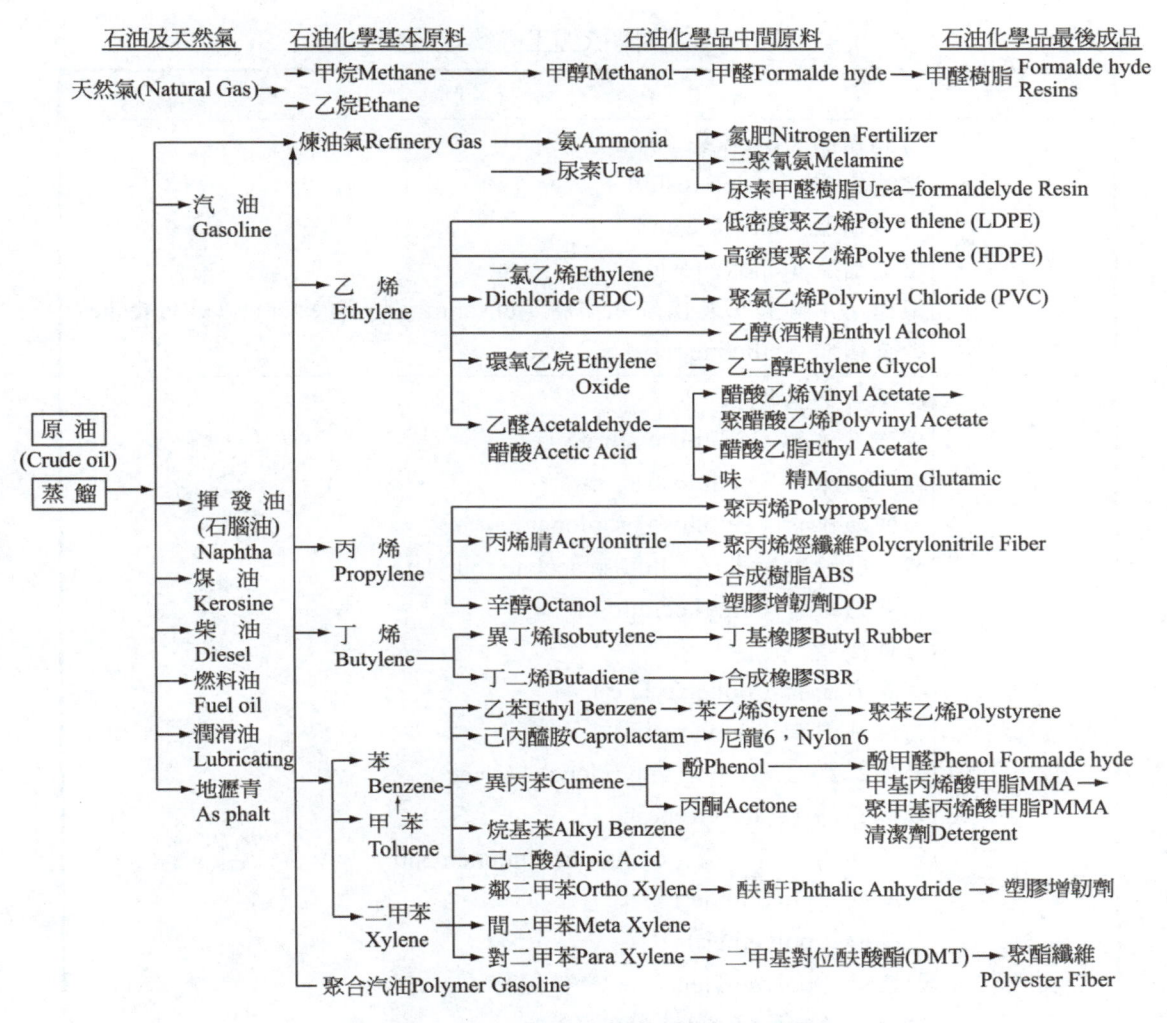

圖 6-10　石油化學工業主要產品關聯圖

4. **著色劑**：包括無機顏料、有機顏料及染料。依塑膠的性質選用適當的著色劑可賦予製品美麗的色彩而增加商品價值。
5. **固化劑**：熱固性塑膠常加酸性或鹼性觸媒以縮短固化的時間。
6. **潤滑劑**：樹脂中加入硬脂酸鹽及其他金屬肥皂作為潤滑劑，以利模製操作。

6-2.3 樹脂之分類

1. **依加工性質分**：樹脂如依其被加工時所呈現的性質，可分為熱固性樹脂（Thermo setting resin）及熱塑性樹脂（Thermo plastic resin）兩大類。前者於加工成形後，受熱不再軟化。後者冷卻則硬化，受熱則軟化並具可塑性，而可被反覆加工。表 6-11 列出這兩大類的樹脂及其商品名稱。

表 6–11　樹脂依加工性質之分類

樹脂名稱	
熱固性樹脂	酚醛樹脂（phenolic resin） 胺基樹脂（amino resin） 醇酸樹脂（alkyd resin） 環氧樹脂（epoxy resin） 聚酯（不飽和）及兩烯基樹脂（unsaturated polyester and allyl resin） 矽氧樹脂（silicone resin）
熱塑性樹脂	纖維素衍生物 硝酸纖維素（cellulose nitrate） 醋酸纖維素（cellulose acetate） 丙酸纖維素（cellulose propionate） 醋－酪酸纖維素（cellulose acetate–butylate） 乙基纖維素（ethyl cellulose） 合成樹脂 壓克力樹脂（polyacrylate） 乙烯基樹脂（vinyl resin） 聚偏二氯乙烯（polyvinylidene chloride） 聚苯乙烯（polystyrene） 苯駢呋喃－茚樹脂（cumarone–indene resin） 聚醯胺（polyamide） 聚醯醚（polyether） 聚乙烯（polyethylene） 聚丙烯（polypropylene） 氟碳樹脂（fiuorocarbon resin）

2. **依來源分**：樹脂的另一種分類方法是依來源分為天然樹脂、纖維素衍生物、蛋白質衍生物及合成樹脂四大類。如 6–12 所示。合成樹脂又可分為縮合聚合系及加成聚合系兩大類；通常前者屬於熱固性樹脂，後者屬於熱塑性樹脂。

表 6–12　樹脂依來源之分類

天然物及衍生物	合成樹脂	
	縮合聚合系	加成聚合系
天然樹脂 化石及植物樹脂 松香 蟲膠	酚樹脂 酚甲醛樹脂 酚糠醛樹脂 間苯二酚甲醛樹脂	聚乙烯 聚丙烯 聚異丁烯 氟碳樹脂

表 6–12　樹脂依來源之分類（續）

天然物及衍生物	合成樹脂	
	縮合聚合系	加成聚合系
木質素	胺基樹脂	聚醋酸乙烯酯
纖維素衍生物	尿素甲醛樹脂	聚乙烯醇
硝酸纖維素	三聚氰胺甲醛樹脂	聚乙烯醚
醋酸纖維素	聚酯	二乙烯基聚合物
丙酸纖維素	醇酸樹脂	聚氯乙烯
混合羧酸纖維素	不飽和或油變性醇酸樹脂	聚偏二氯乙烯
甲基纖維素	聚碳酸酯	聚苯乙烯
乙基纖維素	聚醚	聚丙烯酸酯
羧甲基纖維素（CMC）	聚醚醛	苯駢呋喃—茚聚合物
蛋白質衍生物	聚乙二醇	
酪素—甲醛	聚胺基甲酸酯	
玉米蛋白質—甲醛	聚醯胺	
大豆蛋白質—甲醛	環氧樹脂	
	矽銅樹脂	

6-2.4 樹脂及塑膠之性質及用途

1. **熱固性樹脂**

    (1) 酚醛樹脂（Phenolic Resin）

    　　係酚類與醛類的聚合物，乃合成樹脂中發明最早、種類最多而用途最廣者。酚甲醛可作為此類樹脂的代表，工業上稱為電木。

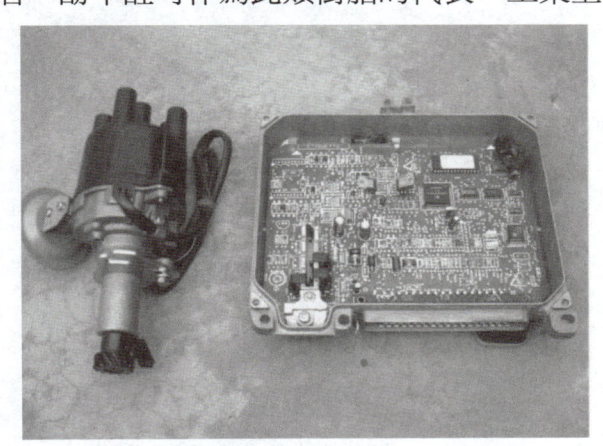

圖 6–11　酚醛樹脂製成之控制電腦基板及分電盤蓋

　　酚甲醛之特性為具有優異的機械強度，耐熱、耐蝕性佳、耐潮濕，具電絕緣性及易加工等。

酚醛樹脂之主要用途為燈座、插頭等模製品、收音機印刷電路之基板、配電盤、馬達零件、砂輪、砂布及殼模之膠合劑等。如圖 6–11 酚甲醛之製品。

(2) 胺基樹脂（Amino Resin）

　　胺基樹脂以尿素及三聚氰胺與甲醛的加成縮合聚合物，其中尿素樹脂及三聚氰胺樹脂較重要，可製成水溶液、有機溶液、噴霧乾燥粉或模製粉出售。

　　尿素樹脂之特性為表面硬度大、耐磨、電絕緣性佳、遇火只會焦化、不會燃燒。三聚氰胺樹脂則具有優異的抗水性及耐熱性。

　　尿素樹脂最大用途為三夾板用膠合劑，亦可與木粉、紙漿或纖維素等混合，製成透明板代替玻璃。三聚氰胺樹脂可製成碗、碟、西餐用刀叉柄等餐具。

(3) 聚酯樹脂（Polyester Resin）

　　聚酯中最重要的是由不飽和二元酸與二元醇縮合生成之線狀聚合物。其特性為能耐弱化學品、拉伸、壓縮及彎曲強度均優良、耐溶劑、耐熱性大，表面硬度大。在一般溫度及濕度下，有良好之尺寸安定性，加工容易。

　　聚酯樹脂之最大用途是以玻璃纖維加強後用於製造小自電子工業用配件，大至遊艇外殼、汽車車身等。由對苯二甲酸及乙二醇縮合成聚酯，為製造膠膜的良好材料，具有卓越的強度及電絕緣性，被廣用於電容器之絕緣膜、錄音帶及錄影帶之底材。如圖 6–12。

圖 6–12　使用玻璃纖維強化樹脂的汽車車身

(4) 環氧樹脂（Epoxy Resins）

　　一般而言，環氧樹脂是由芳香族的多元醇與環氧聚縮而成。此種

樹脂與適當硬化劑綜合，為最佳的塗料之一。環氧樹脂之特性為機械強度優良，對大多數材料之表面皆有卓越之黏著性，收縮率低、電絕緣性佳、耐蝕、耐熱性佳。

環氧樹脂之主要用途為高強度接著劑、高級塗料，高強度強化材料、飛機零件、結構材料等。

(5) 聚醛樹脂（Acetal Resin）

聚醛樹脂是以甲醛或三聚甲醛為單體的聚合物。此種樹脂機械強度大、耐熱性佳，可在 105℃持久使用，摩擦係數低，彈性優良。

聚醛樹脂之用途為可代替金屬作為汽車零件、計算機之計數齒輪、無需潤滑之軸承、拉鏈等。

(6) 聚胺基甲酸酯（Polyurethane，PU）

聚胺基甲酸酯是主鏈上含有胺基甲酸酯鍵合的聚合物，一般係由二異氰酸酯與二元醇聚合而得。其特性為吸水性小、尺寸安定、電絕緣性優良，能耐高溫、耐磨耗、韌性佳。

此類樹脂的最大用途是製造塑膠泡棉。軟質泡棉可代替泡沫橡膠製造床墊或坐墊；硬質泡棉可做冷凍機、船舶、車輛或電器的隔熱材料。聚胺基甲酸酯的另一種較特殊的用途是用於製造透氣性人造皮革。亦可做為工業用滾筒、模具墊、傳動皮帶、實心輪胎、標誌牌、門飾板、方向盤等，如圖 6–13 所示。

圖 6–13　使用聚胺基甲酸酯製成之方向盤及飾板等

2. 熱塑性樹脂

(1) 聚乙烯（Poly Ethylene，簡稱 PE）

聚乙烯是生產最早、構造最簡單、生產量最多而價格最低廉的熱塑性樹脂，係由乙烯與鹽酸聚合而成。基本上分為三種類型：低密度

（LDPE）、中密度及高密度（HDPE）。

　　聚乙烯之特性為機械性質優良、具有高週波低阻性、濕氣不透性及撓曲性、電絕緣性、質輕、透明而容易著色，容易加工，如圖 6-14。

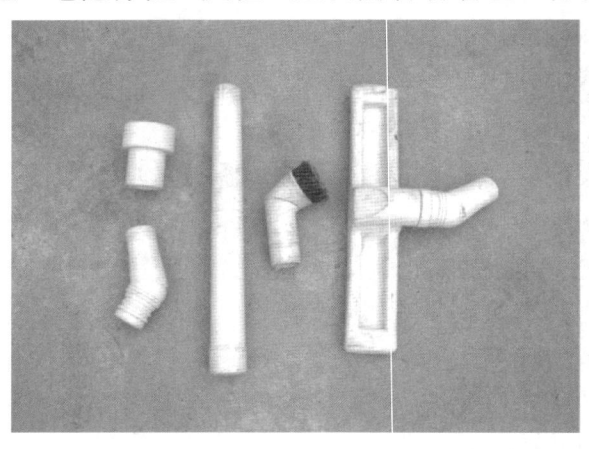

圖 6-14　典型的聚乙烯成品

　　聚乙烯之主要用途可用吹模法製成桶罐及瓶子、膠膜用做包裝材料、塑膠袋、玩具，也可製成線狀、繩狀、布狀及軟管等。汽車中使用者有油筒、電線蔽護、電瓶隔板、齒輪、外殼、軸承、行李箱飾板等。

(2) 聚丙烯（Poly Propylene，簡稱 PP）

　　聚丙烯係由丙烯在低壓下聚合而成，為合成樹脂中最輕者，比重 0.9。其特性為質硬、強度高、韌性大、耐衝擊性佳，耐化學性佳，成形容易。

　　聚丙烯之主要用途為電器器具、家庭用具、薄板、醫療器材及一般工業用纖維等。汽車中使用者有電瓶、車內燈、收音機柵板、加油踏板、擋泥板緣、風扇罩等。

(3) 聚氯乙烯（Poly Vinyl Chloride，簡稱 PVC）

　　聚氯乙烯係由氯乙烯單體聚合而成，在乙烯基樹脂中成長最快，應用也最廣，因其具有優異的物理性質、廣範圍的配合能力、易於製造及價格低廉；亦具電絕緣性、耐弱化學藥品，難燃自熄性。PVC 加可塑劑者謂之軟質 PVC，在低溫會變硬，容易沾污；不加可塑劑者，謂之硬質 PVC。

　　聚氯乙烯之主要用途為 PVC 塑膠袋、膠膜、膠皮、膠管、墊圈、鞋幫、玩具、電線電纜包覆物質、塗料、汽車擋板、頂蓬、門飾板、方向盤、座椅等。如圖 6-15 所示。

圖 6-15　硬質聚氯乙烯水管

(4) 聚苯乙烯（Poly Styrene，簡稱 PS）

聚苯乙烯的單體苯乙烯，係以無水氯化鋁為觸媒，將乙烯氣通入苯中製成乙苯，次以鋅、鉻或鎂之氧化物為觸媒，加熱脫氫而得具有特殊刺激性芳香味之化合物。

PS 為無色透明晶亮之硬質塑膠，具有良好物理性、化學性、電絕緣性、耐水、耐酸鹼侵蝕、價格低廉、易加工成精密的模製品。

聚苯乙烯之主要用途為電器絕緣品、彩色盤、墨水瓶、玩具等；發泡之 PS，可用於防震、商品包裝、冷氣設備的隔熱材料、電瓶外殼、塗料、各種鏡片等，如圖 6-16 所示。

圖 6-16　聚苯乙烯製成的溶劑及塗料

(5) ABS 樹脂

ABS 係由丙烯腈（Acrylonitrile）、丁二烯（Butadiene）及苯乙烯（Styrene）三成分所構成的工程塑膠，除保持聚苯乙烯原有的特性外，尚具備優良的耐衝擊性、耐熱性及抗化學藥品性，又能與多數其他樹

脂配合。如摻入 PVC 後可提高衝擊性及加工性，如圖 6-17 所示 ABS 保險桿。

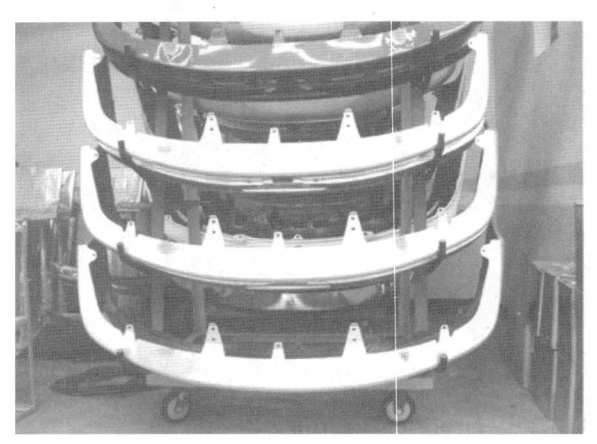

圖 6-17　ABS 製成之保險桿

　　ABS 樹脂主要用做汽車零件及電器外殼，如汽車上之擋泥板、把手、電瓶蓋、加油踏板、門板，冷氣機外殼、收音機柵板等。
(6) 聚醯胺（Polyamide）

　　聚醯胺俗稱尼龍（Nylon），係分子中含有醯胺鍵結之鏈狀聚合物，可由胺基羧酸或二元酸及二元胺之縮合而得。其特性為耐化學品，磨擦係數低，具有絕佳之拉伸強度、韌性，及耐磨性。

　　尼龍之應用極廣，主要有機械零件如齒輪、凸輪、軸承、鏈輪、滾子等；電器零件如線圈管、電瓶殼、磁力開關、電線電纜之包覆等；汽車零件如電線接頭、扣件、雨刷、路碼錶齒輪、燈罩、儀錶板等。
(7) 聚甲基丙烯酸甲脂（Polymethyl Methacrylate，簡稱 PMMA）

　　聚甲基丙烯酸甲脂一般稱為壓克力樹脂（Acrylic Resin），係丙烯酸、甲基丙烯酸，或此等酸的甲脂或乙脂類的聚合物或共聚合物。為晶瑩透明且硬韌的樹脂，其特性為光學性能佳，透明性為各種塑膠之冠，能耐日曬雨淋及紫外線的照射，電絕緣性良好，具韌性且易於加工。

　　壓克力樹脂之用途極廣，主要有機器護罩、飛機窗門及風罩、鏡片、收音機及電視機零件、商店櫥窗、招牌、汽車儀錶板、反光鏡、把手、安全玻璃等，如圖 6-18 所示。

圖 6-18　壓克力製成之汽車前後燈罩

3. 樹脂之性質

(1) 熱固性樹脂之性質如表 6-13。
(2) 熱塑性樹脂之性質如表 6-14。

表 6-13　熱固性樹脂之性質表

樹脂別	酚系		尿素	三聚氰胺	環氧	不飽和聚酯	
填充料	無	棉纖物	α-纖維素	α-纖維素	無	模製	玻璃纖維布
比重	1.30～1.32	1.29～1.40	1.47～1.52	1.47～1.52	1.11～1.23	1.10～1.46	1.70～1.80
抗拉強度, 公斤／平方公厘	4.2～6.3	3～6.5	4.2～9.1	5～9.4	3.6～8.5	4.2～7.0	20～33
抗壓強度, 公斤／平方公厘	8.4～10.5	10～22	18～25	18～30	11～13	9.2～26	25～28
抗彎強度, 公斤／平方公厘	7.7～12	6～10	7.0～11	7.0～11	10～13	6.0～13	26～50
耐熱溫度, ℃	70	120	77	100	150	120	—
電阻係數, 歐姆公分	10^{12}～10^{13}	—	10^{12}～10^{13}	10^{12}～10^{14}	10^{16}～10^{17}	10^{14}	10^{14}
耐電壓, 仟伏／公厘	140～160	—	120～160	120～160	160～200	150～200	—
導熱度 10^{-4} 卡／秒·公分／℃	—	5～8	7.1	6.5～8.0	—	—	—
線膨脹係數 10^{-5} 公分／公分／℃	—	1.7～3.0	2.5～4.5	2.8～4.5	—	8～10	—
吸水率％（24小時）	0.3～0.4	0.5～1.75	0.4～0.8	0.1～0.6	0.08～0.13	0.15～0.60	0.4～0.56
硬度, 洛氏	M70～120	M70～120	M16～120	M114～124	—	M85～115	—

表 6-14 熱塑性樹脂之性質表

樹脂別	聚苯乙烯	聚乙烯	聚氯乙烯		聚甲基丙烯酸甲酯	聚丙烯	聚醯胺	ABS	聚碳酸鹽	縮醛	醋酸纖維素
質地			硬質	軟質							
比重	1.04~1.07	0.92~0.95	1.35~1.45	1.3~1.7	1.18~1.19	0.90~0.91	1.09~1.14	1.00~1.06	1.2	1.42	1.23~1.34
抗拉強度,公斤／平方公厘	3.5~6.3	1.1~3.9	3.5~6.3	1.0~2.5	4.9~6.4	2.8~3.8	4.9~7.7	3.5~5.5	6.0~6.7	7.0	2.8~3.8
抗壓強度,公斤／平方公厘	8.1~11	2.5~7.0	5.6~9.1	0.7~1.3	8.5~13	6.6~7.6	5.1~9.2	3.5~7.7	7.7~8.4	3.6	5.0~19
抗彎強度,公斤／平方公厘	5.6~11	0.7~3.0	7.0~11	3.5~20	9.2~12	1.1~1.3	5.1~9.7	4.6~9.5	7.7~9.0	9.9	2.5~12
耐熱溫度℃	65~95	100~120	50~70	65~80	70~90	135~160	80~150	60~120	120~135	120	60~110
電阻係數,歐姆公分	10^{17}~10^{19}	1.6×10^{13}	$>10^{16}$	10^{11}~10^{14}	$>10^{14}$	$>10^{16}$	4×10^{14}	$>3.5\times10^{16}$	10^{15}~10^{16}	0.6×10^{15}	10^{10}~10^{13}
耐電壓,仟伏／公厘	200~280	180~280	170~510	100~320	180~200	—	150~185	—	100~120	—	100~140
導熱度,10^{-4}卡／秒·公分／℃	2.4~3.5	8	3.7	3~4	4~6	—	5.2~6.5	—	—	—	4~8
線膨脹係數,10^{-5}公分／公分／℃	6~8	16~18	6.9~18.5	—	9	—	10~15	—	—	—	10~15
吸水率%（24 小時）	0.03~0.05	<0.015	0.07~0.4	0.5~1.0	0.3~0.4	<0.03	0.4~1.5	0.2~0.3	0.2~0.36	0.41	1.9~6.5
硬度,洛氏	M65~95	R11	—	A60~90	M84~105	—	R83~118	—	—	—	R95~120

6-2.5 FRP 製品

　　纖維強化塑膠（Fiber Reinforced Plastics，簡稱 FRP），由種種強化材料製成纖維及絲狀單結晶物質，而與種種塑膠配合。一般玻璃纖維在強化塑膠工業上為最重要的強化材料，其強化性能，非其他任何材料所能比擬。用玻璃纖維強化者，簡稱 GFRP（Glass Fiber Reinforced Plastics），如用碳素纖維以強化樹脂，則稱之為 CFRP（Carbon Fiber Reinforced Plastic）。

1. **強化塑膠之原料**
   (1) 樹脂

   強化塑膠原料一般係屬於熱固性樹脂，常用的有不飽和聚酯樹脂、環氧樹脂、酚醛樹脂及呋喃樹脂等。

   (2) 玻璃纖維

   玻璃纖維具有不燃性、不吸水、耐化學腐蝕、韌性佳、尺寸耐熱性與安定性，強度大等特性，因此在 FRP 中使用最廣，常用之玻璃纖維材料有 E 級玻璃、C 級玻璃、R 級玻璃及 S 級玻璃等；玻璃纖維之形狀如圖 6-19 所示，視製品之性能、成形加工的方法及價格，而採用最適合條件的玻璃纖維製品。

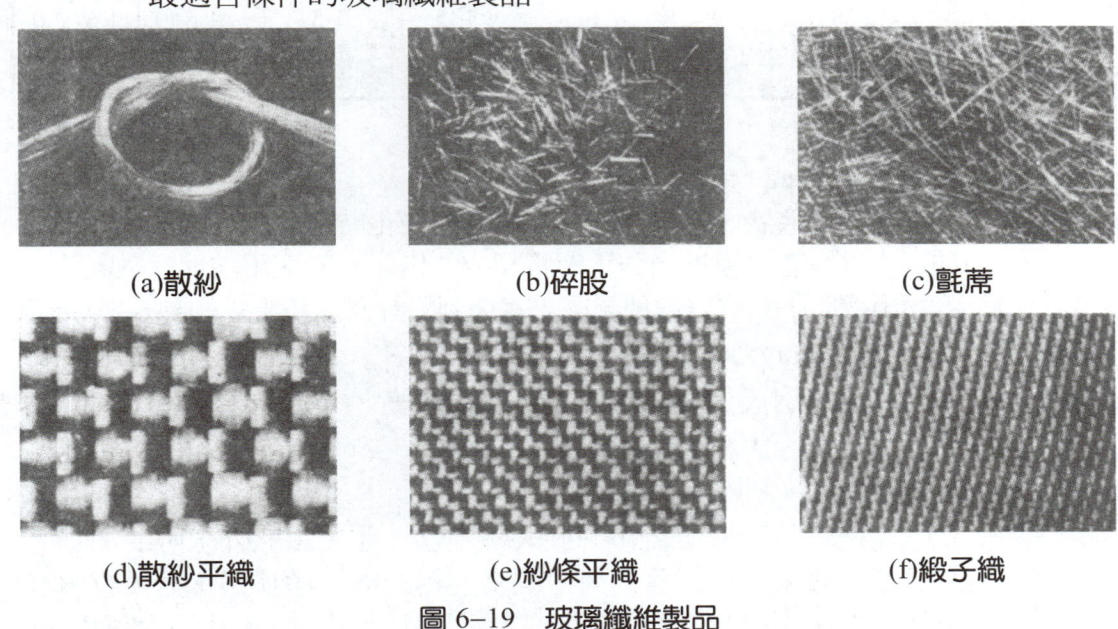

   (a)散紗　　　　(b)碎股　　　　(c)氈蓆

   (d)散紗平織　　(e)紗條平織　　(f)緞子織

   圖 6-19　玻璃纖維製品

   (3) 其他補強材料

   常用的有石綿、碳纖維、壓克力纖維、聚酯纖維、聚丙烯纖維、陶瓷纖維等，另外硼、石墨、石英，及藍寶石結晶纖維，價格較昂貴，用在太空科技方面。

2. **FRP 之特性**
   (1) 重量輕。
   (2) 抗拉強度及衝擊強度高。
   (3) 耐腐蝕、化學作用。
   (4) 加工成形容易。
   (5) 具有不燃性、電絕緣性、耐熱性良好。
   (6) 易於修補、維護費用低。

   表 6-15 為 FRP 與金屬材料物理性質之比較。

表 6-15　玻璃纖維與金屬材料物理性質之比較（室溫下）

	碳鋼 1020	不銹鋼 316	高級合金 C	鋁	玻璃席夾層	複合結構玻璃席羅文布	細絲纏繞玻璃強化環氧夾層
密度 1b/in^3	0.283	0.286	0.324	0.098	0.050	0.065	0.065
熱膨脹係數 in/(in)(°F)(10^{-6})	6.5	9.2	6.3	13.2	17	13	9-12
彈性係數 psi×10^6	30.0	28.0	26.0	10.0	0.7-1.0	0.8-1.5	4.0-4.5
拉力強度 psi×10^3	66	85	80	12	9-15	12-20	100
屈服強度 psi×10^3	33	35	50	4	9-15	12-20	100
導熱度 Btu/(hr)(ft^2)(°F/ft)	28.0	9.4	6.5	135	1.5	1.5	1.5-2.0
強度／重量比 10^3	230	300	250	122	300	308	1500

3. FRP 之成形法

(1) 手積法（Hand Lay Up Process）

樹脂呈液狀，且在常溫、常壓下能硬化時，此種加工法始有可能，利用木模、石膏模或由強化塑膠製成的模，一般使用玻璃纖維氈蓆，一邊塗上樹脂，一層層堆積起來，直達到設計厚度為止。如圖 6-20 所示。

(2) 噴積法（Spray Up Process）

利用噴射設備將玻璃纖維，和含觸媒、促進劑之樹脂，同時噴積於模型之上，再經加溫硬化而成。如圖 6-21 所示。

(3) 細絲纏繞法（Filament Winding）

將連續玻璃纖維自轉軸旋入樹脂盆，並先用紅外線照射加熱，以利樹脂的吸收，樹脂盆內有一經常旋轉的樹脂添加器，盆後有擠滾以壓擠過剩的樹脂，在樹脂系統的尾端另加一排紅外線以加速樹脂對纖維的滲透，經樹脂處理後的纖維，在繞過紡紗頭後即可纏繞在旋轉模筒上。用此法可製成管子或貯槽，如圖 6-22 所示。

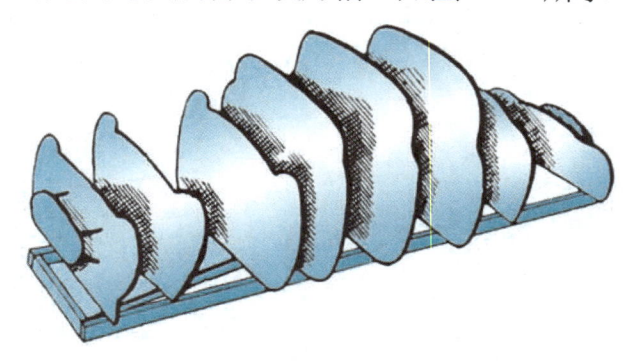

(a)用木夾板所製成的車身模型骨架

圖 6-20　手積法

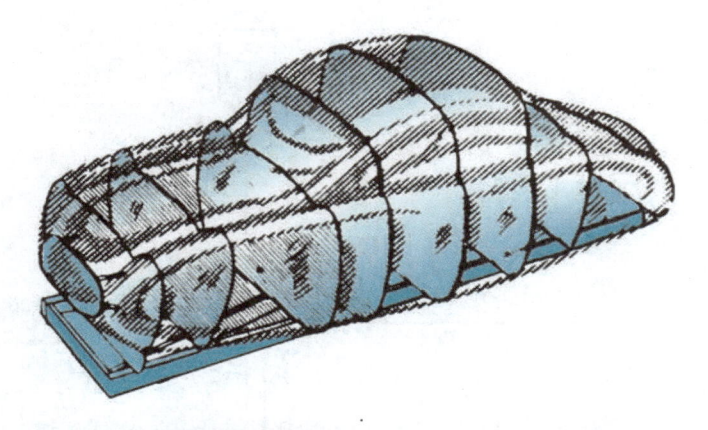

汽車車身材料及特性 127

(b)模型骨架舖上金屬絲網，塗上石膏，塗上脫模劑

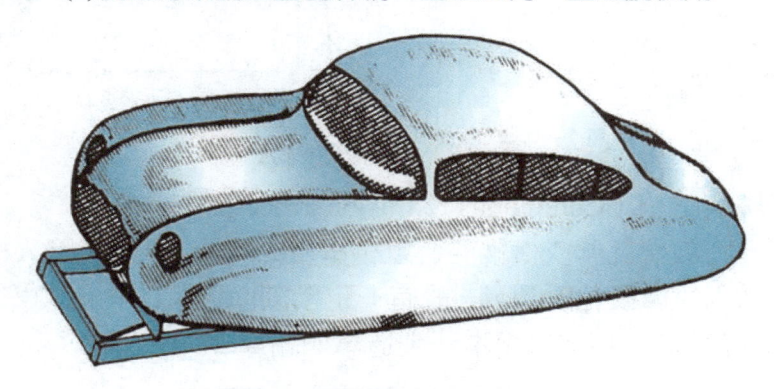

(c)舖上玻璃纖維後的車身模子

圖 6-20　手積法

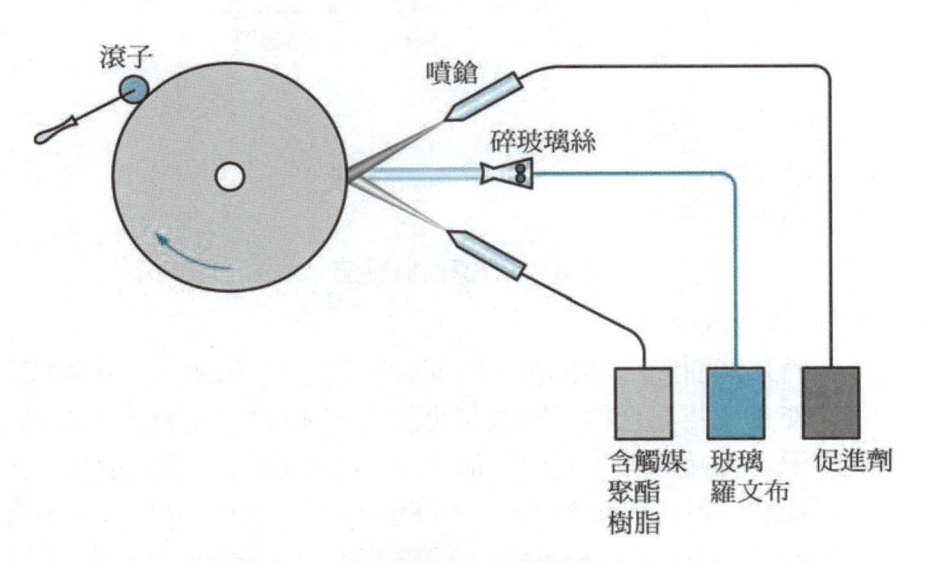

圖 6-21　噴積法－噴舖在轉動之模筒上

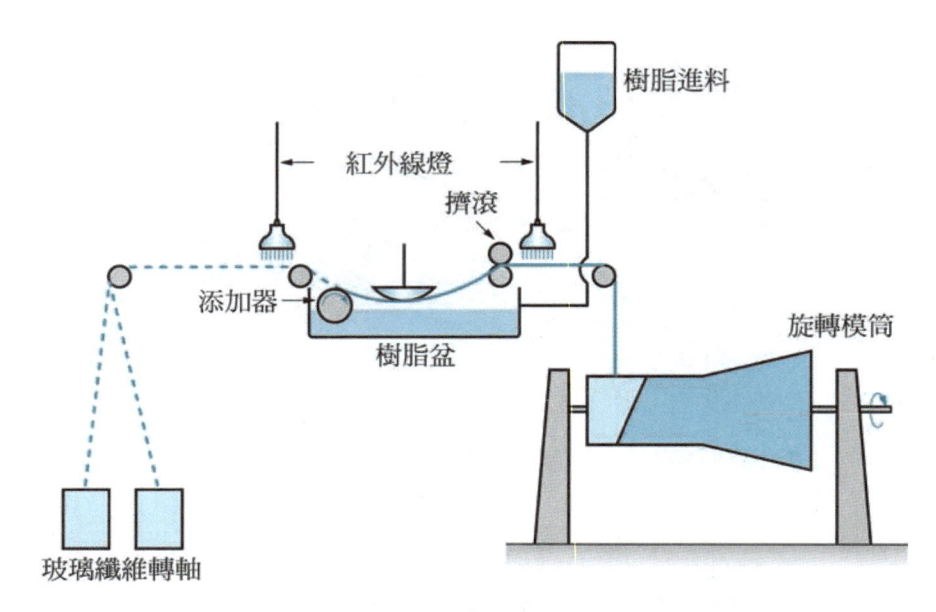

圖 6-22　細絲纏繞法

(4) 連續擠壓法（Continuous Extrusion Process）

將玻璃氈蓆或纖維混合以相當量的樹脂，4 然後壓入模型，用拉擠法擠入烘爐硬化成型，一般有一定橫剖面形狀的物件如棒、棍、管路、I 形樑、U 形條均可用本法製造，如圖 6-23 所示。

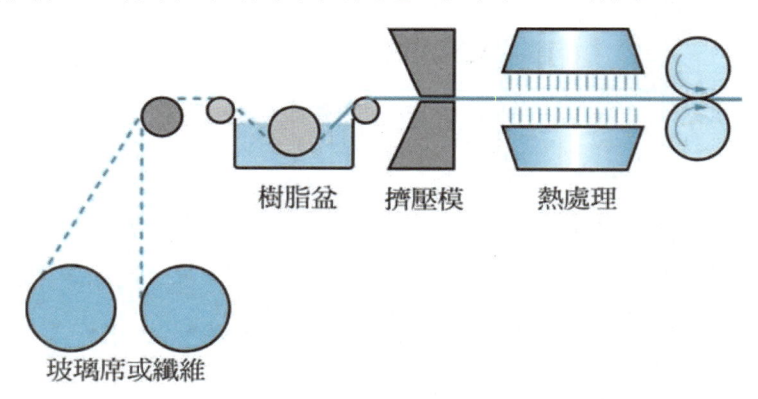

圖 6-23　連續擠壓法

(5) BMC 法及 SMC 法

將聚酯樹脂、硬化劑、內部脫模劑、著色劑於別的容器均勻的混合，使其成為混合物，充填劑也放入捏和機中充分攪勻，次將預先調製的混合物徐徐加入其中，最後加溫加壓成形。若擠壓成一定斷面，切成塊狀模料（Bulk Molding Compound），簡稱 BMC，若為片狀模料（Sheet Molding Compound），簡稱 SMC。如圖 6-24、6-25 所示。

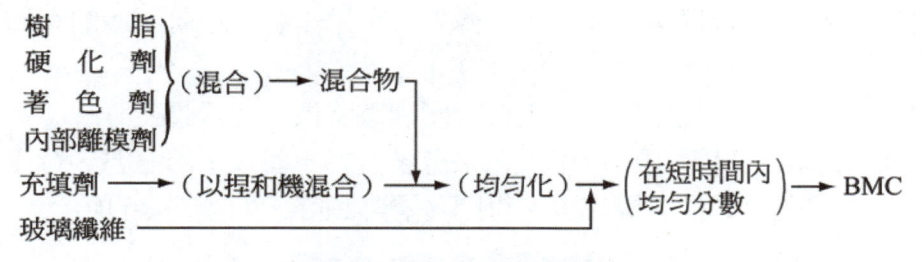

圖 6-24　BMC 的製造過程

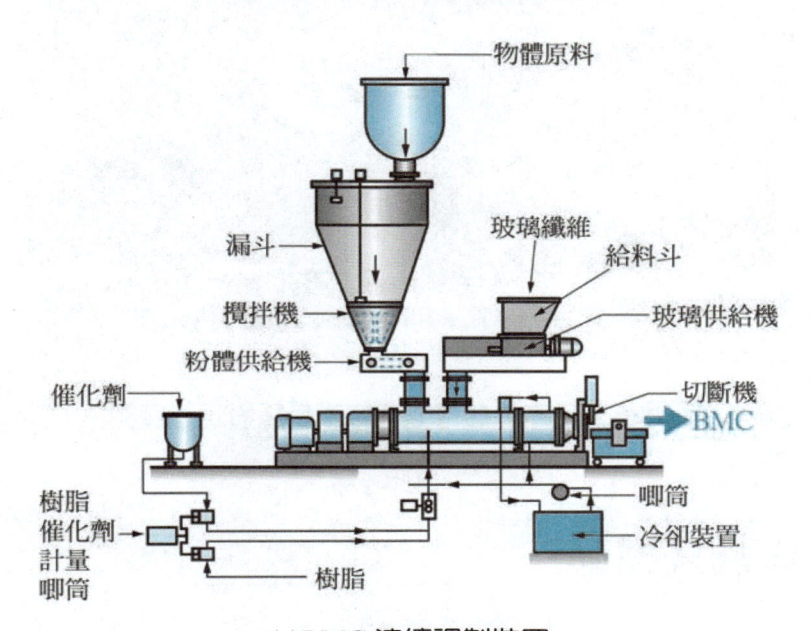

(a)BMC 連續調製裝置

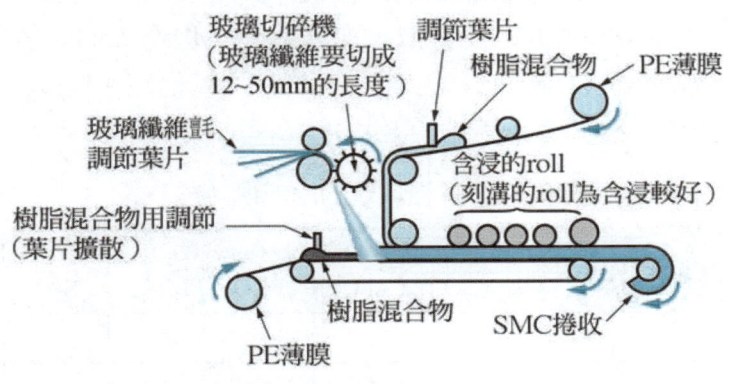

(b)SMC 製造機概要

圖 6-25　SMC 製造法

4. FRP 之應用

(1) 建築上：建築物之屋頂、外壁、天花板、隔間板、冷卻水塔、儲槽、浴缸、座椅等。

(2) 運輸上：飛機、火箭、人造衛星、軍用小艇、遊艇、漁船等的構造材料。
(3) 電氣材料：變壓器、整流器、印刷電路板、馬達護蓋等。
(4) 汽車上：FRP 用於汽車上愈來愈多，如車體、引擎室蓋、行李蓋、擋泥板、擾流板、車門、隔熱頂等。如圖 6-26 所示。

圖 6-26　以 FRP 製成之汽車車身重量輕強度夠

6-3　玻璃及其製品

玻璃是一種質硬而無明確熔點的過冷液體，其黏度甚高，因此無法形成晶體。玻璃之成分為氧化矽（SiO_2）以及其他不揮發性的氧化物，例如氧化鈉（Na_2O）、氧化鉀（K_2O）、氧化鈣（CaO）、氧化鉛（PbO）及氧化硼（B_2O_3）。如表 6-16 所示數種玻璃的組成，表 6-17 為其性質及用途。

表 6-16　各種玻璃的組成例（％）

	氧化矽 (SiO_2)	氧化鈉 (Na_2O)	氧化鉀 (K_2O)	氧化鈣 (CaO)	氧化鋁 (Al_2O_5)	氧化鐵 (Fe_2O_1)	氧化鉛 (PbO)	氧化硼 (B_2O_3)	氧化砷 (As_2O_3)	二氧化硫 (SO_2)
石英玻璃	99.5									
鈉玻璃	74	25								
鈉鈣玻璃	71.0	13.8		13.1	0.5	0.1				0.3
鉀鈣玻璃	69.2	3.0	17.0	4.0			6.5		0.3	
鉛玻璃	45.2	0.5	8.2				45.8		0.3	
硼鈣酸玻璃	80.8	4.1	0.1	0.3	2.2			12.0	0.4	

表 6-17　各種玻璃的性質及用途

	特　　性	主要用途
石英玻璃	膨脹率小，易透紫外線，耐酸性強	白光燈管、分光器、理化器具
鈉玻璃	黏性液體，主要成分氧化鈉、二氧化矽混合物	洗滌劑、耐酸磚
鈉鈣玻璃	略帶青色，易吸收紫外線	窗玻璃、平板玻璃、瓶類
鉀鈣玻璃	無色，耐高溫，機械強度大，耐藥品	理化器具、光學儀器、裝飾品
鉛玻璃	熔漿之凝固點較緩而易成形，折光率大，富光澤	光學器具、雕刻玻璃、裝飾玻璃
硼矽酸玻璃	膨脹率甚小，耐溫度之激變，電絕緣佳	電絕緣體、燈泡、硬質玻璃

1. 玻璃之原料

玻璃的主要成分為氧化矽（SiO_2），含有氧化矽的物料雖然很多，用於玻璃者須是優良的矽砂，為近乎純粹的石英，含有直徑 0.25～0.5mm 的砂粒 70～80%，其他的原料有長石、硼砂、礬土、白雲石、鉛丹、芒硝、鋰輝石、鋅白等，如表 6-18 所示。除了原料外，普通玻璃均加入澄清劑、助熔劑、色料、消色劑等副原料，如表 6-19。

表 6-18　玻璃的主原料

組　成	原　料
氧化矽（SiO_2）	矽砂、矽石、長石
氧化硼（B_2O_3）	硼酸、硼砂
氧化鋁（Al_2O_5）	礬土、氫氧化鋁、長石
氧化鈣（CaO）	碳酸鈣、白雲石、大理石
氧化鎂（MgO）	碳酸鎂、苦土、白雲石
氧化鉛（PbO）	鉛丹
氧化鈉（Na_2O）	鹼灰、芒硝、硝酸鈉
氧化鉀（K_2O）	碳酸鉀、硝石、長石
氧化鋰（Li_2O）	碳酸鋰、鋰輝石、鋰雲母
氧化鋇（BaO）	碳酸鋇、重晶石
氧化鋅（ZnO）	鋅白

表 6-19　玻璃的副原料

作用	原　料
澄清劑	芒硝、碳粉、硝酸鉀、硫酸胺、亞砷酸
助熔劑	硝酸鉀、硼砂、氟化物（氟石、氟矽酸鈉、冰晶石）
色　料	氧化鈷（藍）、氧化鎳（紫）、氧化鉻（綠）、硫化鎘+硒（紅）、硫化鎘（黃）
消色劑	亞砷酸+硝酸鹽、硒+氧化鈷、氧化亞錳+氧化鈷

2. 玻璃之製造

玻璃的製造過程可以分為五個步驟：
① 原料的配合　　④ 徐　冷
② 熔　化　　　　⑤ 整　修
③ 成　形

(1) 原料的配合

玻璃原料的配合量依玻璃的種類、性質及用途而異。表 6-20 所示者為幾種常用的玻璃的配方，將各種原料依比例配合，並加入玻屑以助熔化，且有效利用廢物，然後將此配料注入熔化爐內進行熔化。

表 6-20　玻璃原料的配合量

	瓶玻璃	窗玻璃	透紫外線玻璃	硬質鏡玻璃	硬質玻璃	Telex玻璃	冕牌玻璃
矽　砂	100	100	100	100	100	100	100
長　石				40	40		
鹼　灰	30	36	27	25	8		10
碳酸鉀							15
芒　硝	40			1			
硝　石			3		5	1	5
大理石	34	38	30	40	8		
硫酸鋇					10		5
硼　砂			3		25	45	40
炭　粉	2.5						
亞砷酸					1	0.5	1
氧化鈦						15	

(2) 熔　化

製造玻璃用的熔化爐有罐爐（Pot furnace）及槽爐（Tank furnace）兩種。罐爐之構造如圖 6-27 所示，燃料 C 與二次空氣 E 混合後進入燃燒室內著火燃燒，使坩鍋中之熔漿可用吹管取出成形。此種熔化爐適合於小規模工廠或光學玻璃及藝術玻璃等特種玻璃之製造。

图 6-27　罐　爐　　　　　　　　图 6-28　槽　爐

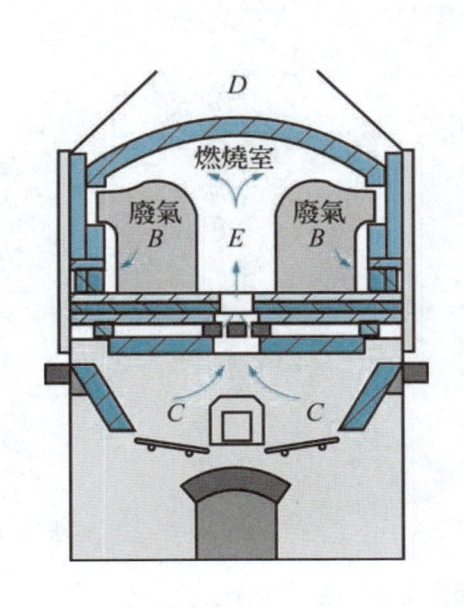

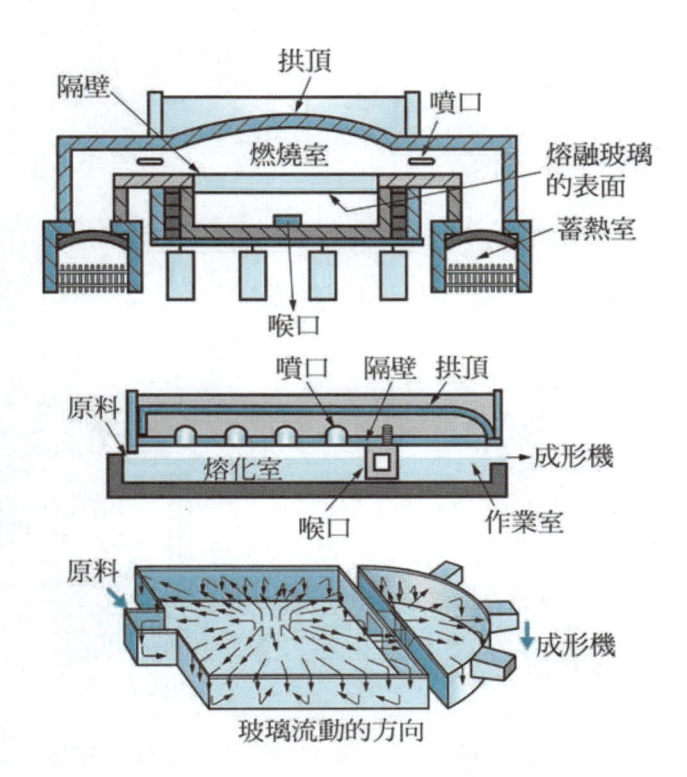

　　槽爐包括進料口、熔化室，及作業室三部分，配料由進口投入後，即進入熔化室受熱而熔化為熔漿，然後徐徐通過喉口而抵達作業室，再送至成型機，如圖 6-28 所示，所得的熔漿如黏度過大，則須添加澄清劑使黏度降低以利生成的氣體或氣泡的逸出。

(3) 成　形

　　由熔漿製成器物的方法有人工成形法及機械成形兩種。人工成形法係用吹管汲取定量熔漿而以口吹脹，同時外部以模型範圍而成形，熱水瓶及各種理化用玻璃器皿如試管、燒杯等多用此法製成。機械成形法係連續地從作業室將熔漿引出，而經滾筒壓成平板玻璃，或使之漂浮於熔融錫浴上，而製成表面極平滑厚度均勻的浮式玻璃，或投入模型中而從壓縮空氣吹脹成為瓶子、燈泡及玻璃管。如圖 6-29 所示。

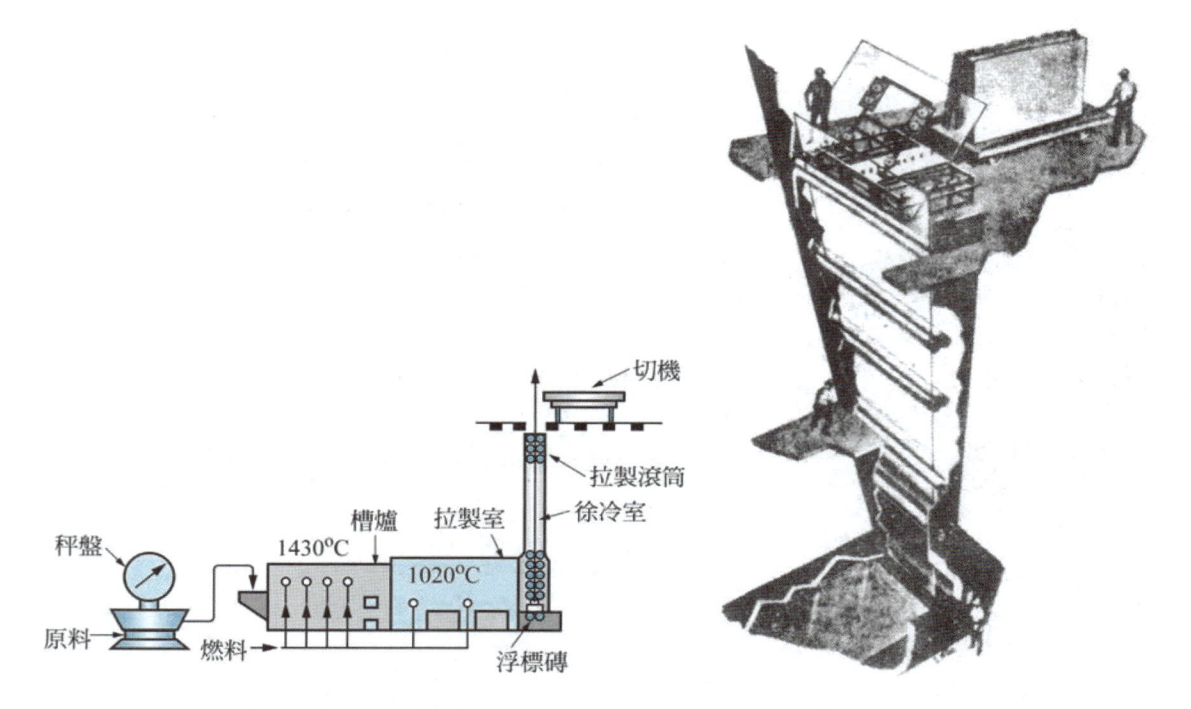

圖 6-29　依富可法製平板玻璃的流程（右圖為玻璃被垂直引到切機的情況）

(4) 徐　冷

　　成形後之玻璃若令其急速冷卻，則各部之組織不夠均勻而產生內部應變，以致不能耐溫度之變化而易破裂，因此須置放於溫度之室內而徐徐冷卻以防止或除去應變，此種處理稱為徐冷。

(5) 整　修

　　徐冷後的玻璃器物尚須經過整修工作，包括清潔、研磨、磨光、雕刻、噴砂、搪瓷瑯、分等及測量，視器物而定整修之項目。

3. 安全玻璃

　　使玻璃受到碰擊時不易破碎或碎片不易飛散的處理稱為強化，經過強化的玻璃稱為安全玻璃；汽車因為高速行駛，震動強烈，故汽車所用之玻璃必須防震，並且在失事時，引起碰撞後，能避免破落或有尖銳之角或鋒利之邊緣，避免人員受傷。汽車用安全玻璃主要可分強化玻璃和膠合玻璃兩大類，用於擋風玻璃及車門窗。

(1) 強化玻璃

　　將玻璃製品加熱至剛好低於其軟化點，然後置於冷空氣、熔融鹽，或油中冷卻，使其內外部由於冷卻速度不同而有不同的收縮率，使表面成為壓縮狀態，其中心層互相牽引平衡，而得到充份殘留應力。如果外力不超過此拉應力，則不致破碎；而當受到碰擊破壞時，內部應

力失去平衡而粉碎，為小豆般大小而無碎角的碎片，可減少危險性，如圖 6-30 所示強化玻璃破碎時之情形。

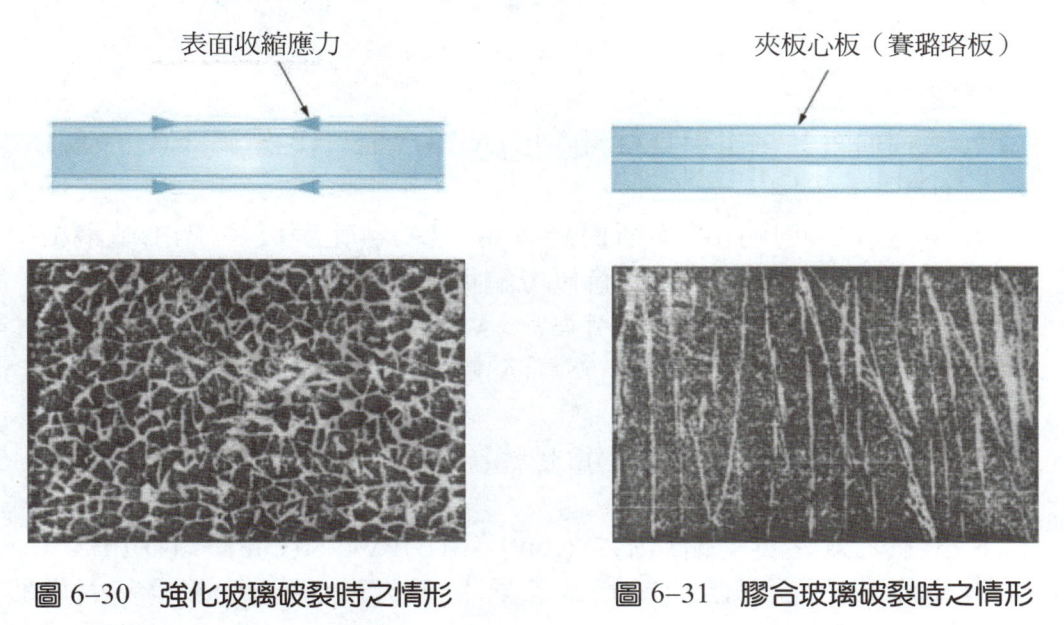

表面收縮應力　　　　　　　　　　　夾板心板（賽璐珞板）

圖 6-30　強化玻璃破裂時之情形　　　圖 6-31　膠合玻璃破裂時之情形

(2) 膠合玻璃（Laminated Glass）

　　於兩張薄玻璃片間夾上一層塑膠膜，然後加熱至適當溫度使膠膜軟化，同時加壓使玻璃密合，即得膠合玻璃，膠膜可用硝酸纖維素（賽璐珞，Celluloid）、醋酸纖維素，目前大都使用聚乙烯醇縮丁醛樹脂膜。

　　當玻璃破裂時，塑膠膜不破，玻璃仍附在其上，不會飛散傷人，達到安全之目的，如圖 6-31 所示。

(3) 夾網玻璃（Wire Glass）

　　將玻璃熔漿輾為適當厚度，乘高熱未退而狀如濃飴之際，壓入金屬網，即得夾網玻璃，金屬網以使用鐵鎳合金製成者為宜，因其膨脹係數與玻璃相同。

習題

一、選擇題

( ) 1. 下列何者為汽車車身材料？　(A)鋁合金　(B)塑膠　(C)玻璃　(D)以上皆是。

( ) 2. 車身鋼板使用比例不斷提高者為　(A)熱軋鋼板　(B)冷軋鋼板　(C)高張力鋼板　(D)表面包覆鋼板。

( ) 3. 不銹鋼板主要的添加成分為　(A)錳　(B)碳　(C)矽　(D)鉻。

( ) 4. 下列何者非熱固性樹脂？　(A)壓克力樹脂　(B)環氧樹脂　(C)酚醛樹脂　(D)醇酸樹脂。

( ) 5. 塑膠材料之特性為　(A)重量輕　(B)耐酸鹼　(C)電絕緣性佳　(D)以上皆是。

( ) 6. 聚氯乙烯之英文縮寫為　(A)PU　(B)PVC　(C)PE　(D)PP。

( ) 7. 壓克力樹脂就是　(A)聚苯乙烯　(B)聚醯胺　(C)聚甲基丙烯酸甲脂　(D)聚乙烯。

( ) 8. 俗稱尼龍者為　(A)聚乙烯　(B)聚丙烯　(C)聚氯乙烯　(D)聚醯胺。

( ) 9. FRP 之原料為　(A)熱固性樹脂　(B)熱塑性樹脂　(C)以上皆是。

( ) 10. FRP 用於汽車上之　(A)引擎室蓋　(B)行李箱蓋　(C)車門　(D)以上皆是。

( ) 11. 玻璃之主要成分為　(A)氧化鋁　(B)氧化矽　(C)氧化鉛　(D)氧化鈣。

( ) 12. 下列何者屬於安全玻璃？　(A)強化玻璃　(B)膠合玻璃　(C)夾網玻璃　(D)以上皆是。

二、問答題

1. 試述車身材料所需具備之特性及所使用材料種類。
2. 塑膠之原料為何？
3. 試述熱塑性樹脂及熱固性樹脂之特性並列舉代表性之樹脂數種。
4. 試述壓克力樹脂之特性及用途。
5. 試述 FRP 成形法。
6. 試述玻璃之原料及製造步驟。

第 7 章

各種油料

7-1 石油之成分

　　石油可說是微小的低等生物變成的。在太古時代，溫暖的淺海裏聚生著無數細菌，有孔蟲、介殼類、矽藻類等小生物；這些生物死亡以後，被泥沙埋在海底，越積越厚，終於和外界空氣隔絕了。這時一些特殊細菌，為石油菌、硫磺菌開始分解生物體中有機質，它們有在接近真空條件下工作之本領。在漫長地質過程中，高溫和高壓共同作用，最後將有機質加工成為原油。最早生成之原油常常要「旅行」，具有流竄的特性，從這一岩層流到另一岩層。一股股石油流入粗沙層。在多孔岩裏，才開始過起「集體生活」，這就是油田。上下都是堅實岩石，像把原油儲存在石匣子裏一樣，既不能揮發，也不再流失，祇有安靜地等待著開採。如圖 7–1 所示。目前世界上每年所生產的石油，有一半是從海底開採出來。

　　石油（petroleum）可以說是一種由岩石底下鑽採所得的油料，以及其加工製品的總稱。此種由地層底下開採而得，且供作加工煉製的原料使用的油料，亦稱為原油（Crude Oil）。石油中所含的主要成分，為碳（Carbon）與氫（Hydrogen）的化合物，通稱為碳氫化合物（Hydrocarbon），或簡稱為烴。其主要的成分，一般均由下列四種碳氫化合物所組成。

1. 石蠟烴

　　碳氫化合物分子中碳與氫之原子數目比率為 n：(2n+2)者稱為石蠟烴（Paraffines），其分子均呈鏈狀結構，例如：正庚烷（C_7H_{16}）直開鏈結構、異辛烷（C_8H_{18}）側開鏈結構。

2. 烯屬烴

　　通式為 C_nH_{2n}，分子呈開鏈結構，且含雙鏈，例如丁烯（C_4H_8）。

3. 環烷烴

通式為 C_nH_{2n}，分子呈閉鏈結構，不含雙鏈，稱為環烷烴，例如環己烷 C_6H_{12}。

4. 芳香烴

　　石油都會含有上述四類碳氫化合物，但某類化合物較多時，通稱為某某基原油；但一般以混合基（即四種都有者）居多。

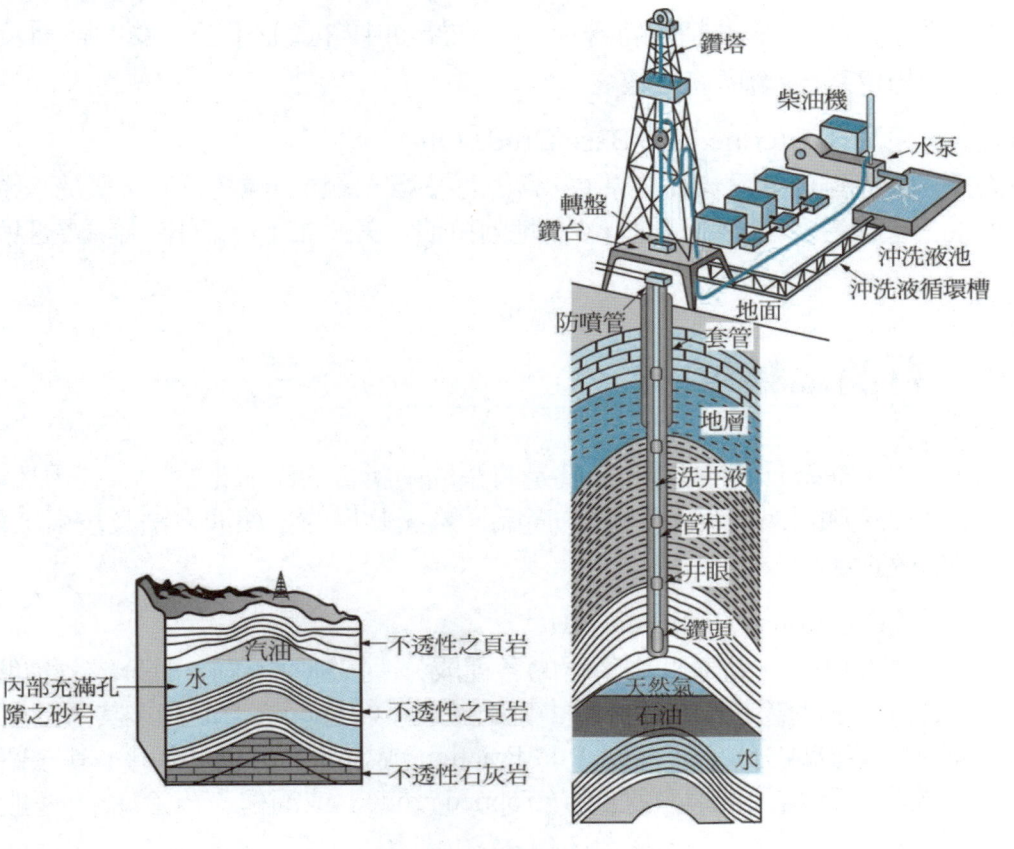

圖 7-1　油層，鑽井

7-2 石油之種類

石油視其所含成分所佔之比例分為四大類：

1. 石蠟基原油（Paraffin Base Crude Oil）

所含之烴以直開鏈為主，油中含蠟多，汽油及煤油之含量多、比重低，可製成低辛烷值之汽油，燃燒性能良好之煤油及柴油，可提煉成優良之潤滑油。中東、美國賓州、俄亥俄州、印尼蘇門答臘等地區原油均屬此類原油。

2. 環烷基原油（Naphthenic Base Crude Oil）

所含之烴以閉鏈烴為主，含瀝青成分較多。此種原油之比重高，可製成高辛烷值之汽油，燃燒性能不甚良好之煤油及柴油，及黏度高，耐寒性良好而適合一般使用之潤滑油。

產地有蘇俄之巴庫，美國加州、德州、墨西哥，印尼爪哇，及南美洲等地區。

3. 芳香基原油（Aromatics Base Crude Oil）

含多量芳香烴或松油精之特殊原油，在原油中含量並不多。蘇門答臘及婆羅州部分油田出產。台灣所產亦屬之。

4. 中間基原油（Intermediate Base Crude Oil）

直閉鏈及閉鏈烴含量皆高之原油，含瀝青及蠟，係屬石蠟基原油與環烷基原油混合之原油，產量最多。主要產地有沙烏地阿拉伯、美國加州及德州、羅馬尼亞等。

7-3 石油之精煉

煉油（Oil Refining）的目的，就是將原油中所含的碳氫化合物，利用煉油技術，分別製成石油市場上所需品質的產品。為達此目的，煉油方法及技術，舉其要者，有下列數種：

1. 分　餾（Fractional Distillation）

利用加熱的方法，將原油中所含的各種成分，按沸點不同，而分成各種餾分，稱為「分餾」。在常壓下分餾者採用「直餾裝置」（Topping Units），其蒸餾所得的成分，稱為「直餾成分」（Straight Run Fraction 或 Straight Distillate），其殘留於分餾器底的部分，稱為「直餾蒸餘油」（Topped crude）或簡稱「蒸餘油」。一般原油經此直餾之後，約可得下列各餾分：

汽油餾分 20～25%
煤油餾分 10～15%
柴油餾分　　10%
蒸餘油　　　50%

因為原油中所含成分大致相似，所以無法以直餾方法由一噸的原油，煉出一噸的汽油，而只能有 20～25%的汽油餾分，同時必有 10～15%的煤油餾分…等等。煉油之分餾過程如圖 7-2 所示

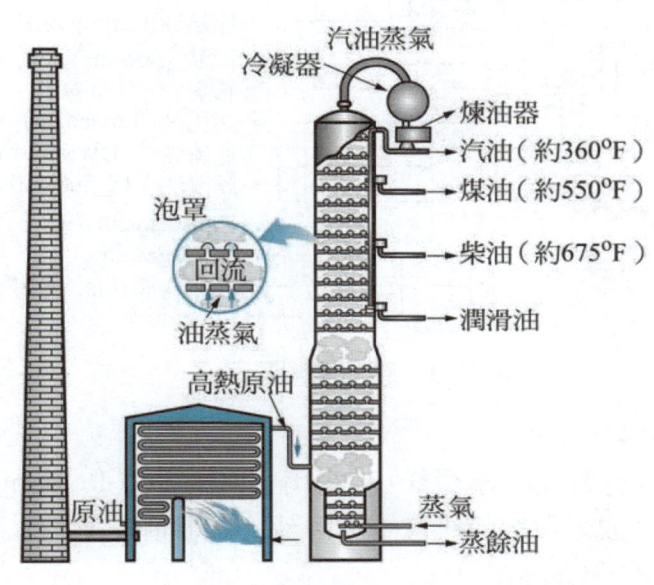

圖 7-2　煉油之分餾過程

2. 裂煉（Cracking）

原油經直餾後，只製成 20～25%之汽油，為使汽油產量增加，可將重質的成分，如柴油、蒸餘油等裂煉為汽油。近年來，更利用裂煉方法將任何較重質的油料，裂煉成較輕質的油料或汽油。例如，以乙烷、丙烷、丁烷、石油脂……等裂煉而製造乙烯或其他石化品等等。

裂煉的方法極多，舉其重要者，有下列各種：

(1) 熱裂煉（Thermal Cracking）：於液態之下進行。
(2) 媒劑裂煉（Catalytic Cracking）：於汽態或汽液態混合下進行。
(3) 媒劑熱裂煉（Thermal Catalytic Cracking－簡稱 TCC）。

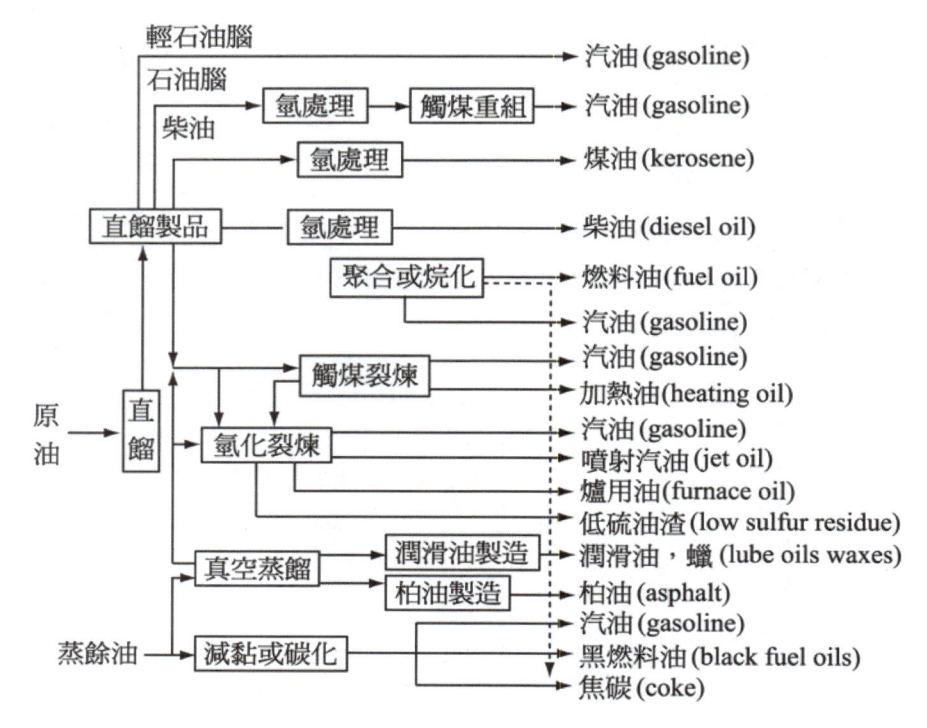

图 7-3　原油煉製過程圖

3. 重組（Reforming）

直餾汽油中所含芳香烴成分不多，但可用「重組法」（Reforming Process），將其中若干碳氫化合物成分重組而成含苯、甲苯及二甲苯較多，而且辛烷值較高的「重組汽油」。

重組法有：

(1) 熱重組（Thermal Reforming）。

(2) 媒劑重組（Catalytic Reforming）。

(3) 鉑媒重組（Platinum Reforming）等等。

4. 烷化（Alkylation）

含有多量異丁烷、丁烯等成分的媒裂油料，可用烷化法將其烷化成高辛烷值的異辛烷等化合物。烷化後的油料稱為烷化油，其辛烷值特高，主要供配航空汽油及高辛烷值汽油之用。

5. 加氫與脫硫（Hydro–Desulfurization）

加氫脫硫之目的有五：

(1) 減低油料中所含的硫分。

(2) 使不飽和烴變高品質的飽和烴。

(3) 脫氮。

(4) 除去鉛、砷、銅等為無機化合物。
(5) 副產品硫磺。
　　但其中以達到減低硫分，及提高飽和度最為重要。

7-4　燃料油之成分、品級及重要性

　　燃料油之名稱廣義地可適用於任何油料，不管是否為石油產品，只須其在管理上安全，有適當之物理性質，有相當之數量而價格低廉，及其發熱量等條件可考慮其作為燃料者。根據美國材料試驗學會對於燃料油（Fuel Oil）下的定義為「任何用在燃燒室內燃燒以產生熱能之石油產品均稱之為燃料油，通常任何液態或可液化石油產品，均可用作燃料油。」按其所指之燃料油應為汽油、煤油及柴油等石油產品，因此燃料油之成分為各種碳氫化合物之混合物。若按其比重定為 0.85～1.00，應屬重柴油，尤指內燃機所用者，表 7–1 為燃料油規範。

　　燃料油之種類很多，用於鍋爐、漁船、輪船、汽渦輪機、飛機等，然用於汽車之燃料油，主要為汽油及柴油。

　　依據美國標準局（U.S. Bureau of Standards）判定之商業標準，將燃料油分為六級，計分輕、中及重級家庭燃料油，及輕、中及重級工業燃料油等。

表 7–1　燃料油規範

	燃料油	低硫燃料油	測試方法			
產品編號	(113–F61006)	(113–F62200)	CNS			ASTM
美制比重	12	12	1221	K	325	D 287
閃火點	150	150	41	K	18	D 93
黏度	200	200	—			D 88
含硫量	—	2.0	46	K	19	D1552
殘碳量	15	15	—			D 189
流動點	60	60	—			D 97
含水量	0.5	0.5	—			D 95
水分及沉澱物	0.5	0.5	—			D 96

　　燃料油之用途相當廣泛，除可供車輛、飛機、輪船之動力來源外，亦可用於發電廠、一般製造業及鋼鐵工業中使用於軍事、交通、工業上，更關乎經濟之景氣與發展。目前社會環境保護意識強烈，注重生活品質，選用製造低公害的燃料油更形重要。

7-5 汽 油（Gasoline）

　　液體燃料類的石油產品有車用汽油、航空汽油、航空燃油、煤油、柴油、漁船油、海運燃油與燃料油等。此類油料的特點，都是利用其燃燒時放出的熱能，供推動機械，或蒸發水為高溫蒸氣供動力之用。

　　汽油是一種非常容易汽化的可燃性油料，因為它是一種可燃性油料，而又容易汽化，所以稱為「汽油」。汽車引擎用燃料雖有固、液、氣體三種，但大都採用液體燃料如汽油、柴油、酒精等。其中以汽油與柴油使用最多。汽油用於車輛引擎者，稱為車用汽油。

7-5.1 車用汽油的種類

　　我國目前為因應環境保護需求，降低車輛排放廢氣污染值，汽車均裝有觸媒轉換器，因為鉛會堵塞觸媒轉換器造成損壞，故已停止使用高級汽油，均改用無鉛汽油；無鉛汽油分 98、95、92 三種，所謂 98、95 或 92 無鉛汽油是指汽油內所含辛烷值的數目而言，98 無鉛汽油辛烷值為 98，95 無鉛汽油辛烷值為 95，92 無鉛汽油辛烷值為 92；辛烷值是汽油抗爆震性能的量度，不同數目辛烷值的汽油，適用於不同壓縮比引擎；一般而言，98 無鉛汽油適用於壓縮比 9.8 以上的汽車，壓縮比 9.2 到 9.7 之間的汽車適用 95 無鉛汽油，壓縮比 9.2 以下的汽車，適用 92 無鉛汽油。

7-5.2 車用汽油的成分

　　車用汽油的成分極為複雜，為無數碳氫化合物集合而成的混合物；但一般以下列各種碳氫化合物為主：

(1) 戊烷（Pentane）－C_5H_{12}
(2) 己烷（Hexane）－C_6H_{14}
(3) 庚烷（Heptane）－C_7H_{16}
(4) 辛烷（Octane）－C_8H_{18}
(5) 壬烷（Nonane）－C_9H_{20}
(6) 癸烷（Decane）－$C_{10}H_{22}$
(7) 十一烷（Undecane）－$C_{11}H_{24}$
(8) 十二烷（Dodecane）－$C_{12}H_{26}$
(9) 甲苯（Toluene）－C_7H_8
(10) 二甲苯（Xylene）－C_8H_{10}

7-5.3 車用汽油的性質

1. **顏色**－車用汽油原為淡黃色的揮發性液體；但為便於識別，往往加入油溶性色素而染成各種不同的顏色，98 無鉛汽油為紅色、95 無鉛汽油為淺黃色、92 無鉛汽油為藍色。

2. **比重**－表示比水重多少倍，車用汽油不溶於水，與水混合之後不久即分為兩層，汽油質輕，浮於水面。同體積 60°F（15℃）的汽油和同體積 60°F（15℃）的水的重量比為 0.72:1，故通稱汽油的比重為 0.7，也就是汽油比水輕 30%。

    在石油工業方面，往往採用 API 比重計來測定比重（Specific Gravity）的關係，可用下列公式來表示：

    $$\text{美制比重（API 度數）} = \frac{141.5}{\text{比重（15.6/15.6℃）}} - 131.5$$

    或者

    $$15.6/15.6℃ \text{ 比重} = \frac{141.5}{\text{API 度數} + 131.5}$$

    美制比重之值愈大，其比重反而愈小，茲比較如下：

美制比重／15.6℃（°API）	10	20	30	40	50	60	70	80	90
比重（15.6/15.6℃）	1.00	0.93	0.88	0.83	0.78	0.74	0.70	0.67	0.64

3. **沸點範圍**－車用汽油沸點範圍，嚴格說稱為車用汽油的蒸餾範圍；也就是蒸餾汽油時餾出第一滴之餾份的溫度，與最後一滴的溫度，為 37.8～182.2℃（100～360°F）之間。但為使汽油中含有適當份量的輕質、中質與重質成分，所以分別測定 10%、50% 與 90% 餾分的溫度。

4. **蒸氣壓力**－為使汽油在引擎中容易汽化而發動；但又不可發生氣障（Vapor Lock），在 37.8℃（100°F）時，蒸氣壓力不可過高，一般以不超過 10 磅／平方英吋為度，並以雷氏蒸氣壓力（Reid Vapor Pressure，簡稱 RVP）來表示。

    所謂「氣障」，乃指汽油因熱而過份氣化，致無法用油泵抽送至化油器的故障現象。

5. **閃火點**（Flash Point）－徐徐加熱液體油料，其所揮發出來的油氣分子也慢慢增多。當其增多到可以火苗引火後可著火，但瞬時又熄滅者，這時最低的閃火溫度，特別稱為閃火點（Flash Point）。閃火點愈低表示愈容易被火星所引燃。閃火點愈高，表示雖有火苗，也難於引火。

7-5.4 車用汽油的品質要求

汽油品質影響引擎性能極大，為因應各種不同車輛及環保上之需求，良好的汽油必須具備下列各種條件：
(1) 抗爆震性能良好。
(2) 起動性能良好。
(3) 暖車迅速。
(4) 加速能力強。
(5) 耗油量少。
(6) 引擎運轉平穩。
(7) 防止氣障。
(8) 抗腐蝕性良好。
(9) 不易變質或生膠。

7-5.5 汽油的抗爆震性

所謂爆震（Knocking）是指汽車引擎內發生不正常的爆燃，連續的爆震容易燒壞氣門、活塞等機件；在設計時，不同的汽車引擎已考慮要使用特定辛烷值的汽油以避免爆震現象產生。測量汽油辛烷值方式是將高抗爆震的異辛烷（2-2-4-三甲基戊烷），辛烷值設定為 100；低抗爆震的正庚烷，辛烷值設定為 0。以不同比例混合成標準油。用 CFR 引擎測量被測汽油與標準油之爆震強度作為比對，以取得相同爆震點。譬如 95 無鉛汽油之抗爆震強度相當於標準油中含有 95%的異辛烷及 5%的正庚烷之抗爆震強度。為提高無鉛汽油的辛烷值，使用甲基特丁基乙醚 MTBE（Methyl Tertiary Butyl Ether）添加劑。

測定辛烷值的方法主要有兩種，一為研究法辛烷值（Research Octane Number）RON，量測條件係模擬中、低速溫和的駕駛狀況；另一為發動機法辛烷值（Motor Octane Number）MON，量測條件係模擬高速高負荷之駕駛狀況，如表 7-2 所示為研究法與發動機法的操作條件。

表 7-2　研究法與發動機法的操作條件

	研究法	發動機法
進氣溫度	50℃(125F°)	149℃(300°F)
進氣壓力	大　氣	
溼度	0.036–0.072kg/kg 乾空氣	
冷卻水溫度	100℃(212°F)	
引擎轉速	600rev/min	900rev/min
點火提前度數	13° BTC（常數）	19–26° BTC（隨壓縮比而改變）
空氣燃料比 AFR	針對最大爆震加以調整	

美國將汽油等級區分為高級汽油（premium）、中級汽油（middle）及普通汽油（regular），其研究法與發動機法辛烷值的平均值分別為 92、89、87，相當於我國所採用之研究法辛烷值 98、95、92。各汽車廠在推出新車型時，都會對選用的汽油種類，進行全面的測試，依據測試結果，推薦該車型最適合的汽油。

7-6　柴　油

柴油為柴油引擎、狄塞爾引擎（Diesel Engine），或壓縮著火式引擎（Compression Ignition Engine）用的主要燃料。因其比重較黑色的重油為輕，故在英國及日本等國多稱之為「輕油」（Light oils）。

7-6.1 柴油的種類

由於柴油引擎的種類極為繁多，每一類型的引擎往往需要某一品質的柴油。所以柴油往往按引擎的要求或市場的需要而分為下列四大類：高級柴油、普通柴油、鐵路柴油、中間柴油。分述如下：

1. 高級柴油

高級柴油（Diesel Fuel，Premium Grade）為揮發性較大，黏度較低，而且含硫量較低的柴油。其品質約相當於美國材料試驗學會（ASTM）規定的 1–D 柴油標準，主要供小型車以及時常開開停停的公共汽車之用；尤其在市區內行駛的公共汽車，為減少冒黑煙，減少廢氣污染，必須完全燃燒，而需要高揮發性、低蒸餾範圍、低黏度，以及低含硫量的柴油。

中油公司生產的高級柴油閃火點均在 46℃ 或 115°F 以上，比重約為 0.80 左右，黏度 38 SSU/100°F 或 3.6 Cst/38℃ 上下，含硫量約在 0.35% 左右。

此種柴油亦稱為車用輕柴油（Automotive Diesel Fuel，Light），或海運輕柴油（Marine Diesel Fuel，Light）。

2. 普通柴油

普通柴油（Diesel Fuel，Regular Grade）為一種沸點、黏度及比重均較高級柴油稍高的柴油，其性質約相當於美國材料試驗學會（ASTM）規範的 2-D 標準，主要供大型貨車、工程機械、農業機械的柴油引擎作燃料之用。

國內產供的普通柴油，比重約在 0.82 左右，閃火點均在 48.9°C 或 120°F 以上，蒸餾試驗時 90%沸點為 357°C 或 675°F，黏度約為 44SSU/100°F 或 5.7Cst/38°C，其含硫量約在 0.8%左右。此種柴油又稱為車用柴油（Automotive Diesel Fuel），或海運用柴油（Marine Diesel Fuel）。

3. 鐵路柴油

由於鐵路車輛的行車作業較為穩定，引擎轉速也較車用引擎為低，所以可用黏度較高，蒸餾範圍更廣，以及含硫量較高的廉價柴油。此種柴油特稱為鐵路柴油（Railroad Diesel Fuel）。

4. 中間柴油（Intermediate Diesel Fuel）

中間柴油為黏度介於柴油與燃油之間的無數種油料產品，通常都由柴油和燃油互相混合配製而成，故呈黑色。

美國材料試驗學會（ASTM）將柴油分為五類，其規格如表 7-3 所示：

表 7-3　柴油的規格及特性

燃料	1-D	2-D	4-D	5	6
引火點°F	100 以上	125 以上	130 以上	130 以上	150
流動點°F	10 以下	10 以下	10 以下	—	2
水分及沉積物*%	痕跡	0.10 以下	0.50 以下	1.00 以下	2.00 以下
殘碳 10%之餘燼%	0.15 以下	0.35 以下	—	—	—
灰粉%（重量）	0.01	0.02	0.10	0.10	—
90%蒸餾溫度%	—	675 以下	—	—	—
終沸點°F	625 以下	—	—	—	—
黏度 SSU100%	—	32-45	45-125	150	—
含硫量%（重量）	0.5 以下	1.0 以下	2.0 以下	—	—
十六烷值	40	40	30	—	—
API 度數	35-40	26-34	24-35	24-22	14-16
每加侖重量（1b）	6.95	7.31	7.56	7.79	8.05
每加侖熱量（BTU）	137300	141800	145300	148100	151400

(1) 1–D 級柴油：揮發性較高。適用於負載和速度變化很大的高速柴油引擎，例如汽車柴油引擎。以適應嚴寒天氣。
(2) 2–D 級柴油：揮發性較差。適用於中等負載、均勻速度的高速柴油引擎。對於揮發性的要求，並不如 1–D 級柴油那麼高。例如工業柴油引擎和重載車輛的柴油引擎。
(3) 4–D 級柴油：為黏度比較大之柴油，用於中速和低速引擎，例如船用柴油引擎，它們的負載和轉速變化很少。
(4) 5 級用於有燃燒器裝置預熱之引擎，預熱溫度為 170°F～220°F。
(5) 6 級用於有燃燒器裝置、高黏度燃料，預熱溫度為 220°F～260°F 之引擎。

7-6.2 柴油的品質

1. 柴油的著火性（Ignition Quality）

柴油的著火性對高速柴油而言，是最重要性質之一。著火性是指柴油在汽缸中，能夠自己著火的能力。著火性良好的柴油，能在較低的溫度下著火，使著火遲延時期縮短，狄塞爾爆震減少，引擎也容易發動，燃燒後廢氣中的黑煙含量也少。

測定柴油著火性的好壞必須與標準燃料比較。此種標準燃料是以著火性為 100 的十六烷值（Cetane Number）和著火性為 0 的 α－甲基萘（α–Methyl Naphthalene）的混合油料相比較。如果某一柴油樣品的著火性與含有 70%十六烷值的標準燃料相同，我們稱其十六烷值號數為 70。十六烷值號數愈高的柴油，著火溫度愈低，愈容易著火，著火遲延時期愈短，愈不容易發生狄塞爾爆震。柴油的十六烷值在 38 以上者，通常即可符合車輛高速柴油引擎的要求。

柴油的著火性，也可以用柴油指數（Diesel Index）來代表，簡寫為 DI。柴油指數愈高，表示柴油的著火性愈好。

$$柴油指數\ DI = \frac{（苯胺點）\times（美制比重\ API\ 度數）}{100}$$

苯胺（Aniline）是一種石油產品，將 10cc 的柴油，和 10cc 的苯胺，放在如圖 7–4 的裝置中。溫度低時，柴油和苯胺分為上下二層，互不混合。但加熱至某一溫度時，上下二層互相溶化。使柴油和苯胺互相溶化的最低溫度，稱為苯胺點（Aniline Poinet），測定裝置如圖 7–4。

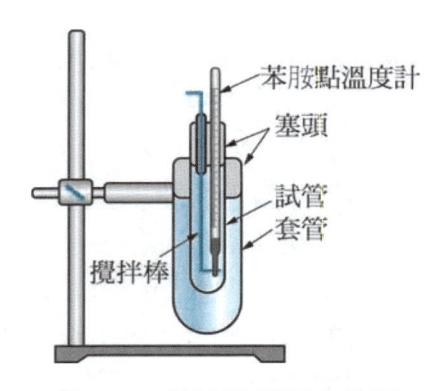

圖 7-4　苯胺點的測定裝置

苯胺點的高低，代表柴油中所含石臘烴的大致份量。苯胺點愈高，表示石臘烴含量愈多，柴油的十六烷值也愈高，就是著火性愈好。

2. 黏度（Viscosity）

所謂黏度，即液體流動時，其本身分子摩擦所產生之流動阻力。黏度通常以一定量的油樣，流經一定直徑的小孔，所需的時間，以秒數愈少，表示黏度愈低，也就是油料愈薄。常用的黏度單位，有色博廣用秒（Seconds Saybolt Universal，簡寫為 SSU）。日本使用動態黏性，單位是百分史（Centi – stroke）以 Cst 表示，英國使用雷氏一號秒（Redwood No.1 Second），歐洲使用恩氏度（Engler Degree）。不同單位的對換，可參考表 7-4。

我國是使用色博廣用秒，如圖 7-5 色博廣用黏度計。油樣先裝入黏度計的油杯中，至一定的油面高度，利用電熱器加熱油樣至 100°F，抽去油杯底部的塞頭。同時用馬錶來測定油樣流滿 60cc 所需的時間秒數，這秒數就是色博廣用秒的黏度。

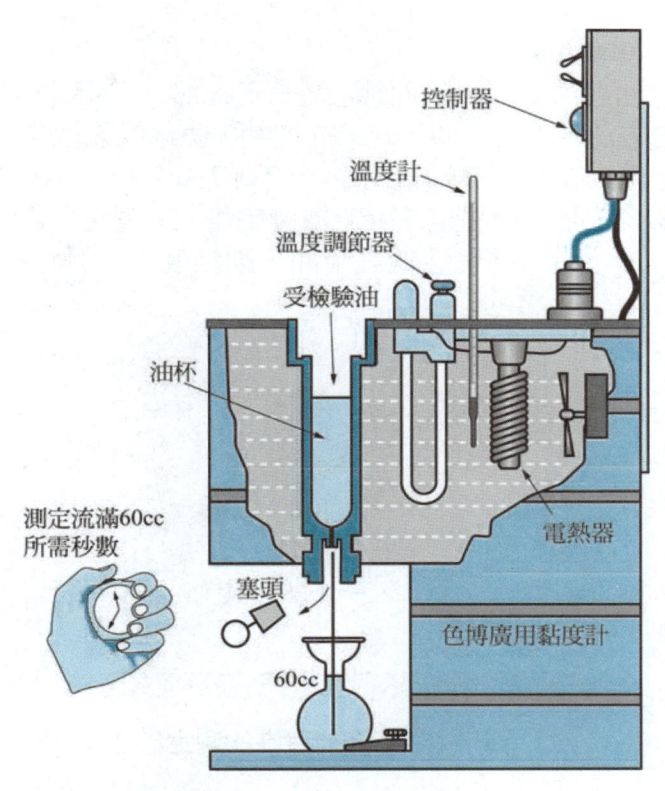

圖 7-5　色博廣用黏度計

表 7-4　油料黏度對換表

百分史 Cst	色博廣用秒 SSU	雷氏一號秒	恩氏度數	百分史 Cst	色博廣用秒 SSU	雷氏一號秒	恩氏度數
2.0	32.6	30.8	1.119	10	58.9	51.9	1.837
2.5	34.4	32.0	1.169	12	66.1	58.1	2.020
3.0	36.1	33.3	1.217	14	73.5	64.5	2.219
3.5	37.7	34.5	1.264	16	81.2	71.3	2.434
4.0	39.2	35.8	1.308	18	89.3	78.4	2.644
4.5	40.8	37.0	1.354	20	97.6	85.7	2.870
5.0	42.4	38.3	1.400	22	106.1	93.2	3.100
5.5	44.0	39.7	1.441	24	114.7	100.8	3.335
6.0	45.6	40.9	1.481	26	123.4	108.5	3.575
6.5	47.2	42.3	1.521	28	132.3	116.3	3.820
7.0	48.8	43.6	1.563	30	141.1	124.2	4.070
7.5	50.4	44.9	1.605	32	149.9	132.1	4.320
8.0	52.1	46.3	1.653	34	158.9	140.0	4.570
8.5	53.8	47.7	1.700	36	167.9	147.9	4.825
9.0	55.5	49.0	1.746	38	176.9	155.9	5.080
9.5	57.2	50.5	1.791	40	185.9	164.0	5.335

3. 揮發性（Volatility）

柴油較汽油之沸點高，因而揮發性較汽油差。美國材料試驗協會，測定柴油揮發性的方法，是將 100cc 的柴油加熱，使化成氣體，經過冷卻器，氣體凝結成柴油，蒐集在有刻度的量筒中。如圖 7-6。

柴油由 350°F 開始揮發至 720°F 揮發完畢。揮發性高之柴油則黏度較低，貫穿力差，分佈不良；揮發性低之柴油，則黏度大，霧化不良，因此揮發性要求適當。

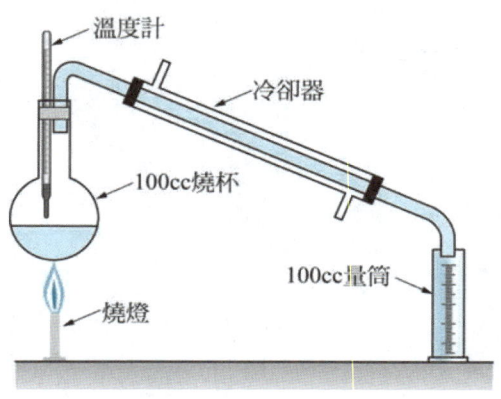

圖 7-6　柴油揮發性的測定

4. 比重（Specific gravity）

柴油的比重，隨原油之成分而有所不同，柴油之比重多在 0.8～0.9 之間，相當於 API 度數為 26～44 度。比重小的柴油，著火延遲時期較短，燃燒壓力上升較為緩慢，引擎之運轉較為平穩。

表 7-5　柴油規範

	普通	高級	測試方法 CNS		ASTM	
產品編號	(113-F51002)	(113-F51001)				
美制比重	Reported	Reported	1221	K 325	D	287
閃火點	54.4°C	50°C	11	K 18	D	93
流動點	-1.1	-3.9	—		D	97
黏度	1.7-5.0	1.7-4.5	—		D	88
水分及沉澱物	0.1	trace	—		D	96
殘碳量	0.20	0.15	—		D	524
灰份	0.02	0.01	41	K 18	D	482
蒸餾試驗	675 725	572	—		D	86
含硫量	1.0	0.5	—		D	129
侵蝕性	No.1	No.1	1219	K 323	D	130
顏色	2.0	1.0			D	1500
十六烷指數	45	48				

5. 流動點（Pour Point）

流動點為液體可以流動之最低溫度，流動點較高之油料無法使用於寒冷地區，因其易於凍結，柴油之最高流動點以不超過 35°F 為限。

流動點之測試法為將測試油樣裝在一控制瓶內，先由直立至平倒時，在五秒鐘之內不見其流動，此時之溫度即為流動點。流動點低的柴油，表示著火性差，也就是十六烷號數較低。

6. 閃火點（Flash Point）

柴油閃火點之測試如同汽油之閃火點測試方法，閃火點之高低，對於柴油在引擎中的燃燒，是沒有影響的。但是對於柴油的儲存，閃火點是項重要因素。閃火點太低的柴油，容易引起火災。柴油的閃火點，應在 150°F 以上，但高速柴油引擎之油料，燃點約在 115°F 左右。

7. 含硫量（Sulfur Content）

柴油燃燒時硫份會變為二氧化硫，二氧化硫與燃料燃燒後所產生之水化合而成亞硫酸、硫酸等，會腐蝕汽缸壁、活塞環等引擎機件，或與機油化合而成膠狀物質，卡住車門、活塞等，縮短機油換油期限。此種損害在冬季或寒冷地區較為顯著。一般柴油引擎使用柴油的含硫量，應在 0.5%以下。

8. 碳　渣（Carbon Residue）

將柴油樣品放在密閉器具中加熱，使所有揮發性的成分揮發掉，其遺留下者即為碳渣，碳渣之含量決定燃燒室所產生積碳的程度，碳渣含量以百分比表示，最高以不超過 0.1%為限。

9. 灰塵、水分及雜質

灰塵會使燃料系統堵塞，或使噴油嘴引擎機件磨損。水分會使燃料系統機件發生銹蝕，也會造成噴射設備和引擎機件磨損，柴油中的水分和雜質，還影響柴油濾清器的壽命。一般規定高速柴油引擎之柴油含灰量不超過 0.01%水分及雜質不得超過 0.5%。

7-6.3 柴油之添加劑

欲改善柴油之品質可使用添加劑，添加劑計有四大類：(1)十六烷值增進劑，(2)清潔劑，(3)防止氧化劑或安定劑，(4)防腐蝕劑。

1. 十六烷值增進劑

主要之化學品為戊烷基硝酸鹽，其效果可增加柴油之十六烷號數，縮短著火遲延時期，使引擎容易發動、運轉平穩，並降低汽缸最高壓力。

2. 清潔劑

清潔劑使用之目的在於促使噴射系統更清潔，使柴油不產生氧化物，避免生出假漆狀以堵塞濾清器及噴射設備，可使油路及噴射系統零件壽命增長。

3. 防止氧化劑或安定劑

可使柴油在儲運階段不因溫度及儲藏期間而起變化、膠質之產生等。防氧化劑可使膠質生成物分散懸浮於柴油中不使聚積一起。

4. 防腐蝕劑

對各種柴油均屬重要。因柴油中之水分與酸性生成物結合會發生腐蝕作用，尤其重柴油中含有最易促成腐蝕之釩化合物及鈉化合物，故更需加入防腐蝕劑。

7-7 車用液化石油氣

液化石油氣，係原油在煉製過程中所產生之副產品，或天然氣在煉製過程中所產生之氣體，液化石油氣通常指以丙烷（Propane）、丙烯（Propylene）、丁烷（Butane）、丁烯（Butylene）為主要成分之液狀混合物，及少量之乙烷（Ethane）、乙烯（Etylene）、丁二烯（Butadiene）等。

液化石油氣可用為家庭或工業燃料，亦可用為車輛、航空器、船舶燃料以及石化原料。

車用液化石油氣品質要求嚴格，主要成分為丙烷及丁烷，二者之混合比例隨季節或地區而變動。在大氣中，丙烷於–42℃，丁烷於 0℃ 可揮發為氣態，故寒帶地區宜較多丙烷成分。車用液化石油氣應避免含有丙烯及丁烯等不飽和物，以免在蒸發器中形成焦油，黏著於閥座或隔膜，尤其不得含有丁二烯成分，因其能溶解耐油橡皮，堵塞管路，二者均影響車輛引擎之順利運轉。車用液化石油氣和丙烷、乙烷及汽油的特性比較如表 7–6 所示。

一、比　重

1. 液體比重

在 15℃ 時，丙烷之比重是 0.508，丁烷之比重是 0.584，車用液化石油氣為兩者混合之比重約 0.540，比汽油比重之 0.66～0.75 稍輕，且均比水輕。

2. 氣體比重

在 15℃ 時之氣體比重，丙烷是 1.548，丁烷是 2.071，均比空氣重，此乃是液化石油氣特性之一，當液化石油氣由容器洩漏時，與一般比空氣輕之洩漏時立即擴散至空氣中不同，而是漂散至地面漸漸擴散，很容易成為火災之原因。

表 7-6　車用液化石油氣、丙烷、丁烷和汽油的特性比較

項目 \ 名稱	車用液化石油氣 50%丙烷 50%丁烷	丙烷	丁烷	汽油	92無鉛汽油
分子式	C_3H_8 C_4H_{10}	C_3H_8	C_4H_{10}	C_8H_{18}	C_4H_{10}〜$C_{12}H_{26}$
比重 液體 水=1(15℃)	0.540	0.508	0.584	0.660〜0.750	0.720
比重 氣體 空氣=1(15℃)	1.810	1.548	2.071	3.000〜4.000	—
沸點（℃）	−42.00	−42.07	−0.50	25〜232	25〜232
蒸發潛熱（kcal/kg）	96	101.8	92.09	—	（甚低）
蒸氣壓（kg/cm^2，20℃）	6.0	8.0	2.0	—	0.7(38℃)
著火溫度（℃）	441	481	441	210〜300	210〜300
發熱量（kcal/kg）	11,920	12,034	11,832	11,200	11,200
燃燒範圍（空氣中容積%）	2.37〜8.41	2.37〜9.50	1.86〜8.41	1.5〜7.6	1.5〜7.6
最高火焰速度（m/sec 1吋管）	0.82	0.81	0.825	0.83	0.83
完全燃燒所需空氣量（kg/kg）	15.6	15.71	15.49	14.70	14.7
辛烷值	104	125	91	87	92

　　因此，當液化石油氣加氣站為汽車充填液化石油氣時，必須使用瞬間接合器，儘量防止瓦斯外洩，特別是汽車修護廠必須保持通風良好，當在汽車修護坑道實施檢查修護時，必須先使用可燃性瓦斯測定器，確認是否有從修護坑道中洩漏液化石油氣後才可使用火源；表 7-7 所示為液化石油氣的氣、液體比重。

表 7-7　LPG 氣／液體比重

比重 \ 烷類	丙烷	丁烷
氣體比重（比空氣重，所以沉降）（0℃，1atm 時空氣質量=1）	1.548	2.071
液體比重（比空氣重，所以沉降）（0℃，1atm 時空氣質量=1）	0.51	0.58
1 公升液體重量（kg）	約 0.5	約 0.6

二、沸　點

　　液體變成氣體之溫度稱之為沸點，汽油之沸點是 25～232℃，所以在常溫下是液體，但丙烷之沸點為 –42.07℃，丁烷之沸點是 –0.50℃，均在常溫以下，因此在常溫下是氣體。

　　因為汽油是液狀，不易與空氣形成混合汽，而液化石油氣是氣體能與空氣形成混合汽，所以液化石油氣較能與空氣均勻混合，對各汽缸之混合汽分配亦較能均等，且容易完全燃燒，所以排氣中一氧化碳之發生量非常少。

　　液化石油氣在沸點以下冷卻的話，即可保持液狀，液化後的體積為氣態的 250 分之 1，所以由中東以遠洋油輪輸運液化石油氣時或在輸入基地儲藏等大量運輸或儲藏時，使用常壓低溫儲運槽比高壓儲運槽來得經濟。

三、蒸發潛熱

　　液化石油氣在氣化時，必須由周圍吸取大量熱量使其變成氣體，此稱之為蒸發潛熱或氣化潛熱，丙烷是 101.8kcal/kg，丁烷是 92.09k cal/kg。

　　液化石油氣汽車雖使用氣化器將液化石油氣氣化，但可能因蒸發潛熱而使氣化器冷卻凍結乃致破損，所以必須使用散熱器（radiator）之溫水環繞氣化器之內部以補熱防止凍結。

　　萬一液化石油氣汽車發生火災事故時，容器即開始加熱使內部之液化石油氣氣化，當蒸氣壓約達 24kg/cm^2 以上時，安全閥即自動產生作用，將氣化後液化石油氣排出車體外，結果當容器內之蒸氣壓約達 16kg/cm^2 以下時，安全閥即自動關閉，容器內之液化石油氣即再開始氣化，而在氣化時即因蒸發潛熱使瓦斯容器冷卻，如此利用容器內之自動調壓及冷卻作用，容器當保持在一定壓力及一定溫度以下，容器絕對不會爆發破裂。

　　通常汽油沾上手並不會產生傷害，但液化石油沾上手即會因蒸發潛熱而發生凍傷，所以在液化石油氣加氣站等經營液化石油氣之作業場所，其作業員必須使用作業手套。

四、蒸氣壓

　　將液狀液化石油氣放進密閉容器時，液態的一部分會蒸發變成氣體而發生壓力，當達某一壓力時蒸發即自然停止，容器內之壓力即安定下來，此時之壓力稱之為蒸氣壓，在 20℃ 時汽油是 0，丙烷是 8kg/cm^2，丁烷是 2.0kg/cm^2，表 7-8 所示為不同溫度下液化石油氣蒸氣壓力；在日本通常液化石油氣被稱為高壓瓦斯，而規定適用「高壓瓦斯限取法」即是因為此蒸氣壓之關係，我國則規定在常用溫度下，壓力達 2.0kg/cm^2 以上之液化氣體或壓力達 2.0kg/cm^2 時之溫度在攝氏 35℃ 以下之液化氣體，稱為高壓氣體。

表 7-8　在不同溫度下液化石油氣（包括丙烷及丁烷）之蒸氣壓力（kg/cm^2）
　　　　當溫度上升時，蒸氣壓即快速上升

組成		0℃	10℃	20℃	30℃	40℃
丙烷	丁烷					
100%	—	3.7	5.4	7.6	9.8	13.0
70%	30%	2.1	3.9	5.5	7.5	10.0
50%	50%	1.8	2.9	4.2	5.7	7.8
30%	70%	1.4	2.2	3.4	4.8	6.1
—	100%	—	0.5	1.1	1.8	2.7

五、著火溫度

無著火原因而自然發生燃燒之溫度稱之為著火溫度，汽油之著火溫度是 210～300℃，丙烷是 481℃，丁烷是 441℃，液化石油氣較難著火，因此必須確實注意點火裝置之檢查保養。

六、發熱量

平均每公斤重量之發熱量，汽油是 11,200kcal/kg，丙烷是 12,034kcal/kg，丁烷是 11,832kcal/kg，以 LPG 較大，若以平均容量換算，則石油是 7,390kcal/l，丙烷是 6,113kcal/l，丁烷是 6,900kcal/l，液化石油氣之發熱量只達汽油之 80～90%，因此同樣排氣量之汽車，以液化石油氣為燃燒時之動力較小，每公升之使用距離較差。

七、燃燒範圍

為使可燃性液化石油氣與空氣混合而點火燃燒，是需要一定之混合比（混合汽太濃或太薄均不會燃燒），以與空氣之容積百分比（1%）表示此燃燒之混合比重者是為燃燒範圍，此範圍愈廣愈容易燃燒，汽油之燃燒範圍 1.5～7.6%，丙烷是 2.37～9.50%，丁烷是 1.86～8.41%，以液化石油氣之燃燒範圍最廣。

八、完全燃燒所需空氣量

當液化石油氣完全燃燒時會變成二氧化碳（CO_2）及水蒸氣（H_2O），然後使液化石油氣完全燃燒至少需要某定量之空氣，此稱之為完全燃燒所需空氣量。

完全燃燒方程式

1. 丙烷：$C_3H_8 + 5O_2 \longleftrightarrow 3CO_2 + 4H_2O$

2. 丁烷：$C_4H_{10} + 6.5O_2 \longleftrightarrow 4CO_2 + 5H_2O$

丙烷 1m³ 完全燃燒需空氣 24m³；丁烷 1m³ 完全燃燒需空氣 31m³
丙烷完全燃燒所需空氣量 15.71kg/kg；丁烷完全燃燒所需空氣量 15.49kg/kg
汽油完全燃燒所需空氣量 14.70kg/kg

凡與汽油併用之液化石油氣汽車時，必須要加裝燃料變換時能夠調整空氣供給量之裝置。

九、辛烷值

辛烷值係表示防止爆震之性質，丙烷是 125，丁烷是 91，均比汽油 87 還高，所以能夠提高引擎之壓縮比而提高引擎之性能，日本之汽車製造商在汽油車 8.8 壓縮比之引擎下，液化石油氣汽車就使用能夠提高壓縮比至 9.3 之液化石油氣專用引擎。

十、液體之溫度膨脹

液體之液化石油氣當溫度上升時，其膨脹量非常大，約達水膨脹量之 15～20 倍，或約達鐵等金屬膨脹量之 100 倍，如表 7-9 所示。

表 7-9　車用液化石油氣

種類 \ 溫度°C	−5	0	15	30	45	60
丙烷	93	96	100	105	111	119
丁烷	95	98	100	103	106	111

註：以 15°C 之容積作為 100

因此當超過規定量（容器內容積之約 85%）以上之過量充填時，會因液體之溫度膨脹而使液化石油氣容器有發生破壞之危險，為確實防止過量充填，在液態充填閥之開口部必須安裝自動式超量灌裝防止裝置。

十一、氣化時之膨脹

當液體之液化石油氣被放出大氣中時，即立刻氣化而變成 250 倍之氣體，與空氣混合後即變成可燃性氣體，且帶有蒸氣壓，所以當液化石油氣由燃料裝置之高壓部洩漏時，即變成 250 倍之可燃性氣體，就有關燃料洩漏而言，比汽油車危險，因此就必須絕對注意防止液化石油氣外洩，萬一外洩時，亦應防止洩漏之液化石油氣侵入乘客室內，即使發生火災時，能使容器內之液化石油氣持續燃燒，而不發生爆炸，是液化石油氣汽車安全之基本對策。

250 公升之氣態液化石油氣經少量加壓或冷卻後，即變成 1 公升之液態液化石油氣，將之放入容器來搬運或必要時，自容器取出加以氣化作為燃料，裝載運送均非常方便。

十二、無色、臭及毒性

　　液化石油氣無色無味,純者是無臭,工業用以外之液化石油氣,是因加上乙烯基胺乙醚及硫醇混合物帶有臭味,使液化石油氣洩漏時能夠感知臭味,但嗅覺因人而異,且依個人身體狀況而有變化,有時又因感知嗅覺之瞬間亦會使人麻痺,長期間吸入的話,則會使人神經麻痺而睡著。

　　液化石油氣本身不具毒性,但一般所謂「瓦斯中毒」,主要是液化石油氣燃燒不完全,產生有毒的一氧化碳,一氧化碳中毒的特性,就是它與血液中的血紅素的結合力是氧與血紅素結合力的二百五十倍,而使血紅素失去搬運氧氣的功能,致腦部即呈缺氧狀態,三五分鐘即死於不知不覺之中;只要空氣中一氧化碳含量在1.28%以上就會產生「一氧化碳中毒」。另一種情況,若液化石油氣大量洩入密閉的室內,沖淡空氣中正常氧含量21%變成18%以下的缺氧狀況,此時若不儘速打開門窗通風,增加氧含量,會產生「窒息」現象,則腦部也會產生缺氧而死亡。

　　檢查液化石油氣是否有洩漏,僅靠嗅覺反而危險,必須使用液化石油氣洩漏檢驗器,才是正確的方法。

十三、溶解性

　　液化石油氣可溶解天然橡膠及塗漆,所以液化石油氣燃料裝置所使用之橡膠必須使用耐油性之氟橡膠或氮橡膠,接合器之封材亦須使用耐油性之材料。

7-8　潤滑油

　　潤滑油與潤滑脂二者合稱為潤滑油脂(Lubricant)。潤滑油(Lubricating Oil)為潤滑車輛及機械用的液體油料,因其主要供機械潤滑之用,所以通稱為潤滑油(Lube Oil)。潤滑脂也是潤滑車輛或機械用的油料,但多半為半固體,或黏度極高的液體,俗稱牛油或黃油等。潤滑最主要之重點為適油、適時、適量、適位、經濟。潤滑油可分為四種:
(1) 引擎機油(即車用機油)。
(2) 齒輪油。
(3) 潤滑脂。
(4) 其他潤滑油,如自動變速箱油、液壓油、防震油、壓縮機油、煞車油等。

7-8.1 引擎機油

1. 機油之作用
(1) 潤滑引擎內部各活動部分，減低磨損。
(2) 幫助發動引擎內部，因燃燒及摩擦而產生熱量。
(3) 防止高壓燃氣之洩漏。
(4) 保持引擎內部之清潔。
(5) 防止引擎之腐蝕與生銹。
　　簡述機油之功用為潤滑、密封、冷卻、清潔、緩衝、防銹等功用。
　　機油的組成為基礎油加添加劑，一般機油使用礦油型基礎油，合成機油則使用合成型基礎油，添加劑有防止氧化磨耗及清淨的功能。

2. 機油應具備之特性
(1) 應具有適當之黏度
　　引擎無論在低溫或高溫時，要求機油之黏度變化小，以使引擎適當地運轉。
(2) 抗氧化性及腐蝕性
　　柴油引擎之機油，工作溫度較高而易氧化，且柴油中含硫燃燒後會產生殘渣及堆積物，會影響機油及引擎使用壽命，故機油得有抗氧化性及抗腐蝕性，必要時，得添加抗氧化劑及抗腐蝕劑。
(3) 清潔性
　　機油劣化後生成淤渣或燃料燃燒後生成碳素，此等氧化物混入機油內會弄髒機油，並在油底殼沉積，受機油循環之影響，附著於機件上，使潤滑部分膠著，潤滑效能降低，引擎壽命縮短。故機油應具備清潔性，必要時可加添清潔劑。
(4) 油膜強度
　　潤滑部分所產生之油膜，須具備承受高壓之性能，其大小與黏度無關。此外機油之油性（Oilness）亦至為重要，油性係對金屬表面上附著性和油膜形成之總成，亦與黏度無關。
(5) 良好之抗泡沫性
　　機油受激烈之攪拌或滲入空氣，而產生泡沫時，機油泵浦送出之機油，混入空氣，將阻礙油泵之作用或影響潤滑機能，引起潤滑油面斷油，軸承因而磨損，故須有因被攪拌而不產生泡沫之特性。

3. 引擎機油之分類及品質標準
　　機油之分類法，有以黏度分類，有以服務性能分類，美國汽車工程學會（Society of Automotive Engineer，簡稱 SAE）採用黏度分類；美國石油協會（American Petroleum Institute，簡稱 API）則採用服務分類。

美國汽車工程學會所採用之黏度分類，號數愈大，表示機油之黏度愈大，普通分為 5W、10W、20W、20、30、40、50 等七級。在重級機油中，有一種複級（Multi Grade）機油，其美國汽車工程學會編號為 5W–50 或 15W–40 等，此種機油低溫時之流動性好，高溫時之黏性佳，能適用在廣大之溫度範圍，故四季可通用；5W–50 表示環境溫度–25℃至 40℃之間機油性質不變，表 7–10 為機油美國汽車工程學會黏度分類表。台灣地區適用之機油黏度為 SAE30 或 40 或 15W–40。

表 7–10　機油 SAE 黏度分類表

SAE 號碼	黏度 SSU(cst) 0°F(–17.78℃)	210°F(98.89℃)	使用溫度	備　註
5W	<4000(869)	>39(3.86)	<–10°F(–23.3℃)	
10W	(a)6000～12000 (1303～2606)	>40(4.18)	>–10°F(–23.3℃)	
20W	(b)12000～48000 (2606～10423)	>45(5.73)	>–10°F(–12.2℃)	
20	—	45～58 (5.73～9.62)	>32°F(0℃)	
30	—	58～70 (9.62～12.49)	—	台灣常用
40	—	70～85 (12.94～16.77)	—	夏季用
50	—	85～110 (16.77～22.63)		

美國石油協會服務分類是用來表示引擎機油品質的方法。該學會於 1947 年時，將車用機油分為下列三種：

(1) 普通（Regular）。
(2) 高級（Premium）。
(3) 重級（Heavy Duty）。

此後因潤滑油品質改良及新式引擎的發展，以上三種分類已不適用，故該會與美國汽車工程學會協商後於 1957 年以潤滑油的功能配合引擎操作的程度，重新將車用機油分為六種，其中三種適用於汽油或其他火花著火式引擎之三種不同作業。另三種適用於柴油引擎作業。此六種引擎作業所代表之符號如下：

(1) ML－汽油引擎輕度作業（Motor，Light）。
(2) MM－汽油引擎中度作業（Motor，Medium）。
(3) MS－汽油引擎嚴重作業（Motor，Severe）。

(4) DG－柴油引擎普通作業（Diesel，General）。
(5) DM－柴油引擎中度作業（Diesel，Medium）。
(6) DS－柴油引擎嚴重作業（Diesel，Severe）。

以上所謂之輕度作業指引擎內部不易結膠及積碳者；而所謂嚴重作業者，則指引擎設計或作業特殊（包括時常開開停停的短程行車作業，長時間高溫行車，採用高硫份燃油，附有增壓裝置之引擎），容易導致引擎內部結膠、積碳、腐蝕者。

美國汽車工程學會於 1971 年 4 月公佈美國石油協會－美國材料試驗協會車用機油之新分類標準。並經常加以修訂，至今仍然有效。按此一新標準規定車輛引擎用機油分為兩大類，其一為在加油站加油之車輛以「S」符號表示，（S 代表加油站 Service station 之意），其二為商業用之車輛，以「C」符號表示（C 代表 Commercial）。每大類符號之後再以 A，B，C，D，E，……等符號表示作業或油料品質要求，如下表 7-11 所示。

表 7-11　在加油站供應者（以 S 為首之符號表示）

符　號	API 之引擎作業分類標準
SA	汽油引擎之最有利作業－指在有利情況下作業之汽油引擎，無需採用含有任何添加劑之機油者，此種作業並無特定之引擎試驗標準。
SB	汽油引擎之最低要求作業－指在相當有利情況下作業之汽油引擎，油中無需加有最佳要求之添加劑，即可達到最佳之保養要求者。此種標準下用之油料始於 1930 年至 1939 年間，其主要要求為抗磨損，以及抗腐蝕之特性。
SC	1964 年間汽油引擎保用之作業－指 1964–1967 年間出廠小汽車及卡車之汽油引擎，在車輛製造廠家保證條款下作業者，供此種作業用之單用機油應能抵制汽油引擎在高溫及低溫積污磨損，以及腐蝕之特性。
SD	1968 年間汽油引擎保證保養之作業－指 1968–1970 年間出廠之小汽車及卡車之汽油引擎，在車輛製造廠家保證保養及使用作業者。1971 年多數車量亦適用此一情況。供此種標準下作業用之車用機油，應能抵制汽油引擎及高溫及低溫下之積污、磨損，以及腐蝕之特性。就油料品質而言，此種特性應遠較上述 SC 之作業用油為佳。故可取代 SC 之用。
SE	1971–1974 年間汽油引擎保證保養之作業－指 1971–1974 年間出廠之小汽車及卡車之汽油引擎，在車輛製造廠家保證保養及使用下作業者。供此種作業用之車用機油，應更能抵制汽油引擎之抗氧化性，在高溫及低溫下之積污、磨損及磨傷之特性，且較上述 SC 或 SD 作業用油為佳。故本油可取代 SC 及 SD 二油。
SF	引擎製造廠推薦自 1980 年以後發展之汽油引擎，使用此級潤滑油。SF 級較 SE 級的抗氧化性及抗磨損性還要好。使用在渦輪增壓引擎時，其抗腐蝕及防銹性較 SE 級為佳。SF 級可取代 SC、SD、SE 各級油品使用。
SG	用於 1989 年以後車型之小客車、旅行車、小貨車等汽油引擎之潤滑，對引擎內沉積物之控制、抗氧化性及減少引擎之磨損較前級為佳。可取代 SF 及之前等級之機油。

表 7-11　在加油站供應者（以 S 為首之符號表示）（續）

符　號	API 之引擎作業分類標準
SH	1994 年間汽油引擎保養作業－指目前及較早出廠的小汽車、輕卡車之汽油引擎，在車輛製造廠家保證保養及使用下作業者，供此種作業用。車用機油遠較 SG 級作業用油為佳，符合 CMA（Chemical Manufacturers Association）通過規格。
SJ	API 於 1996 年開始使用，適合所有目前使用中的車用引擎。
SL	API 於 2001 年七月開始使用，適合所有目前使用中的車用引擎。

表 7-12　商業活動車輛（以 C 為首之符號表示）

符　號	API 之引擎作業分類標準
CA	柴油引擎之輕度作業－指採用高品質柴油在輕度情況下作業之柴油引擎，其中亦可包括中度作業之汽油引擎。在此種情況下作業之油料，曾廣用於 1940–1950 年前後出廠之汽柴油引擎。此種油料用於自然吸氣式柴油引擎時，應具有抗軸承腐蝕、抑制高溫積碳，但所用之柴油品質應佳，故不致發生不正常之抗腐蝕及積碳情況。
CB	柴油引擎之中度作業－指採用品質較低之柴油，並在中度作業之柴油引擎，需要加強其抗磨損與消除積碳者，其中亦可包括中度作業之汽油引擎。此種油料係於 1949 年，初次問世，供燃用高硫份柴油之自然吸氣式柴油引擎之用，此種引擎較 CA 更需進一步之抗腐蝕性、抗高溫積碳性等。
CC	汽油及柴油引擎之中度作業－指中度作業乃至嚴重作業之輕度增壓式柴油引擎，其中包括若干嚴重作業之汽油引擎。此種油料於 1961 年問世，廣用於車輛以及工程機械、工業機械，以及農耕機之柴油引擎，其特點為抑制輕度增壓下柴油引擎內部之高溫積碳腐蝕、銹蝕以及汽油引擎之低溫積污。
CD	柴油引擎嚴重作業－指增壓式柴油引擎在高速、高重荷、高馬力情況下之作業，需要有效抵抗磨損及積碳者。供此種作業用之油料於 1955 年開始問世，主要用於採用高品質柴油之增壓式柴油引擎，以抵抗軸承腐蝕、高溫質或低積碳等等。
CE	柴油引擎嚴重作業，機械式或渦輪增壓及直接噴射式柴油引擎適用。1987 年 10 月間問世，對引擎沉積物之控制、抗氧化、抗磨損、節省燃油均較過去為佳。
CF2	於 1994 年開始使用，適用於重負荷、二行程引擎，可以取代 CD–II 油品。
CF4	於 1990 年開始使用，適用於高速、四行程、自然吸氣式和渦輪增壓之柴油引擎，或以取代 CD 及 CE 等油品。
CG4	於 1995 年開始使用，適用於使用之燃料油硫含量低於 0.5%的重負荷、高速、四行程引擎 CG-4 油品係適用於符合 1994 年排放標準引擎，或以取代 CD、CE、及 CF-4 等油品。
CH4	於 1998 年開始使用，針對柴油硫含量達 0.5wt%，並符合 1998 年排放標準的高速、四行程引擎所設計之柴油引擎機油規格，或以取代 CD、CE、CF-4 及 CG-4 等油品。

美國石油協會也規範 SL 等級機油須通過 EC（Energy Consumer）認證，達到節約能源的要求。

4. 引擎機油添加劑

引擎機油中加入少量某些物質後，能夠加強或改善潤滑性能者，此種物質稱為潤滑油添加劑。常用之引擎機油添加劑有下列數種：

(1) 清淨分散劑（Detergent–Dispersant）－用於高品質車用機油中，供鬆脫引擎內部結膠積碳，分散污物成微細粒子懸浮於油中，保持引擎內部清潔。清淨分散劑又分有「無灰清淨分散劑」、「高鹼度清淨劑」等多種。

(2) 黏度指數增進劑（Viscosity Index Improver，簡稱 VII）－使黏度隨著溫度改變的速度減慢，本身非常黏但無潤滑性能，用來提高機油的黏度指數。

(3) 極壓添加劑（Extreme Pressure Additive 或 EP Additive）－提高潤滑油耐極高壓力之用，這種添加劑是在金屬直接接觸時，才能發生作用，它可視為乾潤滑劑，以防止金屬機件表面的刮傷或擦毛。在引擎磨合時期，防止損壞特別有效。以二硫化鉬（MoS_2）使用最多。

(4) 抗腐蝕劑（Anti–Corrosion Additive）－此添加劑係為了防止空氣、水分及各種酸性物質附著金屬面而腐蝕金屬。使用稀屬烴、磷硫化合物、磷酸之金屬鹽等，形成一薄層而貼在金屬表面，以減少氧化和腐蝕；不但維護引擎和機油本身，還可減少油渣、油膠的產生。

(5) 抗氧化物（Anti–Oxidants）－防止潤滑油因氧化產生酸性物質與油泥而劣化，能使氧化生成之過氧化物不起連鎖反應進而防止氧化物之生成。

(6) 消泡劑（Anti–Foaming Additivie）－添加於各種潤滑油中，可使泡沫之表面張力造成不平衡而破壞。

(7) 流動點降低劑（Pour Point Depressant）－具有將石蠟結晶表面包容之界面作用，防止石蠟之連續凝集，使低溫流動性良好。寒冷地區用潤滑油常添加此劑。

(8) 防銹劑（Anti–Rust Additive）－使用於多種潤滑油中，能於金屬表面形成被覆膜，防止水分、鹽分之侵蝕，達到防止生銹之目的。

(9) 油性向上劑（Oiliness Additive）－可吸著於金屬表面防止金屬間之直接接觸達到減少磨擦的目的。

7-8.2 齒輪油

齒輪油係用於變速箱、加力箱、差速器及轉向齒輪等處之齒輪潤滑油。其主要作用為潤滑齒輪及軸承，防止磨損、腐蝕及生銹、幫助齒輪散熱。

1. **齒輪油應具備之特性**
   (1) 在齒輪上能形成適當而強韌之油膜。
   (2) 抗氧化性好，不易變質。
   (3) 黏度指數應大，以利低溫之起動。
   (4) 有優良之防腐蝕、防銹以及抗磨損之效能。

2. **齒輪油之分類**
   齒輪油之分類有美國汽車工程學會黏度分類及美國石油協會作業分類。分述如表 7-13、7-14 所示：

表 7-13　車輛用齒輪油 SAE 黏度分類

SAE　VISCOSITY NUMBER

	75W	80W	85W	90W	140W	250W
在 100℃ 時之黏度 最小	4.1	7.0	11.0	13.5	24.0	41.0
最大	no requirement			<24.0	<41.0	no req.
黏度 最高溫度	−40	−26	−12	no requirement		
流動點	no requirement					
閃火點	no requirement					

MIL−L−2105C　SPECIFICATION

	75W	80W～90W	85W～140W
在 100℃ 時之黏度 最小	4.1	13.5	24.0
最大	—	<24.0	<41.0
黏度 最高溫度	−40	−26	−12
流動點	−45	−35	−20
閃火點	150	165	180

表 7–14　車用齒輪油之 API 作業分類

作業分類	GL–1	GL–2	GL–3	GL–4	GL–5	GL–6
舊 API 作業分類	普通型齒輪油	蝸齒輪型齒輪油	中度極壓型齒輪油	多效型齒輪油		多效型齒輪油
油種	純礦物油	含有油膩性成分或油脂類齒輪油		含有硫、氯、鉛、磷等，極壓添加劑之齒輪油		
適用範圍	低負荷低速之正齒輪，螺旋齒輪，斜齒輪，蝸齒輪等之變速齒輪箱。	中度負荷，中速之條件下操作之蝸齒輪，正齒輪，螺旋齒輪，斜齒輪等之變速齒輪箱。	不適用 GL–1、GL–2 級齒輪油之作業條件下之各種齒輪（除了戟齒輪）。	嚴重作業下之變速齒輪，及使用戟齒輪之差速齒輪，耐於高速低扭力、低速高扭力作業差速齒輪，變速齒輪，轉向齒輪。	較 GL–4 更嚴重作業下之戟齒輪，耐於高速低扭力、低速高扭力高速衝擊荷重。	符合福特汽車公司 SW–M2C–105A 規範供福特汽車差速齒輪之潤滑。
汽車上之潤滑部位	因不能滿足汽車之變速齒輪裝置潤滑要求，不用於汽車上。	因不能滿足汽車之變速齒輪裝置潤滑要求，除了特殊情況外，不用於汽車上。	變速齒輪、轉向齒輪及中度作業之差速齒輪（除了戟齒輪）。		特別嚴重作業之差速齒輪。	

7-8.3 潤滑脂

　　潤滑脂簡稱滑脂，亦稱為黃油，是由礦物油與金屬皂結合而成之半固體產品，適用於潤滑機器、軸承滑道導架、底盤各活動部位以及輪軸等機件。

1. 潤滑脂應具備之特性

(1) 對金屬應有良好之附著力，不因離心力而鬆脫。
(2) 應能耐水及耐高溫。
(3) 抗氧化及防銹力應強，且機械穩定性良好，經久不易變質。

2. 潤滑脂之種類

(1) 鈣皂基潤滑油脂（Calcium Soap Base Grease）

　　由 70～90%之礦物油、4～25%鈣皂、2%之水分等混合而成，此式潤滑油不適於 70℃以上高速下使用，但抗水性極強，適用於杯（cup）、壓力槍（pressure gun）、車輛（axle）、水泵（water pump）、鋼線（steel wire）等處使用。

(2) 鈉皂基潤滑油脂（Sodium Soap Base Grease）

　　外觀為纖維狀或奶油狀，富耐熱性、附著力及內聚力高，用於高速旋轉部分也不因離心力分離成分，但遇水易乳化，不能用於易接觸水分的軸承部，常用於重負載之輪軸、萬向接頭及底盤等處。

(3) 鋁皂基潤滑油脂（Aluminum Soap Base Grease）

　　充分黏著金屬面，高速旋轉時也不因離心力而飛散，所以荷重性能優良，耐水性強，耐熱性差，適用於汽車底盤如葉片鋼板之潤滑。

(4) 石墨潤滑油脂（Graphite Grease）

　　潤滑油脂中加入石墨，油膜強韌、耐水及耐熱優良，用於潤滑接觸水分的部分及局部高壓的齒輪類。

(5) 多用途潤滑油脂（Multipurpose Grease）

　　如鋰皂基潤滑油脂，鉛皂基潤滑油脂等，耐水性、抗氧化性、耐熱性均佳，用途廣泛。各種潤滑脂的種類、性質、用途如表 7-15 所示。

表 7-15　各種潤滑脂的種類、性質、用途

增稠劑種類	鈣	鈉	鋁	石墨	酸性白土	矽膠凝體	鉛	鋰
公稱名	杯脂	纖維滑脂	馬達滑脂	非皂型滑脂			多用途滑脂	
外觀	奶油狀	纖維狀、奶油狀	線狀	奶油狀	奶油狀	奶油狀	纖維狀	奶油狀
滴點℃	85	160	85	85～150以上	200 以上	200 以上	175	175
最高使用溫度℃	70	125	80	80～140	125	125	135	135
耐水性	良好	不良	良好	稍良好	良好	不良	良好	良好
機械性安定性	稍良～良	稍良～最良	不良～稍良	稍良～稍良	良	不良	不良～稍良	良～最良

表 7–15　各種潤滑脂的種類、性質、用途（續）

增稠劑種類	鈣	鈉	鋁	石墨	酸性白土	矽膠凝體	鉛	鋰
特性	耐熱性不良，耐水性良，廉價	耐熱性良，耐水性不良，機械性、氧化安定性良	耐熱性不良，耐水性良，黏著性良，機械性安定性不良	耐熱性稍良，耐水性稍良，黏著性良	耐熱性良，耐水性良，黏著性、防銹性不良	耐熱性良，耐水性不良，機械性、安定性不良	耐熱性良，耐水性良，機械性、安定性不良，低溫用不良	耐熱性良，耐水性良，機械性、安定性良
主要用途	一般工業用，有水分、濕分處可用	滾動軸承、普通軸承用，可用於稍高溫	振動多的軸承用，汽車用	一般工業用齒輪用	高溫滾動軸承用、普通軸承用	高溫用	泛用	泛用，特別是航空機用

3. 潤滑脂之性質

(1) 稠度（Consistency）

稠度之意義包括各種有關因素，如組織彈性、延性等。從實用觀點言，稠度為滑脂之主要性質，稠度與潤滑效率有密切之關係，稠度過大則潤滑作用不平均使一部分摩擦面積陷於不完全潤滑而發生過熱現象，稠度過小則不但發生損漏現象，而且不能支持所受之壓力，而使軸承發生嚴重之磨損。

稠度受下列因素影響：增稠劑的添加量即含皂量、所用礦油的含量及黏度，與含水量。

稠度之測定如圖 7-7 所示之裝置來測定，先將試料溫度保持 25±0.5℃後，在混合器內約 1 分鐘往復混合 60 次之後，以小竹刀將試料填入試料罐，注意勿使氣泡混入，將之置於台上，以 1/10 公厘的刻度表示，規定的金屬圓錐以本身重量 5 秒鐘穿入其中的深度，即得稠度。

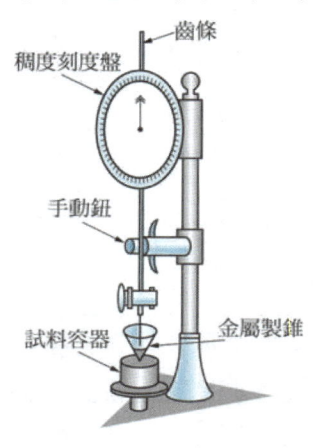

圖 7-7　稠度試驗器

一般約 130～340，以 250～300 者較廣用，稠度愈大愈是軟潤滑脂，愈小愈是硬潤滑脂，稠度大的軟質者用於高速旋轉部分，數值小的硬質者為高荷重用。

N.L.G.I（National Lubricating Grease Institute）美國潤滑脂學會所規定之稠度號碼，油脂狀態及工作刺入度之關係如表 7–16。

表 7–16　稠度號碼與工作刺入度關係表

稠度號碼 N.L.G.I	常溫狀態及用法	工作刺入度 A.S.T.M. at 77°F**
0	半流動	355～385
1	很軟、用黃油槍	310～340
2	軟、用黃油槍	265～295
3	黃油杯	220～250
4	黃油杯	175～205
5	黃油杯、封閉式	130～160
6	封閉式	85～115

(2) 滴　點

滴點之定義為半固體狀潤滑脂加熱熔融滴下的溫度稱為滴點。用圖 7–8 的裝置，亦即將潤滑脂充填於杯，將之放入試管狀的空氣浴內，將油浴加熱，以其熱熔融試料潤滑脂，測定滴下的溫度。鈣皂基、鋁皂基潤滑脂約 85°C，鈉皂基潤滑脂高達 130°C 以上。高滴點的潤滑脂特別適於軸承溫度高的部分。

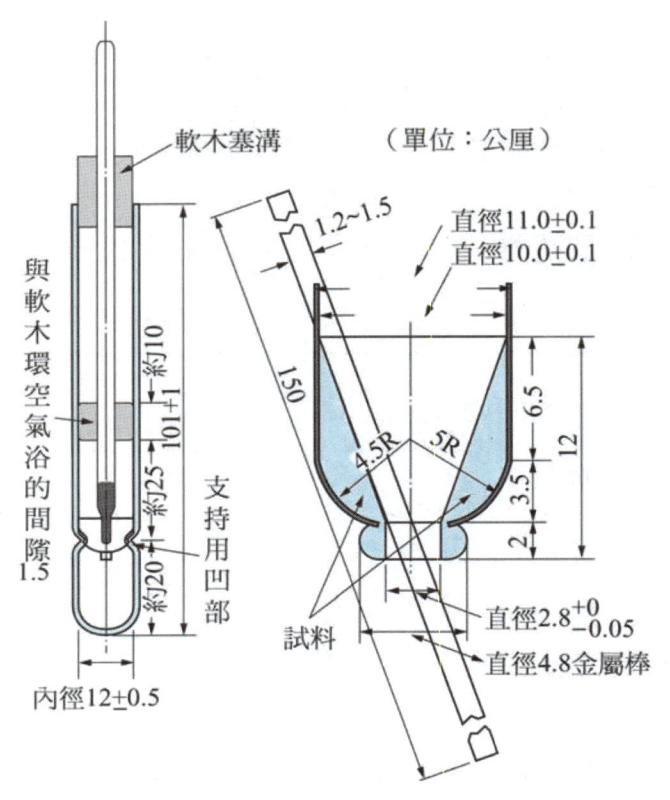

圖 7-8　滴點試驗器　內徑 1.2±0.5 裝配圖

(3) 游離鹼（Free Alkali）

表示過剩鹼相對於脂肪酸的比率，此值過大時，潤滑脂不安全，造成金屬面生銹、腐蝕。最好在 0.2～0.5%以下。

(4) 游離酸（Free Acids）

這是將潤滑脂中未皂化的游離脂肪酸，換算成油酸表示，最好在 0.3～0.5%以下，此值過大時使潤滑脂不安定，在使用中引起成分分離，或使金屬面腐蝕磨耗等。

(5) 蒸發量

潤滑脂在規定溫度加熱規定時間，測定減小量，求知水分以外揮發性成分的多少，通常須是 1～4%以下，此值過大者含大量微輕質礦油，用於高熱部分時容易變質，也有引火的危險性。

(6) 水　分

這是潤滑脂含有的水分量，除了特殊者之外，在普通潤滑脂的構成上為不可缺少的原料，測定方法是將一定量潤滑脂和溶劑裝入燒瓶內而溶解，附加冷卻器加熱蒸餾一定時間，求積存承受器的水分量，此量通常為 0.2～3.0%以下，量的多少直接關係到安定性，最好有適當的含量。

(7) 灰　分

與一般的化學分析同樣，以重量%表示灼熱殘渣，此值取決於潤滑脂的充填物及混入的金屬皂量等。

(8) 銅板腐蝕

這是品質判定上特別重要的項目，在電氣銅板上塗潤滑脂，在室溫放置 24 小時，或 100°C 加熱 3 小時，檢查表面有無變色或斑點。游離鹼、游離酸等多者常變色或有斑點。

7-8.4 其他潤滑油

包括自動變速箱油、液壓油、防震油、壓縮機油、煞車油等。主要之作用為潤滑各特定之活動機件部分，防止磨損、腐蝕及生銹；幫助所潤滑之機件散熱，吸收壓力及傳送壓力。

潤滑油應具備之特性

(1) 對各活動部位，能形成充分的油膜。
(2) 抗磨損性、防腐蝕性及防銹性均要好。
(3) 穩定性好，經久不易變質。
(4) 抗泡沫性良好。
(5) 高溫穩定性好。

7-9　煞車油（Brake Oil or Brake Fluid）

煞車油中之主要成分有潤滑劑（Lubricant），稀釋劑（Diluent）和添加劑系統（Inhibitor system）等三部分。

一、潤滑劑

煞車油潤滑劑主要用來提供煞車總泵中活塞與缸壁間的潤滑，煞車油潤滑劑均是非石油基化學品。常用的有蓖麻油（Castor Oil）及其衍生物，或是聚乙二醇類化合物。因為它具有較高的黏度指數值，穩定性與潤滑效果良好，對橡膠皮碗沒有作用性。

二、稀釋劑

潤滑劑在低溫情況下黏度均相當高，為使車輛在寒冷氣候中，同樣具有極性的煞車能力，煞車油中通常需加有稀釋劑以降低其低溫黏度，使車輛在高溫、低溫下均能煞車自如。稀釋劑在煞車油中佔有相當高之比例，可影響煞車油的主要性質，良好的稀釋劑需具備有高沸點、低流動點、低黏度等性能。常用的有乙醇、乙二醇、乙二醇之醚類化合物。

三、添加劑

煞車油中常用的添加劑有抗腐蝕劑、抗氧化劑及鹼性物，分別用來防止煞車系統金屬成分之腐蝕，提高煞車油抗氧化性能與酸鹼值。

煞車油應具備之性質：

1. 流動性

煞車油在通常使用情形下，其溫度係 60～80℃，嚴重使用狀態時可達 150℃以上，在寒冷地帶低溫時有低至零下 30℃者，在此種高低相差很大之溫度範圍內必須保持其充分之流動性，同時煞車主缸及分缸與活塞間不能不具備潤滑性及密封性。鋼或鋁製之主缸，為使密封而用橡皮製之煞車皮碗，其摩擦阻力大，為使皮碗能在缸中運動良好，乃用蓖麻油為煞車油之成分以利潤滑，由於其黏度及所需之流動性關係，在煞車油中加入其他溶劑以調整之。

2. 化學安定性

煞車油有化學之安定性，方能耐長期之連續使用。接觸金屬、溫度及壓力均能影響其安定性，尤以溫度之關係最大，由於熱之影響，會使低級醇蒸發而使煞車油變濃。若用二甲基戊酮醇時，在 150℃左右會分裂成丙酮 Acetone，致其沸點降低而引起氣阻。再者煞車金屬之腐蝕，會使煞車油發生沉澱、污濁。

3. 避免產生氣阻

當踩煞車時，煞車鼓因摩擦產生高達 250°～300℃之高溫，傳至煞車油中。若煞車油品質較差，沸點較低時易產生氣阻現象，而使煞車失靈，為防止氣阻之發生，應視車輛之情況，而採用適當之煞車油。

4. 防止腐蝕橡皮

主缸及分缸內之皮碗，一般係用天然橡膠製成，如煞車油為石油製品時，應特別注意橡膠製皮碗之膨脹及軟化，皮碗須採用良質之橡膠，避免使用再生橡膠。

5. 耐水性

　　在踩煞車時，煞車油將逐漸吸收水分，由於油中有水分之存在，煞車油之沸點不但因而降低，且主缸與分缸活塞及煞車管將會生銹，故煞車油有吸收少許水分之能力，並每年應更換兩次，以保持其水分不致過多。

6. 相容性

　　不同廠牌之合格煞車油，就可相混合。

　　煞車油的規範有兩種，一是美國汽車工程協會 SAE 所頒佈，目前發展的有 SAEJ1703 與 SAEJ1703f、FAN80。其次有聯邦度規範 Federal Motor Vehicle Safety Standard 116，俗稱 Dot，現行發展有 Dot3、Dot4、Dot5 三種。

			DOT3	DOT4	DOT5
最低乾沸點	Dry Boiling Point	°F	401	446	500
最低濕沸點	Wet Boiling Point	°F	284	311	（不吸水）

　　DOT3 和 DOT4 煞車油顏色是琥珀色，它們對漆面破壞力很強。DOT5 煞車油顏色是紫色，以便和 DOT3、DOT4 區別。DOT5 是矽基 Silicone-Based 煞車油，因此不具有吸水性，DOT5 等級有更高的沸點，同時不會損壞漆面。

習題

一、選擇題

（　）1. 石蠟烴之分子式為　(A) CnH_{2n+2}　(B) CnH_{2n}　(C) CnH_{2n-2}　(D) CnH_{2n+1}。

（　）2. 石油精煉之方法　(A)分餾　(B)裂煉　(C)重組　(D)以上皆是。

（　）3. 目前國內中國石油公司供應之無鉛汽油，辛烷值最高為 (A)90　(B)92　(C)95　(D)98。

（　）4. 車用汽油之主要成分為　(A)戊烷　(B)辛烷　(C)庚烷　(D)十六烷。

（　）5. 汽油之比重愈大其 API 度數愈　(A)大　(B)小　(C)不一定。

（　）6. 汽油之抗爆性質是以　(A)閃火點　(B)辛烷值　(C)十六烷值　(D)揮發性　表示。

（　）7. 柴油之十六烷值愈高表示　(A)愈容易著火　(B)愈不容易著火　(C)愈容易爆震　(D)著火遲延時期愈長。

(　　) 8. 色博廣用秒 SSU 愈大表示黏度愈　(A)高　(B)低　(C)無關。

(　　) 9. 柴油之流動點最高應不超過　(A)35°F　(B)150°F　(C)35℃ (D)115℃。

(　　) 10. 潤滑之重點為　(A)適油　(B)適量　(C)經濟　(D)以上皆是。

(　　) 11. 機油對金屬表面上附著性稱為　(A)黏度　(B)油性　(C)抗泡沫性 (D)抗腐蝕性。

(　　) 12. SAE 之號數愈大，表示機油之黏度愈　(A)大　(B)小　(C)無關。

(　　) 13. 車用柴油引擎用潤滑油依 API 服務等級分類最好使用　(A)CA 級 (B)SA 級　(C)SF 級　(D)CD 級。

(　　) 14. 油精可視為乾潤滑劑，其成分主要為　(A)二硫化鉬　(B)氧化矽 (C)二硫化鋇　(D)碳化矽。

(　　) 15. 適用於汽車片狀彈簧之潤滑脂為　(A)鈣皂基　(B)鈉皂基　(C)鋁皂基　(D)石墨　潤滑油脂。

(　　) 16. 滴點是指潤滑脂加熱熔融滴下的　(A)溫度　(B)時間　(C)壓力 (D)體積。

(　　) 17. 下列何者為煞車油的成分？　(A)丁醇　(B)蓖麻油　(C)乙二醇 (D)以上皆是。

(　　) 18. 液化石油氣的比重　(A)比空氣輕　(B)比空氣重　(C)比水重 (D)以上皆非。

(　　) 19. 純液化石油氣　(A)無毒　(B)無色　(C)無味　(D)以上皆是。

(　　) 20. 液化石油氣的主要成分有　(A)丙烷　(B)丁烷　(C)丁二烯　(D)以上皆是。

二、問答題

1. 燃料油之精煉方法有那些？簡述之。
2. 汽油之辛烷值號數如何測定？
3. 柴油之著火性如何表示？
4. 柴油之黏度如何測定？
5. 試述液化石油氣有那些特性。
6. 簡述引擎機油之分類。

第 8 章

汽車塗料

汽車科技的日新月異，汽車製造工廠所使用的塗料也一再的脫胎換骨，汽車塗裝如同穿上光鮮亮麗的外衣，以吸引車主的眼光，如圖 8-1 所示。

圖 8-1　新車的塗裝光炫奪目

汽車塗料與塗裝工業的發展背景如表 8-1 所示。

表 8-1　塗料的發展

1910 年代	天然物質塗料
1924 年代	硝化綿噴漆
1938 年代	合成噴磁漆
1955 年代	醇酸樹脂
1960 年代	壓克力型噴漆 熱硬化型美耐敏烤漆 熱硬化型壓克力、尿素烤漆 熱硬化型壓克力、美耐敏烤漆 防銹靜電塗裝開發
1970 年代	粉體塗裝 雙層烤漆（色漆層、金油層） 美耐敏烤漆 熱硬化型壓克力烤漆 高膜厚型塗料登場 高級靜電塗料開發
1980 年代	高膜厚型塗料時代 高膜厚型熱硬化壓克力烤漆 塑膠零件塗料 金油層單獨使用 二層塗裝三層塗裝 氟素美耐敏塗料開發 防銹處理強化應用

目前塗料的發展傾向研究開發如水溶性塗料，粉體塗裝和聚氨基甲酸乙脂，以求得更高的膜厚、更低的溶劑或稀釋液的使用量，以達到環境保護的要求與降低成本的壓力。

8-1 塗　料

所謂塗料是指某種物質以流動狀態使其擴散，被覆於物體表面而形成薄層狀，隨著時間的經過而固化形成預期性能的薄膜，而這層連續於物體表面的塗膜有以下的功能：

1. **保護作用**：汽車結構體的主要材質大部分是鋼板，鋼板會與空氣中的氧氣和水汽結合，產生氧化作用而生銹，所以塗裝能防止銹的產生，此外因著鋼板上被覆塗膜，具有防濕、防腐蝕、耐油、耐藥品性及廢氣等的破壞，延長被塗物的壽命。
2. **美觀作用**：車體之形狀及角度很多，經過塗裝能使被塗物平滑、具有光澤，襯托出立體感及顏色美感。
3. **價值作用**：因塗裝所產生的美感增加汽車的價值感。
4. **辨識作用**：塗裝的顏色能給予車輛分辨出其用途，如黃色的計程車、白色的救護車、紅色的消防車等。
5. **特殊用途**：如絕緣、導電、示溫、殺菌等。

塗料擴散於物體表面是謂塗裝，塗裝後塗料的薄層固化過程叫做乾燥，乾燥後的連續薄膜便是塗膜。如圖 8-2 所示。

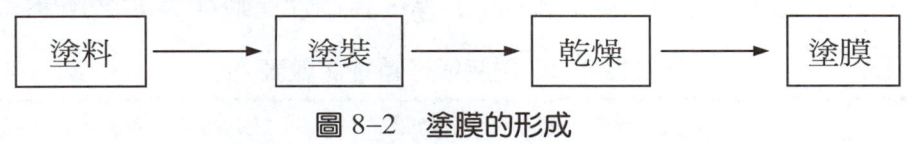

塗料 → 塗裝 → 乾燥 → 塗膜

圖 8-2　塗膜的形成

8-2 塗料之成分

塗料通常由樹脂（Resin）、顏料（Pigment）、添加劑（Additive）、溶劑（Solvent）、所組成，混合作成液狀的流體，使用時再以稀釋液（Thinner）稀釋後塗佈於車身表面上。

一、樹　脂（Resin）

樹脂為塗料的主要成分，樹脂賦予塗膜附著、光澤與硬度的功能，是由許多有機高分子複合物互相溶和而成的混合物，可以是固體，也可以是高黏度的膠狀體，是決定塗料品質良窳的關鍵。樹脂的種類概分為油性系、天然樹脂、加工原料、合成樹脂。

1. 油性系

一般塗料中所用的油性系，差不多都是植物油中的乾性油或半乾性油範圍，如大豆油、亞麻仁油、桐油等，至於動物油因不易乾燥一般都不使用，目前的車輛塗料幾乎已不使用油性原料所製成的塗料。

2. 天然樹脂

主要由植物或礦物所分泌或析出而得之物質如松香、瀝青與虫膠等，現在仍有極少部分用作車輛塗料。

3. 加工原料

將天然產原料加工處理，賦予化學結構變化，而得到高度性能之物質，如硝化纖維、氯化橡膠、多元脂樹脂等。

4. 合成樹脂

是將各種不同的化學原料，經由化學反應合成而得之較大分子量的有機化合物，目前車輛多使用此種原料；合成樹脂可分為基劑樹脂、硬化樹脂、補助樹脂三類。

(1) 基劑樹脂又可分為
　　a. 醇酸樹脂（Alkyd Resin）
　　b. 壓克力樹脂（Acrylic Resin）
　　c. 聚脂樹脂（Polyester Resin）
　　d. 環氧樹脂（Epoxy Resin）等，其特性比較如表 8-2 所示。

表 8-2　樹脂成分特性比較表

	硬度	起始光澤	韌性	耐候性	耐碎粒撞擊性
醇酸樹脂	佳	較佳	較佳	普通	普通
壓克力樹脂	較佳	佳	佳	較佳	較佳
聚脂樹脂	佳	較佳	較佳	較佳	較佳
環氧樹脂	佳	佳	較佳	較佳	較佳

(2) 硬化樹脂又可分為
　　a. 三聚氰胺樹脂（Melamine Resin）
　　b. 異氰酸樹脂（Isocyanate Resin）

(3) 補助樹脂又可分為
　　a. 醋酪酸纖維素 CAB（Cellulose Acetate Butyrate）
　　b. 硝化纖維素 NC（Nitro Cellulose）

二、添加劑（Additive）

雖然添加劑於塗料中的比率非常少，但添加劑對塗料的物理性與化學性卻是大有影響，大部分的塗料都含有添加劑，其主要成分為以矽為主的高分子化合物，主要是防止塗料及塗膜的缺陷，並能降低塗料的表面張力，使流動表面平坦；或克服塗料油點，耐紫外線等功能。添加劑的種類如表 8-3 所示。

表 8-3　各種添加劑

硬化劑	消泡劑	防透色劑
防氧化劑	防結皮劑	催化劑
防蝕劑	乾燥劑	消光劑
表面平坦調整劑	顏料濕潤分散劑	可塑劑
安定劑增加劑	表面活性劑	懸浮劑
增黏劑	紫外線防止劑	防腐劑

三、溶　劑（Solvent）

所謂溶劑是指能溶解液態樹脂能力的揮發性液體，溶劑於乾燥形成塗膜後不存在於塗膜之中，為塗料的揮發部分，溶劑的功能為溶解及稀釋樹脂，增加塗料的儲存穩定性。溶劑大部分由原油提煉，它們能溶解樹脂，使顏料與樹脂易於混合之溶液。溶劑通常可分為三種，真溶劑（Active Solvent）、助溶劑（Latent Slovent）及稀釋劑（Dilute Solvent），使用時也是視需求而依不同比例混合。溶劑具有稀釋與溶解的功能，加入溶劑使塗料的分子結構膨脹的叫稀釋力，使塗料的分子鏈結被打斷破壞的叫溶解力。

(1) 真溶劑主要成分為脂、酮、醚類，具有溶解力及稀釋力，價格較貴。
(2) 助溶劑主要成分為醇類具有稀釋力。
(3) 稀釋劑俗稱（Thinner）主要成分為芳香族類，具有稀釋力，一般市面之香蕉水即為甲苯及二甲苯之混合液。

四、顏　料（Pigment）

顏料大部分由化學反應及金屬、礦石加工研磨而得，它們能使塗料具有遮蔽力及賦予色彩功能，並能增進塗料的強度、附著性、填充性與防銹效果，也能夠改變塗料的光澤度與施工作業的性能。汽車所使用的顏料分為有機（Organic）顏

料與無機（Inorganic）顏料等，視需求而按比例混合在一起使用。

　　有機顏料主要是將不溶於水的染料製成金屬化合物使用，或是直接使用不溶於水的染料作顏料，有機顏料分子粉粒較小、容易混合，大部分使用於銀粉面漆（Metalie Color）、珍珠色面漆（Pearl Color）以及具鮮豔感的素色面漆之用。

　　無機顏料分子粉粒較大，主要為金屬的化合物，如鋅（Zn）、鈦（Ti）、鉛（Pb）、銅（Cu）、鐵（Fe）、鉻（Cr）等，無機顏料一般較多作為底漆與素色（Solid Color）面漆之用。有機顏料與無機顏料的比較如表 8-4 所示。

表 8-4　有機顏料與無機顏料的比較表

分　類	鮮豔度	耐光性	耐熱性	耐溶劑性	遮蔽力	比重
有機顏料	高	小	小	小	小	小
無機顏料	低	大	大	大	大	大

　　顏料依其用途分類為著色顏料、體質顏料與防銹顏料，如表 8-5 所示。

表 8-5　顏料的分類

分　類	功　用		成　分
著色顏料	白色	無機	氧化鈦、氧化矽、碳酸鈣、硫酸鋇
	黑色	無機	碳黑、鉛黑、石墨、松煙等
		有機	苯胺黑、磺化苯、胺黑等
	紅色	無機	氧化鐵紅、金目紅、銻紅等
		有機	甲苯胺紅、藍光性淀性紅等
	黃色	無機	鉛鉻黃、鍶黃、銻黃等
		有機	聯苯胺黃、槐黃
	藍色	無機	群青、鈷藍等
		有機	孔雀藍、鈷靚藍等
	綠色	無機	鉻綠、鈷綠、鋅綠等
		有機	亮綠、維多力綠、孔雀石綠等
防銹顏料	物理性防銹		氧化鐵紅、氧化鋅、鹼性酸、鉛
	化學活性防銹		紅丹、鋅鉻黃、鉛酸、鈣、鹼性鉛鉻黃
體質顏料	鹼土金屬鹽		硫酸鋇、巫晶石、碳酸鈣、硫酸鈣
	矽酸鹽		滑石粉、磁土、雲母粉、石英粉
	鋁、鎂化合物		碳酸鎂、氧化鎂、氫氧化鋁

8-3　塗料的分類

塗料依乾燥方式可區分之種類為

1. 烤　漆

烤漆使用烘烤的方式來乾燥，可分為低溫（80～100℃）烤漆、中溫（130～160℃）烤漆、高溫（160～200℃）烤漆。

2. 噴　漆

噴漆是採用自然乾燥法。

3. 紫外線架橋法（Ultraviolet　UV curing）

利用紫外線照射使塗膜加速硬化，縮短乾燥的時間。

塗料依作業方式分類可分為生產線使用的塗料及修補廠使用之塗料。

一、生產線使用的塗料

車輛的生產線所使用的塗料性能要求極為嚴格，除了顏色與光澤的特性以外，也必須具有長時間的附著性與優越的耐水耐藥品性的塗膜，新車生產線代表性的塗裝法是3C3B，即噴塗（Coating）3次、烘烤（Bake）3次，如圖8-3所示，為了加強小客車防銹能力，以及得到更具鮮豔感與耐候性而發展出 4C4B，噴塗（Coating）4次、烘烤（Bake）4次，如圖8-4所示。

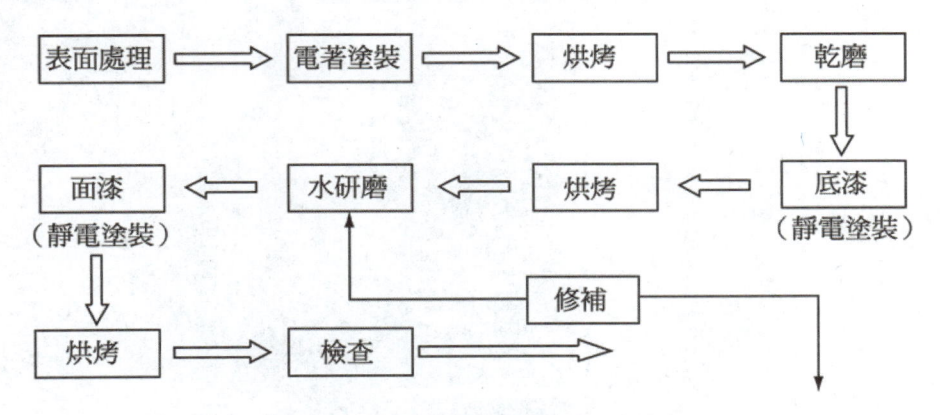

圖 8-3　3C3B 新車的塗裝工程

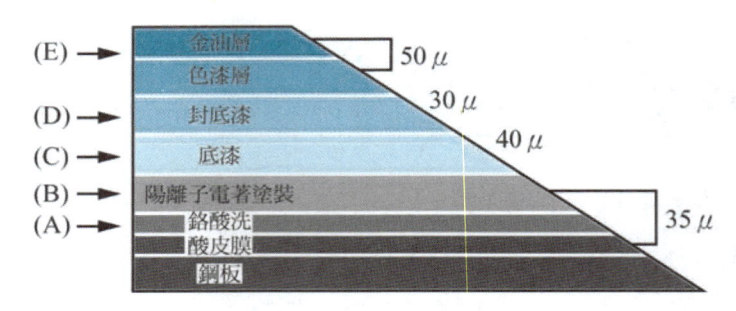

圖 8-4　最新式的 4C4B 新車的塗裝工程

1. 電著防銹底漆（Electric Deposit Paint）簡稱 ED 塗料

車體鋼板經過水洗、脫脂、磷酸皮膜劑（$Fe(PO_4)_2$）處理，生成細密結晶的皮膜後再水洗烘乾，將盛有熱硬化型電著用水溶性防銹底漆塗料的 ED 槽，通以 200～300 伏特電壓的陽極或陰極直流電流，車體通以相反的電極，如圖 8-5 所示，以電氣化學的方法通電 3 到 5 分鐘而形成塗膜後，再以 150 至 170℃溫度之雨水洗後強制烘乾 25～35 分鐘而形成膜厚 15 到 30 微米的防銹塗膜，這種塗裝法稱為電著塗裝或稱電泳塗裝。

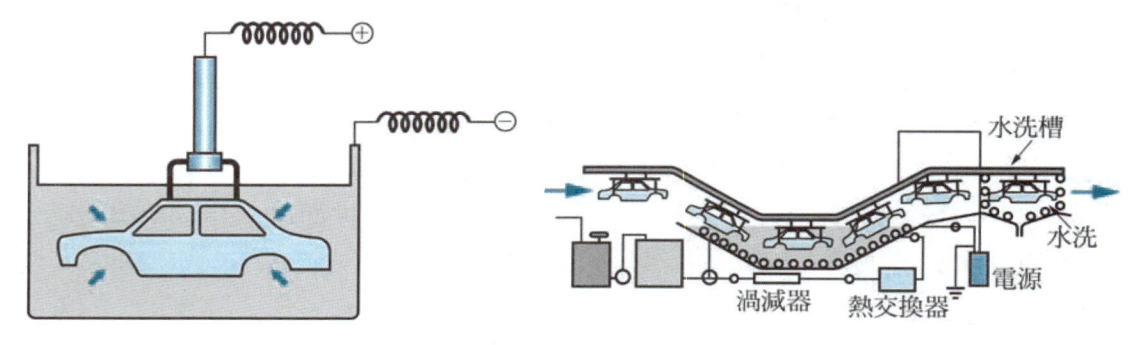

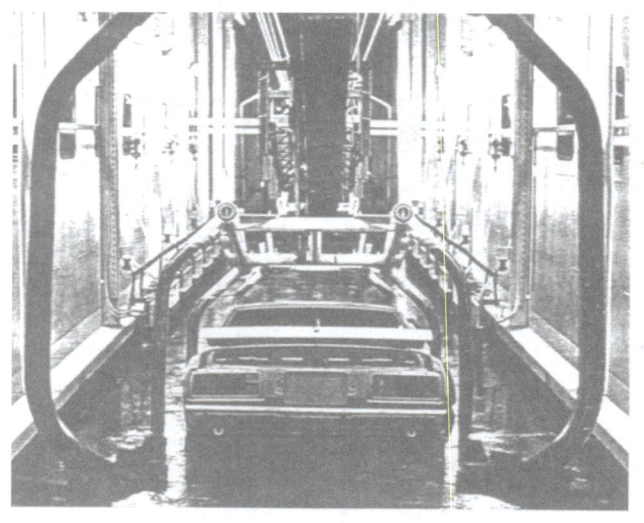

圖 8-5　電著塗裝

生產線幾乎都使用防銹效果極佳的陽離子電著塗裝，車體通以陰極，塗料通以陽極，陽離子電著塗裝的優點如下：
(1) 可使塗裝工程自動化，增加生產性。
(2) 任何複雜的形狀，也可以得到均勻的塗膜。
(3) 塗裝效率高，塗料損失少，具有經濟性。
(4) 膜厚可由通電時間及電壓大小作控制調整。
(5) 由於是水溶性，沒有火災之慮也較衛生。
(6) 污染較少。

然而其亦有下列缺點：
(1) 硬體成本負擔壓力大。
(2) 塗料樹脂的設計較困難較嚴格。
(3) 需要較高的烘烤溫度。

2. 熱硬化型平整底漆

防銹底漆工程完成之後，一般是以自動靜電塗裝的方式進行平整底漆的塗裝工作，平整底漆的任務有以下幾點：
(1) 使新車塗膜更具有厚度感。
(2) 防止吸收面漆的塗料而顯現塗膜的光澤度與鮮豔度。
(3) 可以加以研磨除去車身表面的缺陷，使面漆更加平滑。
(4) 使塗膜更具耐久性與耐水性。

熱硬化型平整底漆所使用的樹脂大多為環氧變性氨基醇酸樹脂，塗裝後以130~140℃、25~30 分鐘進行烘烤，其所得膜厚約 30 到 40 微米，乾燥後以機器雙向加水研磨為主，以手工濕磨為輔而得到平滑面，並使之與面漆更具附著力，而 4C4B 塗裝法是在這個工程水洗烘乾後，再另外塗裝一層灰色或芥子色的封底漆，以前述的溫度以及時間烘乾後，得到約 30 微米膜厚的封底漆塗膜，它主要的目的有：
(1) 提高面漆的鮮豔度。
(2) 使面漆的塗裝作業性更加容易。
(3) 可幫助增進面漆的遮蔽力。
(4) 對於如珍珠色面漆等的鮮明色的塗裝作業較為有利。

3. 面　塗

面塗是塗裝工程最後的一環，除了賦予亮麗迷人的色彩及外觀以外，也必須兼具耐候性與防蝕性的種種嚴苛條件的要求，面塗使用熱硬化型塗料，在生產線上大都以機械手臂作業，分兩、三次進行，並讓每道塗層有自然乾燥時間，以防止針孔、氣泡與垂流的發生，當塗裝完成後則進入靜置室，讓塗膜內的溶劑揮發，以免溶劑陷於塗膜造成針孔、氣泡與失去光澤的現象，經過靜置時間

之後送進所謂的黑區以紅外線加熱使塗膜不沾灰塵,再進入熱風爐中以 140℃ 左右強制乾燥約三十分鐘,而得到 30 微米到 50 微米的乾燥塗膜,然後檢查塗膜表面有無髒物、垂流、橘子皮的小瑕疵,如有則加以研磨拋光,嚴重者則重新濕磨再重新塗裝面漆。

最新型面漆的塗膜依外觀分為素色漆、銀粉漆、珍珠色面漆與特殊效果色面漆四類,說明如下:

(1) 素色漆(Solid Color):素色漆是指光線照射進入其塗膜時,直接反射顏料的顏色,使其如同照鏡子一樣從各種角度觀察,都不會有所改變。

(2) 銀粉漆(Metalic Color):銀粉漆塗膜內除了顏料之外,還有精製的鋁粉片,鋁粉片的尺寸從 10 微米到 40 微米不等,其形狀大小的不同,也會造成塗膜閃爍程度的變化,當光線照射進入塗膜時,每片鋁粉片就像小鏡子一樣反射如圖 8-6 所示,而使塗膜有金屬閃爍光輝的塗面效果。

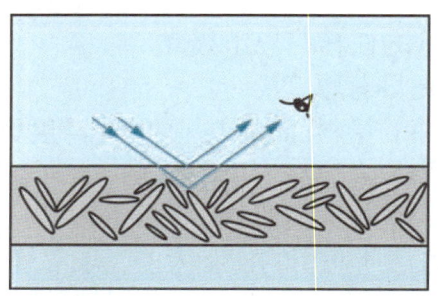

圖 8-6　銀粉漆的特性

(3) 珍珠色面漆(Peral Color):在雲母片表面上處理一層二氧化鈦(TiO_2),依處理厚度不同而得不同顏色的雲母片,再以氧化鐵(Fe_2O_3)顏料處理,而形成所謂的干擾型珍珠色雲母或吸收型珍珠色雲母,珍珠色雲母片的尺寸有細目、中目、粗目等尺寸大小之別,而且其表面處理的厚度,以及其底層塗料的顏色,都會影響到其塗裝後的顏色變化;由於珍珠色雲母片本身是半透明性,光線投射進入塗膜,部分光線反射雲母顆粒,另外一部分光線反射色漆而似珍珠般高鮮豔的效果,如圖 8-7 所示。

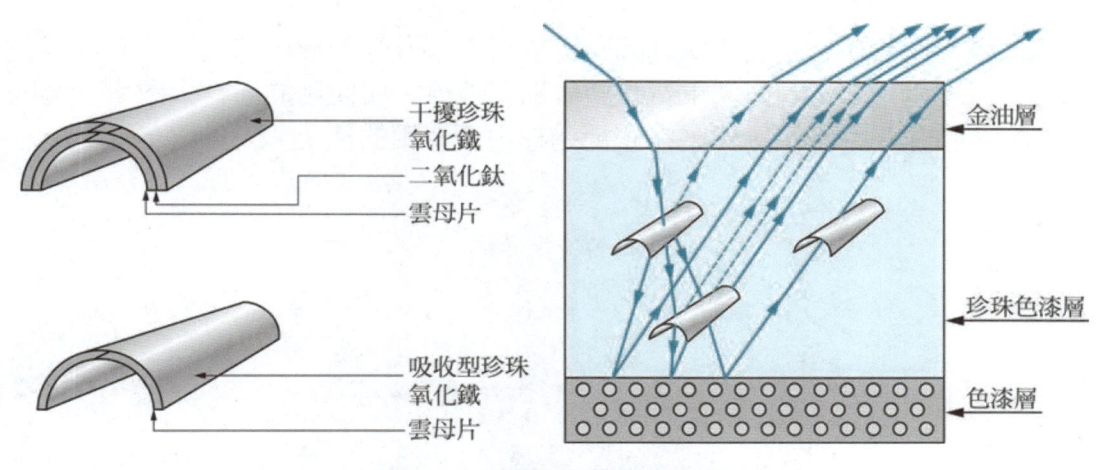

圖 8-7　珍珠色面漆的效果

(4) 特殊效果色面漆：以較高厚度的六角形結晶體氧化鐵顏料，添加於珍珠色面漆內，再噴塗上二層透明金油，由於六角形結晶體氧化鐵顏料表面非常平滑，具有強力的反射光線能力，其厚度相當於傳統銀粉片的十倍，因此能得到立體感，以及類似鑽石般的強力閃爍光輝效果；另一種特殊效果為將微粒化二氧化鈦顏料加於傳統的銀粉漆內，再塗裝一層透明金油，而得到類似寶石效果的塗膜，微粒化二氧化鈦顏料的顆粒非常的小，又具半透明性，其特有的光學特性從正面觀察其塗膜時帶有黃色的味道，從側面看時則帶有藍色的味道，如同寶石的光彩及俗稱變色龍的效果如圖 8-8 所示。

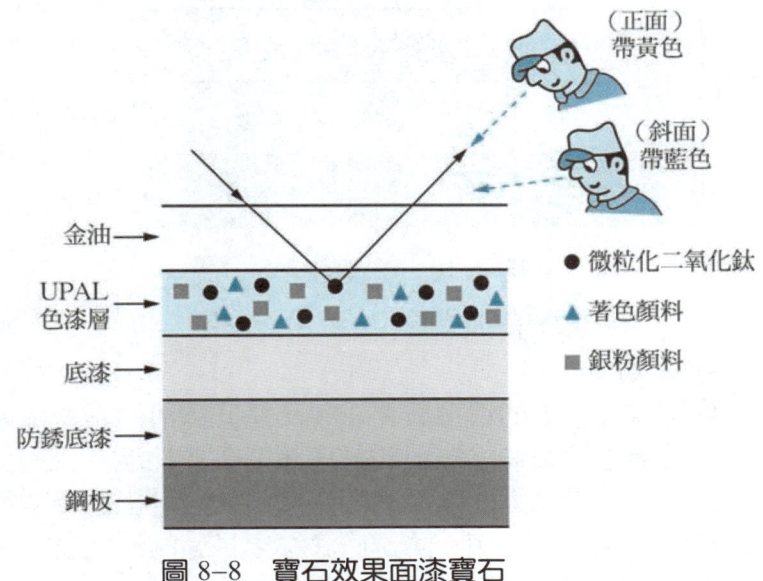

圖 8-8　寶石效果面漆寶石

二、修補使用的塗料

修補廠的作業在於原汽車塗膜因碰撞或日曬雨淋等情形，造成塗膜剝落或失去原有的色彩與光澤，因此需重新鈑金修補與噴塗，所使用的塗料大致可分為底漆、面漆，如圖 8-9 所示，另外在修補過程中所使用的補土。

圖 8-9　修補廠使用的塗料

1. 底漆類（Under Coat）

底漆就像三明治中間那一部分，它能將兩片土司附和在一起，如圖 8-10 所示，底下那片素材可能是金屬或塑膠，底漆使素材表面平滑，並作為面漆的基礎，上面那片就是面漆，是車主可以看到得的有色塗膜，選擇正確的底漆是完美的、耐久的面漆的重要基礎，如果底漆選用錯誤則會導致面漆外觀不良，甚至可能有龜裂或塗膜脫落等等的毛病。

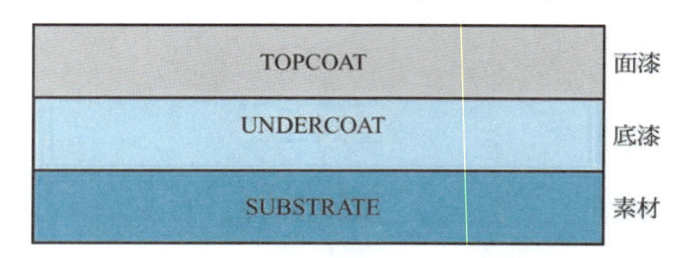

TOPCOAT	面漆
UNDERCOAT	底漆
SUBSTRATE	素材

圖 8-10　塗膜的組織

底漆依其功能概分為下列四種
(1) 防銹底漆（Primer）

依照塗裝作業的情況與要求，防銹底漆可能是底漆系統最後的塗層，也可能是第一個塗層，防銹底漆的主要功能在於提供素材表面附著與防銹的基礎，因此防銹底漆在塗料的設計上避免噴塗多道，以避免日後漆膜脫落之毛病。防銹底漆必須具備的性能為
a. 必須能防止氧化、腐蝕。
b. 必須與金屬附著良好。

c. 與上塗的塗料有良好的密著性。
d. 乾燥迅速、施工容易。

表 8-6 為各種不同防銹底漆與功能

表 8-6　防銹底漆的種類與功能

名　　　稱	功　　　能
油性防銹底漆 （Oil Primer）	又稱油性紅底漆，以乾性或半乾性油之醇酸樹脂為主成分，乾燥速度較慢，常用於大型車輛。
環氧防銹底漆 （Epoxy Primer）	主成分為環氧樹脂，通常為二液型，即需添加硬化劑，乾燥較慢，使用於油罐車或巴士或小客車。
鉻酸鋅防銹噴磁底漆 （Linc Chkomate Primer）	為鉻酸鋅與醇酸樹脂之成分，乾燥速度較慢，主要使用於大型車或巴士。
伐銹底漆 （Nash Primer）	主劑為聚乙烯系樹脂與鉻酸鋅的成分，硬化劑為添加磷酸的混合體，對鋁質金屬有良好的附著力，通用於各型車輛的金屬表面防銹之用。
硝化棉拉卡防銹底漆 （Lacquer Primer）	主成分為硝化棉，乾燥速度極快，但防銹效果與附著力稍差，較少使用。

(2) 平整底漆（Surfacer）

又稱中塗漆，主要用於填平舊漆、防銹底漆或補土的砂紙痕，及表面較輕微的傷痕，但一方面由於防銹平整底漆的出現與普遍化，另一方面平整底漆的附著力較差，所以已漸漸少用。

(3) 防銹平整底漆（Primer Surfacer）

防銹平整底漆是防銹底漆與平整底漆的複合物，為汽車服務廠塗裝部門大量使用之塗料，如圖 8-11 所示，優良的防銹平整底漆必須具備六大功能：

a. 附著性：能作為金屬或舊漆與面漆之間的強力黏著體。
b. 防銹、防蝕性：要具有防止附著性的喪失與金屬的分解氧化的危險。
c. 隔離性：能夠防止面漆吸陷，而造成面漆塗膜光澤低落。
d. 易磨性：能夠很順暢的研磨，立即得到平滑的表面，以便節省作業時間。
e. 高膜厚性：能有必需的膜厚，以填充、埋平研磨砂紙痕或細微傷痕。
f. 快乾性：能讓塗裝者立即進行研磨作業，而節省時間。

圖 8-11　防銹處理

防銹平整底漆的種類與功能如表 8-7 所示。

表 8-7　防銹平整底漆的種類與功能

種　　類	功　　能
硝化棉拉卡防銹平整底漆	為最廣泛使用之防銹平整底漆，通常使用在局部小修補，以硝化棉、醇酸樹脂為主成分，乾燥迅速、成本低，但附著性稍差，不能塗裝於鋁材或塑膠零件上。
壓克力型防銹平整底漆	以壓克力樹脂為主成分，乾燥迅速，較具耐水性，附著性較好，可以塗裝於鋁材、鋼板或塑膠零件上。
醇酸樹脂系防銹平整底漆	又稱油性防銹平整底漆或防銹平整噴磁底漆，成本低、乾燥速度慢，因此只用於商業大型車輛。
壓克力氨基甲酸乙脂防銹平整底漆	俗稱二度底或冷烤度，使用前依比例添加硬化劑，為非常優良的二液型防銹平整底漆，雖然乾燥時間稍慢，但由於性能極佳，因之國內使用量極大。

(4) 封底漆（Sealer）

封底漆又稱隔離漆，大部分為免磨型，能夠提供下述三種基本功能：

a. 增加舊塗膜與鋼板之間的附著力。

b. 提供均勻的顏色背景，使面漆更容易塗裝，保持鮮豔亮麗。

c. 提供隔離效果，使用面漆的溶劑不會滲入底漆內，而造成砂紙紋膨脹或塗膜下陷，使面漆塗膜更加完整。

通常封底漆都使用在防銹底漆、防銹平整底漆，或研磨過的舊漆之上、面漆之下有時必須封底漆，如圖 8-12 所示。封底漆的種類與性能如表 8-8 所示。

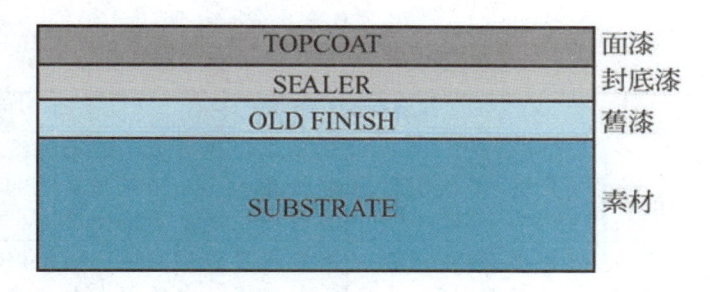

図 8-12　封底漆的使用

表 8-8　封底漆的種類與性能

名　　稱	性　　能
壓克力型封底漆 （Acrylic Sealer）	可使用於任何底漆或舊漆之上，提供隔離效果，乾燥速度快，於 20℃ 時，15-30 分鐘即可直接噴塗任何類型面漆塗料。
二液型環氧樹脂封底漆 （Epoxy Sealer）	為高度隔離效果之二液型封底漆，塗裝於熱可塑性塗料上時，必須烘烤後才能噴塗面漆，塗裝於熱硬化性塗料上時，則 20～30 分鐘即可噴塗面漆，可噴塗任何類型面漆塗料。

2. 面　漆（Top Coat）

面漆是塗裝過程中最後呈現的結果，有完美平滑的底漆作業，才可有完美亮麗的面漆結果，經過精確的配色能有和原廠新漆一樣的塗膜結構；汽車服務廠所使用的面漆塗料分為一液型與二液型兩種，其施工法如圖 8-13 所示。

素色／銀粉漆單層做法（一遍做法）

素色／銀粉／珍珠色漆雙層做法（二遍做法）
第一層的色漆多為聚酯樹脂塗料

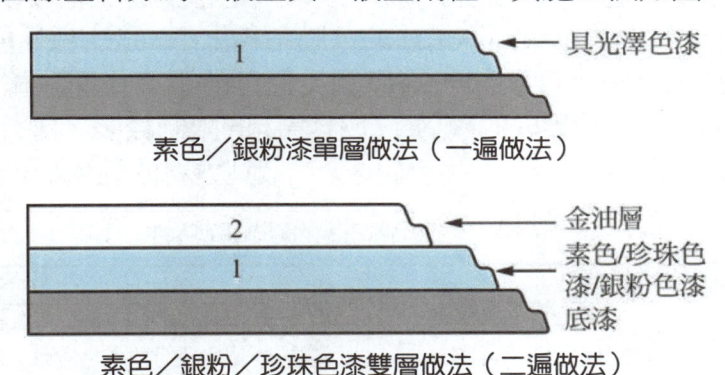

圖 8-13　汽車服務廠修補用面漆常用塗裝方法

(1) 一液型塗料（One Component Paint 或 1K Paint）

大都為熱可塑性塗料，硬度與耐溶劑性遠遜於二液型塗料，因為不加硬化劑所以通稱為一液型塗料，表 8-9 為一液型塗料的種類與特性。

表 8-9　一液型面漆的種類與特性

種　　類	成　　分	特　　性
硝化棉拉卡 （Nitrocellulose Lacquer）	硝化棉＋醇酸樹脂	俗稱硝化棉噴漆，但由於塗膜厚度不良，耐候性差，而且拋光作業遠遜於它種塗料，因之國內已幾乎不再使用。
高膜厚拉卡 （High Solid Lacquer）	硝化棉＋醇酸樹脂＋三聚氰胺樹脂	塗膜厚度與耐候性比硝化棉拉卡好，但乾燥時間較慢，由於壓克力型塗料的出現，已經不再使用於車輛的塗裝作業上。
硝化棉變性壓克力拉卡 （N.C. Acrylic Lacquer）	硝化棉＋壓克力樹脂	硝化棉併用壓克力樹脂，用以改善銀粉漆的鮮豔度以及光澤性與耐候性，乾燥迅速但抗化學性不良，成本遠低於二液型塗料，為中下級車輛修補塗料的主流。
CAB 壓克力拉卡 （CAB Acrylic Lacquer）	CAB＋壓克力樹脂	主要為醋鉻酸纖維素（Cellulose Acetyl Butyl）簡稱 CAB，與壓克力樹脂的混合體，對銀粉漆的光澤保持性良好，可以得到高鮮豔度的色彩，但作業性耐汽油性與附著性稍差，同為中下級車輛修補塗料的主流。
醇酸樹脂噴磁漆 （Alkyd Enamel）	醇酸樹脂	低成本空氣乾燥型塗料，乾燥速度緩慢，光澤良好但耐溶劑性稍差。

(2) 二液型塗料（Two Component Enamel 或 2K Enamel）

俗稱冷烤或二液型常溫烤漆，主劑必須添加硬化劑才能乾燥，硬化劑所使用的成分大都是異氰酸鹽系，而產生架橋化學反應，乾燥後塗膜硬度高，耐久性、物理性與新車廠高溫烤漆的塗膜不相上下，是一種性能優異的塗料，成為國內汽車服務廠塗裝部門的最愛，是目前小客車面漆塗料最高級的一種，然而由於異氰酸鹽成的關係，工作場所的限制較多，國外已經開發有不含氰酸鹽的硬化劑，日後將引進國內，二液型塗料的種類如表 8-10 所示。

表 8-10　二液型面漆的種類與特性

種　　類	成　　分	特　　性
快乾型壓克力氨基甲酸乙脂塗料 （Acrylic Urethane）	CAB＋壓克力樹脂＋異氰酸鹽	以壓克力樹脂為主，加入異氰酸鹽的硬化劑，以壓克力拉卡更具耐汽油性，光澤保持性及耐久性良好，使用前大都以重量為單位，為主劑或硬化劑混合後使用。
壓克力氨基甲酸乙脂塗料	壓克力樹脂＋異氰酸鹽	性能非常類似新車製造廠高溫烘烤塗料，塗膜性能優異，但乾燥速度慢，是所有二液型烤漆用量最多的汽車修補塗料。
聚尿酯樹脂塗料 （Poly Urethane）	聚尿酯樹脂＋異氰酸鹽	又稱優麗旦或聚氨基甲酸乙脂塗料，具強力抗候、抗化學性，塗膜性能優良，光澤保持性極佳，使用在小型飛機、遊艇、油罐車、大卡車、拖車等重要耐久場合。

3. 其他補助材料

使用於汽車服務廠，除塗料外，仍有一些補助性的重要材料，如表 8–11 所示。

表 8–11　汽車修補用塗料的其他材料

名　稱	性　　　　能
金屬處理劑	又稱磷酸皮膜劑，能賦予金屬表面防蝕性，使金屬與塗料之間密著性更好，可以使用於鋼板、鋅板、鋁板、銅材等合金金屬，具有良好的防銹效果。
塗料剝離劑	以鹽基性碳化氫為主成分，再添加容易刷塗的增黏劑，使用時必須作好身體安全防護措施，作業完成後一定要以大量清水沖洗金屬表面，以免造成新塗膜起痱子等的缺陷。
表面清潔劑	俗稱去脂劑或脫脂劑，主要目的在去除舊膜或鋼板表面油溶性污物，如焦油、機油、矽、蠟物質等，是塗裝作業施工前第一階段使用的物品。
魚眼防止劑	為防止面漆塗裝作業時，類似火山口的魚眼現象，為一種溶解力低的混合劑，用於施工過程中的清潔工作。
清潔溶劑	使用於施工進行中清除各種污物之用，如研磨過後的粉塵，打過粗蠟過後的油脂等。
彈性添加劑	使塗料具有某種彈性的多元酯樹脂，可噴塗於保險桿、塑膠玻璃強化纖維車身及擾流板上。
皮質漆	為乙烯型塗料，通常為一液型，用於車內裝的修補用塗料，附著性極為良好。
底盤漆	作為車輛底盤用防銹塗料，成本低廉。
防石漆	品質設計上比底盤漆美觀，專為防止車身下方小石子撞擊而發生傷痕的塗料，具有優異的耐撞擊性、附著性與彈力性，通常是深灰色，塗膜厚度約達 100～200 微米。

三、補　土

補土是整形整平，具讓防銹平整底漆附著為目的之底層塗料，因塗料內的顏料成分多，所以填補性佳及研磨容易，用於彌補防銹平整底漆無法充填的被塗物損壞處，如圖 8–14、8–15 所示。

圖 8–14　舊塗膜研磨後鋼板裸露

圖 8–15　補土後之車體

補土一般分類為鈑金補土、不飽和聚脂補土（俗稱保麗補土或塑膠補土）、硝化棉補土（或稱拉卡補土），其可補之膜厚度如表 8–12 所示。

表 8–12　不同種類補土之膜厚度

	鈑金補土	不飽和聚脂補土	硝化棉補土
一次能補的厚度	100mm	3mm	0.15mm
總厚度	10～30mm	5mm	0.15mm

1. 鈑金補土

鈑金補土主要是在鈑金工程中，修正鋼板的凹陷處，使用時添加 1–3% 硬化劑澈底攪拌，稱為二液型補土，也稱為 body filler、plastic filler，稍有柔軟性，較能厚補，有極佳的填補功能，快乾，易於施工，但必須在 5～10 分鐘用完。

鈑金補土的施工範圍如圖 8–16 所示。

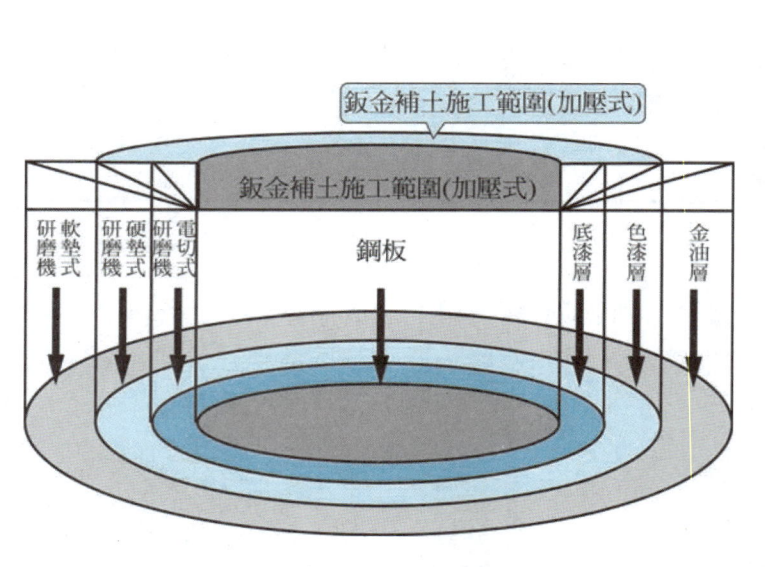

圖 8–16　鈑金補土的施工範圍

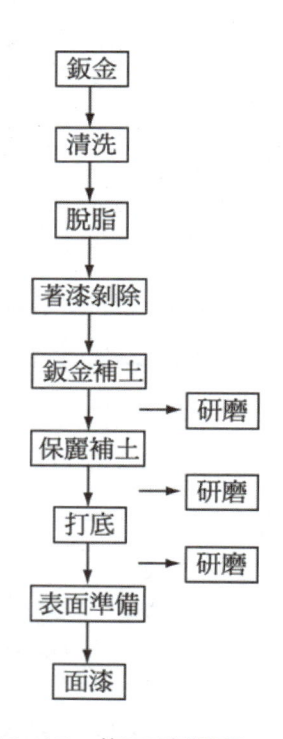

圖 8–17　施工流程圖

2. 不飽和聚脂補土

　　主要是為了將鈑金補土研磨後的砂紙痕及砂孔填補，沒有鈑金補土的柔軟度，且不能厚補，但補土的施工性、研磨性較好。

3. 硝化棉補土

　　具速乾性，目的在於填補不飽和聚脂補土研磨後小砂孔，屬於自然乾燥型態，不能厚補。

　　補土的施工流程如圖 8-17 所示。

一、選擇題

( ) 1. 下列何者為塗膜的功能？　(A)保護　(B)美觀　(C)辨識　(D)以上皆是。

( ) 2. 塗料的主要成分為　(A)樹脂　(B)顏料　(C)添加劑　(D)溶劑。

( ) 3. 下列何者為有機顏料？　(A)碳黑　(B)鍶黃　(C)孔雀藍　(D)鉻綠。

( ) 4. 低溫烤漆的溫度範圍為　(A)50～60℃　(B)80～100℃　(C)130～160℃　(D)160～200℃。

( ) 5. 所謂陽離子電著塗裝是指　(A)車體通陰極、塗料通陽極　(B)車體通陽極、塗料通陰極　(C)車體、塗料通陽極　(D)車體、塗料通陰極。

( ) 6. 銀粉漆是指塗膜內有　(A)銀粉　(B)鋁粉　(C)鉛粉　(D)鉑粉。

( ) 7. 汽車修補廠使用最多的面漆塗料為　(A)硝化棉拉卡　(B)醇酸樹脂噴磁漆　(C)聚尿酯樹脂　(D)壓克力氨基甲酸乙脂。

( ) 8. 補土膜厚最厚者為　(A)鈑金補土　(B)不飽和聚脂補土　(C)硝化棉補土　(D)塑膠補土。

二、問答題

1. 試述塗料的功能。
2. 試述塗料的成分與功用。
3. 何謂 4C4B？
4. 試述修補底漆的功能與種類。

第 9 章

各種墊床材料

隨著汽車工程技術的發展，墊片廣泛的運用於汽車上各接合組件之間的密封，如汽缸墊床它必須承受燃燒室的高壓高溫，並讓機油及冷卻液通過墊床本身；有些雙金屬引擎，汽缸體使用鑄鐵材料，而汽缸蓋使用鋁合金，因著膨脹係數不同，汽缸墊床兩面還必須承受擠壓摩擦，故採用高品質性能之墊床材料相當重要；其他如搖臂室蓋、油底殼、進排氣歧管等與汽缸體接合處，都必須使用墊片，以保持密封、防止漏油、漏氣，圖 9-1 為各式墊圈；墊床之材料視工作情況不同，而選用適當的材料，或採用兩種以上材料組合使用，分述如下。

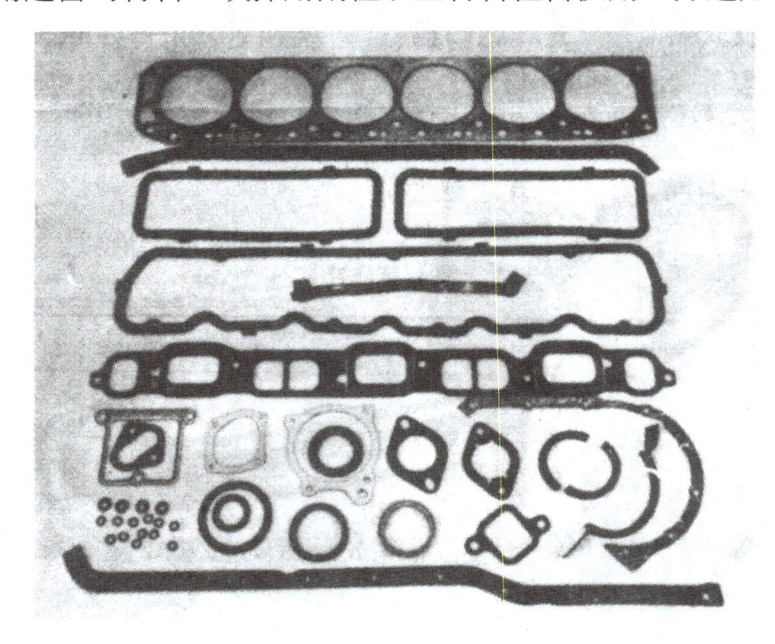

圖 9-1　汽車上使用之墊圈

9-1　石　綿（Asbestos）

石綿為火山岩變質而成，具有纖維狀之結晶組織。石綿之種類甚多，較重要者有屬於蛇紋石之溫石綿，其主要成份為矽鹽酸及鎂與一些水分，可使用至 450°C 左右，其精製品有白絲之光澤，柔軟而耐熱性高，纖維較長者可以紡織成為綿布或石綿紙等，其特性如表 9-1 所示，另外有屬於角閃石之青石綿及陽起石。

表 9-1　溫石綿之特性

特　性	數　值
比重	2.2～2.8
吸水率	1～3(%)
硬度	3～4(mohs)
比熱	0.20(cal/g℃)
導熱率	0.0002～0.0009(cal/cm/s℃)
溶解溫度	1550(℃)
熱分解溫度	500～600(℃)
體積電阻率	10^{10}～10^{13}(Ω·cm)

1. 石綿之特性

(1) 纖維細密、柔軟而富可撓性。
(2) 化學性質安定。
(3) 絕緣性質。
(4) 耐熱性能。
　　表 9-2 為石綿絲之規格及耐熱性能。

表 9-2　石綿絲之規格及耐熱性能

石棉含量（%）	ASTM 記號	耐熱性能（安全限度）℃
77	A-1	175
80～85	A	205
90～92	AA	315
95～96	AAA	455
99～100	AAAA	510

2. 石綿之應用

　　石綿之製品有石綿紙、石綿絲、石綿布、石綿板、石綿水泥板，可作為耐火材料、電器絕緣材料；在汽車上常用作墊床材料，如圖 9-2 所示，汽缸床墊是由銅皮或銅皮包覆石綿薄板，並在汽缸孔、水套孔及螺絲孔周圍，以鋼片包覆鑲邊或埋覆鋼鈎、鋼絲，此外進排氣歧管之墊床亦為石綿板裁製而成。石綿纖維亦為離合器片及煞車來令片之主要材料，惟石綿吸入肺部對人體有害，國內外已管制使用，並以其他纖維合成材料取代。

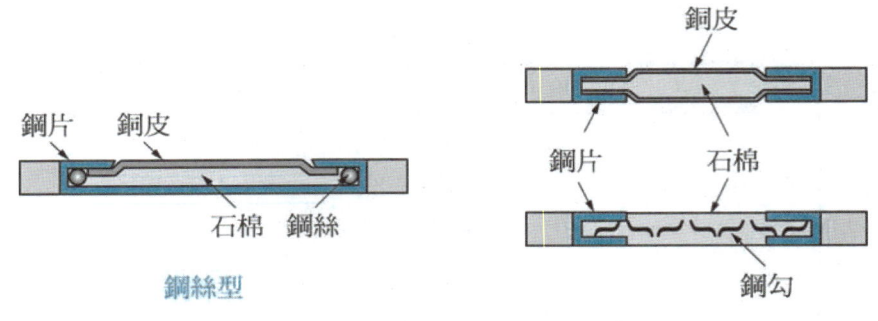

圖 9-2　銅皮鋼片石棉式汽缸床墊的種類

9-2　軟　木（Cork）

　　樹材之構造靠外緣樹皮內之部分，稱之為皮層、韌皮部、形成層，形成層向內所添加的細胞即木質部，其形態、數目及顏色等因季節而異，在春天所產生的假導管及導管等木質細胞較大，顏色較淡而數目較多稱為春材，而在夏季或秋季所產生的木質部細胞則較小，顏色較濃、數目較少，稱為夏材或秋材，春材與夏材排成對照顯明的同心圓環稱為年輪，計算年輪之數目可以推斷該樹木之年齡，如圖 9-3 所示。

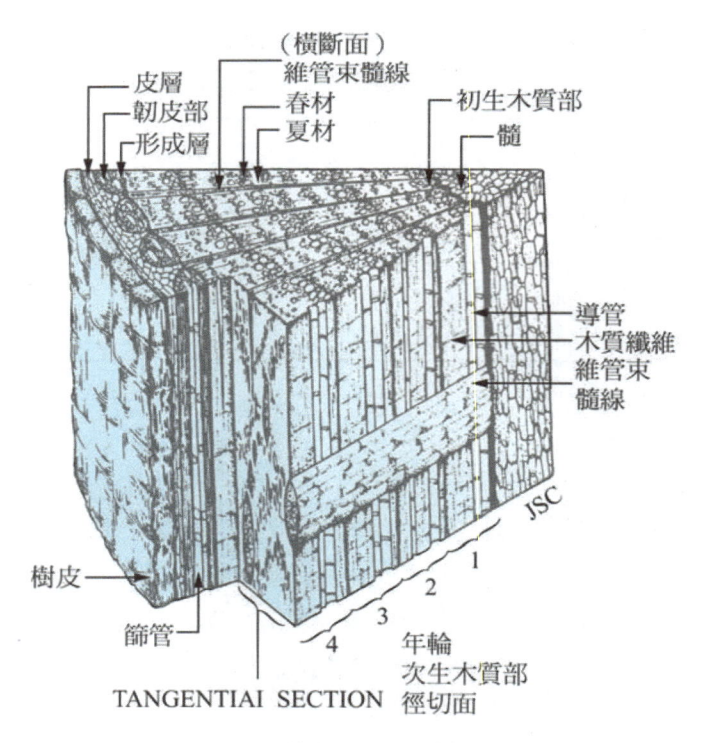

圖 9-3　樹幹之多向斷面圖

大部分樹幹其外皮層的某些細胞，會轉變成為有分裂能力的細胞，形成木栓形成層（Cork Cambium），其向外分出的新細胞通常分化成木栓細胞，而形成木栓層（Cork layer），這些木栓細胞的細胞壁含有稱為木栓質的脂肪性物質，因而水與空氣都無法通過這些細胞，在木栓層形成以後，由於切斷了水及養料向外的補給線，表皮及位於木栓層外面的一切組織便迅速死亡，其木栓層終會取代表皮而成為保護組織，如圖9-4所示。

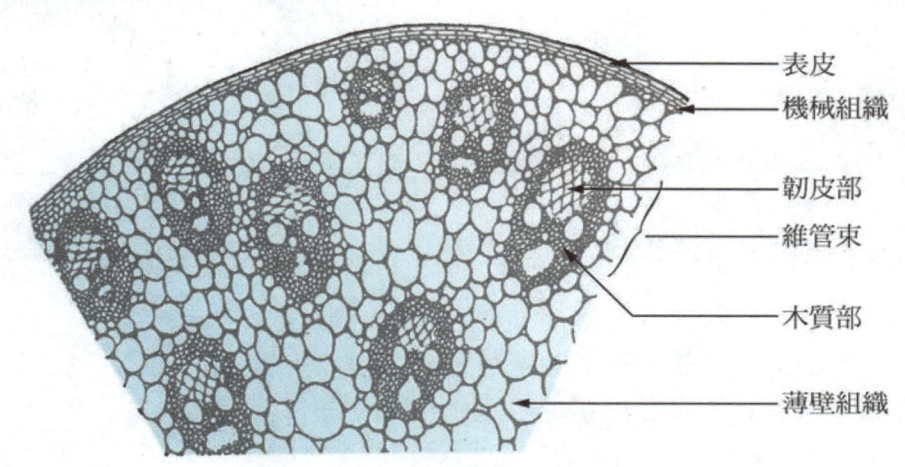

圖9-4 表皮下之機械組織為軟木之材料

軟木之材料通常取自於栓皮櫟樹及西班牙栓皮櫟樹、黃柏等樹材之木栓層組織，軟木之特性為：
(1) 質量較輕，因其細胞充滿空氣。
(2) 不透水，因其細胞壁含有脂肪。
(3) 具有彈性，因細胞中的空氣能被壓縮。

將粒徑在4～22公厘的軟木粒，壓於模具之中，經加熱烘烤至開始碳化，由於其本身含有樹脂，受熱成膠化能自行凝結成形，稱為碳化軟木。碳化軟木可作為冷凍化工設備之絕緣材料，適用溫度範圍為-160℃～90℃。軟木亦可當作襯墊材料，使用於汽車引擎油底殼搖臂室蓋等處之襯墊，唯其價格較貴，已逐漸被其他材料所取代。

9-3 軟金屬

墊床材料有採用金屬或以金屬包覆其他材料，常用作墊床的軟金屬有銅、鋁、鉛、鎳、鈦、低碳鋼、不銹鋼、蒙鈉合金等，軟金屬硬度相對於機件材料較低，經鎖緊後不致損及機件表面，如圖9-5所示為完全鋼片式汽缸床墊，使用合金鋼

板為材質，但是在汽缸孔、水孔、螺樁孔等部位均沖成凹線緣，以防止洩漏，另為鋼片石綿式汽缸床墊，鋼片包覆較軟之石綿板。

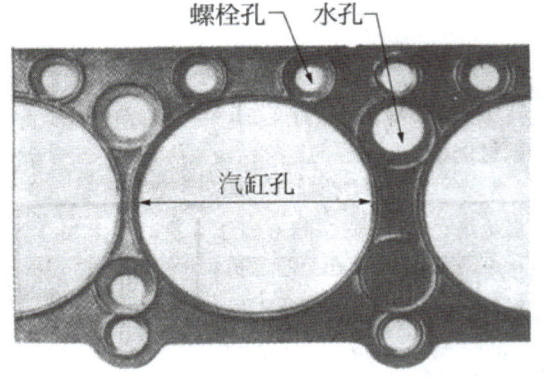

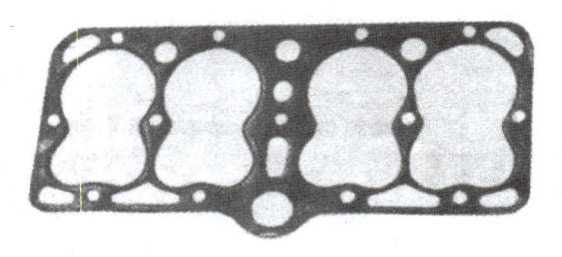

(a)完全鋼片式汽缸床墊　　(b)鋼片石綿式汽缸床墊

圖 9-5　汽缸床墊

有些化工設備之管路，為了考慮腐蝕之問題，在凸緣（Flange）接合處，採用不銹鋼襯墊作為層狀，層間夾石綿，以使密閉良好。

在汽車上之墊圈（washer）使用金屬材料居多，如圖 9-6 所示，墊圈作成凹凸波浪狀，以便螺絲鎖緊時，產生張力抵緊作用。

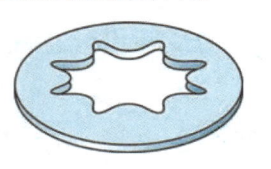

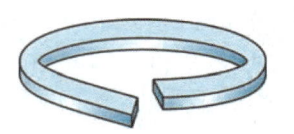

圖 9-6　彈力墊圈

9-4　紙　類

1. 木　材

木材於汽車上應用通常作為輔助材料，如車壁、門窗、鋪板、頂板，因其具有韌性並能吸收震動，以同一重量之材料來比較，木材較為強韌而堅硬。木材為製造紙漿之主要原料，尤其是針葉松柏科植物，葉樹中之山毛櫸、樺、栗、白楊等，由樹幹用化學或物理方法取木材纖維，其他如三椏、楮、亞麻等由樹皮取韌皮纖維、禾本科植物是由莖桿取木質纖維或韌皮纖維，唯用途受限制，使用較少。用作紙漿主要原料的木材成份如表 9-3 所示。

表 9-3　木材之成份

	纖維素（%）	木質素（%）	半纖維素（%）	樹脂（%）	灰份（%）
針葉樹	50	30	15	5	0.5
葉樹	50	25	25	2	0.5
禾本科	35	25	25	3	10.0

2. 紙漿（Pulp）之製造

製造紙漿之主要工程有下列三項：

(1) 原料之處理：利用機械方法除去木材所含之雜質，如泥土、皮節等，再切成適當之小片。

(2) 蒸解工程：將木材小片與特種藥品一同蒸解以溶解其中非纖維部分，俾取得較純之纖維素。

(3) 漂白工程：用次氯酸鈉或氯氣將紙漿漂白。

3. 造紙法

紙係由纖維紙漿經過漂白、打漿、加料（填充料、膠料、染料）、調整、精製及漉造，纖維相互牽連膠著所形成之薄層即為紙，其製造程序如下：

(1) 漂白（Bleaching）：將紙漿加水調成 5～10% 之糊狀後，用漂白粉或次氯酸鈉等漂白之，再以亞硫酸鈉等除去游離氯氣，以水充分洗滌之。

(2) 打漿（Beating）及加料：將長短粗細不一之纖維混合均勻，切成適當長度，再經水混合作用而膨潤膠化，可增加紙之強度。在攪打過程中可加入填充料、膠料、染料等，使之均勻分散於纖維間之孔隙使紙面平滑，減少紙之透明度。

(3) 精製（Refining）：其目的是除去上述工程所混入之夾雜物，並分離固結之纖維。

(4) 造紙：將調好之紙漿送入造紙機之漉網部，經壓榨、乾燥、軋光後，用捲紙機捲捆後即得成品。

4. 紙類之用途

紙之種類很多，實用上分為新聞紙、印刷用紙、筆記圖畫用紙、包裝用紙、家庭用薄紙等，其他尚有紙板、電氣絕緣紙、感光用紙、電容器紙等，成品種類、用途不同處理過程各異。紙在汽車上之應用有襯墊、濾清器濾芯等。

9-5 橡　膠（Rubber）

　　橡膠可分為天然橡膠與合成橡膠。天然橡膠系由橡膠樹之分泌物乳膠製成，大部分的乳膠係來自 Havea 橡膠樹，這種橡膠樹盛產於東南亞、南美洲及非洲有少量出產。二次大戰期間由於亞洲方面之橡膠來源中斷，美國政府乃致力於製造人造橡膠丁二烯苯乙烯共聚合物（SBR），其產量為合成橡膠之冠。

　　台灣不種植天然橡膠，大部分仰賴進口，以丁二烯苯乙烯共聚物最多。圖 9-7 為割切橡膠取橡漿。

圖 9-7　割切橡樹

　　天然橡膠與合成橡膠比較，一般而言，合成橡膠在抵抗氧化、熱及光的作用，及抵抗有機溶劑及油的侵蝕及抗磨耗性方面優於天然橡膠，但在加工性、彈性、延伸性、撕裂強度、龜裂方面均較差。

9-5.1 天然橡膠與合成橡膠類別

1. **天然橡膠**
    (1) 氯化橡膠：橡膠溶於四氯化碳後，通入氯氣，可得氯化橡膠，具有耐酸鹼及不燃之特性，用做接著劑、抗蝕性塗料或化學反應槽之襯裏材料。

(2) 鹽酸化橡膠：橡膠以氯化氫作用的生成物稱為氫氯化橡膠，具有優良的耐酸、耐鹼及耐水性，可製膠膜或各種成形品。
(3) 環形橡膠：橡膠與硫酸、金屬氧化物、有機酸鹽等一起加熱，所起環化反應而得，可作為接著劑、塗料等用途。

2. 合成橡膠

(1) 丁二烯苯乙烯橡膠（SBR，GR–S）：為丁二烯與苯乙烯之共聚合物，含有丁二烯 50%以上者稱為 SBR（Styrene–Butadiene Rubber）或 GR–S。耐磨性、耐熱性極佳，大量用作汽車輪胎、煞車及油門踏板、電瓶盤等。

(2) 腈橡膠（NBR，GR–N）：腈橡膠（Nitrile Rubber）係丁二烯與丙烯腈的共聚合物。主要用於須有耐油性的製品，如墊圈、橡皮管、散熱箱蓋封墊、油錶浮標、煞車活塞皮碗封環、動力缸膜片等。

(3) 氯丁二烯橡膠（CR，GR–M）：將乙炔通入含有 NH_4Cl 及 Cu_2Cl_2 之鹽酸溶液中，反應生成乙烯基乙炔，再與 HCl 反應即得氯丁二烯（Chloroprene）。具有優越的耐油性及耐老化性，其主要用途是電線包覆、汽油用橡皮管及耐油性墊圈。

(4) 丁基橡膠（HR，GR–I）：係異丁烯與少量異戊二烯的共聚合物。電絕緣性及耐熱性甚優、透氣率甚小，用於電線及電纜之絕緣被覆、汽車及自行車輪胎之內胎。

(5) 聚硫橡膠（Polysulfide Rubber）：為多硫化鈉與有機二鹵化物之縮合物。耐油性及耐老化性優良，可用作耐油墊圈、油管、汽油貯藏槽。

(6) 矽脂橡膠（Silicon Rubber）：具有優異的耐溫性、壓縮復原性、耐油性、耐水性及電絕緣性，主要用做電線包覆、墊圈、防震橡膠、橡膠滾筒等。

(7) 聚胺基甲酸酯橡膠（Polyurethane Rubber）：係由兩端具有羧基之聚酯或聚醚與二異氰酸酯作用而得之聚合物，具有優異的耐磨性及硬度，其彈性、耐油性、耐酸性及耐老化性亦甚好，可用做汽車輪胎、傳動皮帶等。

(8) 氯磺化聚乙烯橡膠（Hypalon）：為美國杜邦公司的產品，係於熔融聚乙烯中吹入氯氣與二氧化硫的混合汽，使產生氯磺酸化而得。抗臭氣、抗藥性優良，耐溫性、電絕緣性亦佳，可用作槽桶、管線之襯裏。

(9) 壓克力橡膠（Acrylic Rubber）：是乙基、甲基或丁基丙烯酸酯的共聚合物，具有耐熱、耐油之特性，常用為輸油管、墊圈圓環、輪帶、儲槽襯裏及接著劑等。

9-5.2 橡膠之加工

由上述天然及合成產製而得的生橡膠經捏練、混合、製胚及成形加工後，方成為實用的橡膠製品。

1. **捏練**：生橡膠以混合機或差速滾筒捏練機於 60°C 捏練 10～20 分鐘，此項操作之目的，在於降低橡膠分子的聚合度，使橡膠失去彈性，並賦與可塑性。

2. **混合**：生橡膠經捏練後，加入必要的配合劑，而以滾筒機於常溫下混合均勻。配合劑有以下幾種：
   (1) 硫化劑：硫化可改善生橡膠之彈性強度、伸長率，以對一般化學藥品之抵抗力。
   (2) 硫化促進劑：可縮短硫化的時間，降低加熱的溫度、減少硫化劑的用量及改善橡膠製品之品質。
   (3) 抗氧化劑：可防止氧化，延長橡膠壽命。
   (4) 軟化劑：可使生橡膠及配合劑容易捏練，使填料易於分散，並可使製品之表面平滑。
   (5) 補強填料：可提高橡膠之強韌性及磨損抵抗性。
   (6) 增量填料：用於增加橡膠之體積以降低成本。
   (7) 著色劑：可用耐久性良好之無機或有機顏料。

3. **製胚**：經混合之配合橡膠為成形方便起見，通常壓延成薄片狀，擠壓成管狀及棒狀，或疊附成橡膠布。

4. **成形**：將橡膠胚材料依製品種類做成各種成形物，然後置於模型中加壓加熱，使進行硫化而固化成為具有彈性的製品，圖 9-8 所示為輪胎成形之流程。

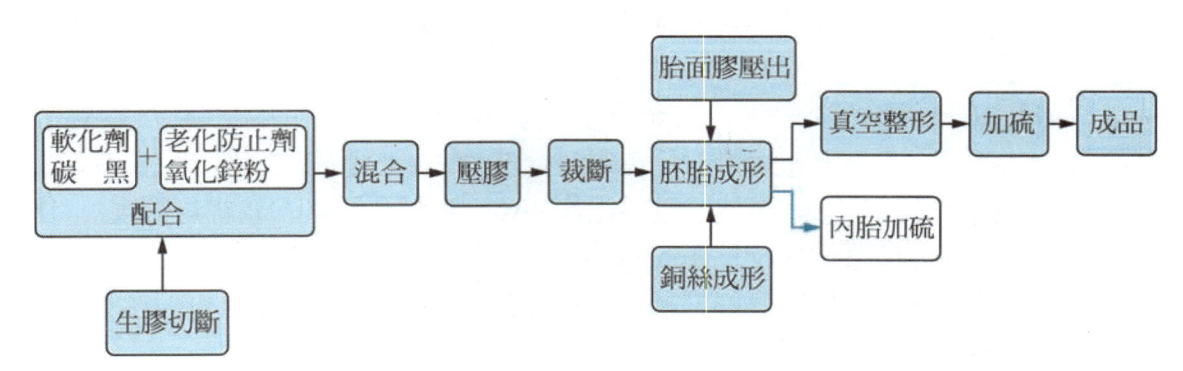

圖 9-8　輪胎成形之流程

9-6　電　木

　　電木是酚甲醛樹脂之一種，1872 年由拜耳（Bayer）發現，直到 1909 年貝克蘭（Bakeland）發展成功，可以將酚甲醛樹脂進行壓縮成形，使用填充劑，及加熱加壓避免水蒸汽使樹脂產生氣孔。此乃合成樹脂中發明最早，種類最多而用途最廣者。

　　酚與甲醛反應生成之聚合物，隨反應物的比例、反應的溫度及時間、觸媒、固化劑及填充料種類不同，而具不同的性質。

(1) 木屑為填料者：容易模造，成品具有良好的外觀、吸水率低、成本亦低。
(2) 棉絮為填料者：成品強度較高，衝擊強度優異，較難模造。
(3) 石綿為填料者：具有較高密度，吸水率低、較能耐熱。
(4) 雲母為填料者：電絕緣性佳，耐熱性佳。
(5) 石墨為填料者：耐化學品、具潤滑性。
(6) 玻璃纖維為填料者：強度最高。

電木之主要應用有：

(1) 電器零件，如配電盤、插頭、插座、電路板、電器盒蓋、外殼及絕緣材料，照相機身、廚具把手、保齡球等。
(2) 汽車上應用有電瓶隔板、分電盤蓋、分火頭、發火線圈殼皮、煞車來令等。

一、選擇題

(　　) 1. 下列何者非為石綿之特性？　(A)化學性質安定　(B)絕緣性佳　(C)易導熱　(D)柔軟。

(　　) 2. 軟木材料通常取自　(A)紅檜　(B)烏心石　(C)杉木　(D)栓皮櫟樹。

(　　) 3. 常用作墊床的軟金屬材料有　(A)銅　(B)不銹鋼　(C)鎳　(D)以上皆是。

(　　) 4. 通常使用次氯酸鈉或氯氣將紙漿　(A)蒸解　(B)漂白　(C)打漿　(D)精製。

(　　) 5. 汽車輪胎大多用　(A)丁二烯苯乙烯橡膠　(B)矽脂橡膠　(C)橡膠　(D)聚硫橡膠。

(　　) 6. 可改善生橡膠之彈性強度為　(A)硫化劑　(B)抗氧化劑　(C)軟化劑　(D)著色劑。

(　　) 7. 電木是　(A)環氧樹脂　(B)酚甲醛樹脂　(C)胺基樹脂　(D)聚酯樹脂。

二、問答題

1. 試述汽車上那些接合處使用墊床。
2. 試述石綿於汽車上之應用。
3. 試述造紙之過程。
4. 試述橡膠之加工法。

第10章 汽車零件儲存與管理

汽車材料

　　材料管理為企業經營之重要一環,其意義為於適當的時間、在適當之地點、以適當之價格、及適當的品質,供應適當數量之材料,達到經濟合理之原則。比方說材料保持庫存的平衡點,若是庫存不足可能失去一個客戶,或為了調貨而增加額外的花費,以致成本提高;若是庫存過多,不但凍結了資金,也浪費了許多的空間及儲存設備;理想的庫存週轉率,能讓資金作最有利的運用,得到合理的利潤。目前採用電腦化材料管理系統,更能達到庫存之削減、生產力之提高、事務處理效率之提高及財務費用之節省。

　　汽車零件種類有萬餘項,如何做到有效率、經濟的管理,必須先將汽車零件作適當之分類與編號,同時也要做好庫存管理,以下逐一介紹。

10-1　零件分類

　　汽車零件大體上可分為引擎系統、底盤系統、電器系統及車身系統等,也有的細分七項、八項、十項、十一項類別,在此列舉國內的汽車公司之汽車零件分類如下,如圖 10-1 為裕隆 YLN–331 車系之零件分類。

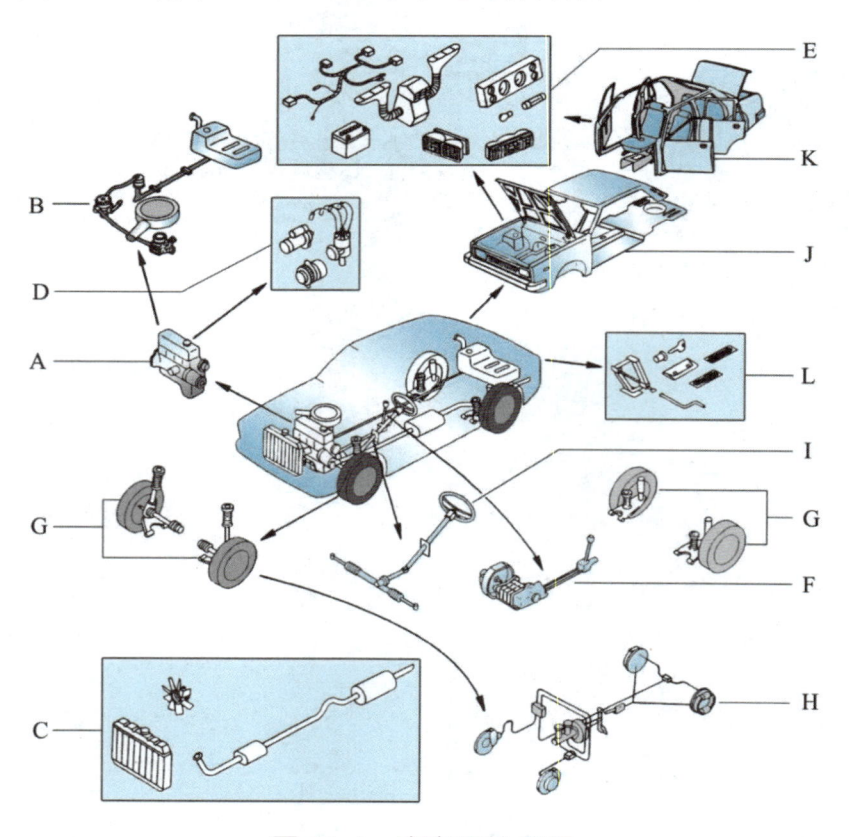

圖 10–1　車身零件分類

A. 引擎機件（engine mechanical system）

包括：引擎總成（含離合器或不含離合器）、引擎組體及半組體、引擎墊片修理包、汽缸體及油底殼、汽缸蓋及搖臂蓋、引擎固定座、曲軸箱通風、活塞、曲軸及飛輪、凸輪軸及氣門機構、前蓋板配件、進排氣歧管、潤滑系統等。而其中每一項次又可細分，十餘種至五十餘種小零件，不再列述。

B. 燃油與引擎控制（fuel & engine control）

包括：化油器、汽油濾清器及油管、空氣濾清器、汽油泵、油箱、汽油油管、加速連桿裝置等。

C. 排氣與冷卻（exhaust & cooling）

包括：排氣管及消音器、水泵及節溫器、水箱、集風罩及配件。

D. 引擎電系（engine electrical）

包括：發火線圈、分電盤、真空管、發電機配件、交流發電機、起動馬達。

E. 車身電系（body electrical system）

包括：引擎室與儀錶板配線、車身配線、電瓶、儀錶板開關、繼電器、電器配件、頭燈、前組合燈與轉向燈、側閃光燈與室內燈、後組合燈、牌照燈、雨刷、擋風玻璃清洗器等，如圖 10-2 所示。

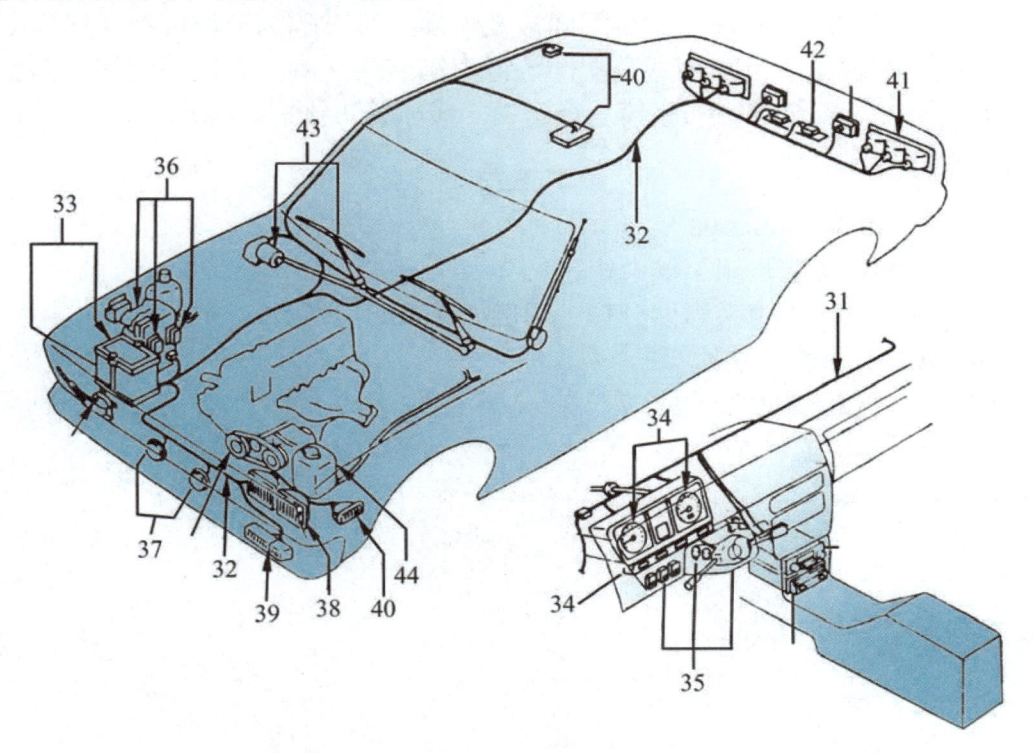

圖 10-2　車身電系分類

F. 傳動系（power train）

包括：離合器、離合器控制機構、自動變速箱、變速箱總成、變速箱控制連桿、自動變速箱控制機構、前傳動軸。

G. 軸與懸吊（axle & suspension）

包括：前軸、前懸吊、後軸、後懸吊、鋼圈與輪胎。

H. 煞車系（brake system）

包括：前輪煞車、煞輪剎車、手煞車機構、煞車總泵、煞車管路、煞車與離合器踏板、輔助煞車裝置。

I. 轉向系（steering system）

包括：轉向機、動力轉向機、方向盤、轉向機柱飾蓋、轉向機柱、動力轉向、動力轉向油泵。

J. 車　身（body I）

減震式前保險桿、樹脂式前保險桿、水箱護罩、水箱支架與前護板、前擋泥板及配件、引擎室牆板、引擎蓋、鉸鏈及配件、引擎蓋鎖、送風箱、隔板嵌板、隔板裝璜、儀錶嵌板、儀錶板配件、前擋風玻璃、車頂嵌板及配件、車頂裝璜、底板嵌板、底板配件、底板裝璜、樑、車身側嵌板、車身側裝璜、後擋泥板及配件、車尾嵌板及配件、後車窗玻璃、前門嵌板及配件、前車門窗及昇降機、前車門鎖及把手、前車門裝璜、後車門嵌板及配件、後車門窗及昇降機、後車門鎖及把手、後車門裝璜、行李箱蓋及配件、行李箱裝璜、減震式後保險桿、樹脂式後保險桿、頭枕、安全帶、前座椅、後座椅、後視鏡、排擋裝飾盒。

K. 車　身（body II）

L. 雜　項（miscellaneous）

包括：標誌、工具組、鑰匙組等。

而福特公司日本車系零件分類，舉例如 Tierra：

1000A　引擎體，墊片
1010A　汽缸頭及汽缸蓋
1030A　汽缸體

　　⋮

7200A　後門
7230A　後門構成件
7240A　後門飾板及相關零件

10-2　零件編號

　　汽車零件種類項目繁多，零件編號非常重要，與零件之分類互為因果，有密切關係；零件編號之功能如下：
(1) 增加零件資料之正確性。
(2) 提高零件活動之工作效率。
(3) 便於利用電腦或機械來管理。
(4) 減低零件存量、降低成本。
(5) 便於零件的領用。
　　汽車公司所出產的各型汽車，都有其特殊的編號方式，而且皆有零組件目錄可供參考。

10-2.1 零件編號之原則

　　一般零件之編號，宜遵守下列原則：
(1) 簡易：編號首要在於力求簡易，應用簡單的文字、符號或數字加以簡化，以節省時間，易於閱讀、抄錄、查核、易於記憶。
(2) 完全：必須做到所有零件之編號，不可遺漏。
(3) 一物一號：明確而且不重複的原則。
(4) 伸縮性：零件之增加或減少，不會影響編號之一致性或其系統分類。
(5) 組織性：所有編號循序表，既可自編號查知某項零件、帳卡或資料，亦可自零件之名稱或性質，迅速查到應代表的編號。
(6) 充分性：使用的代號如文字、符號或數字必須有充分的數量組成編號。
(7) 應用機械之可能性：由於機械作業可以大量節省人力、時間，並且零件電腦化管理愈漸普遍，所以在編號之設計時，應優先考慮機械作業的可能性。

10-2.2 零件編號之方法

　　零件編號的方法，有用英文字母的，有用阿拉伯數字的，也有兩者兼用的，常用的編號方法有以下四種。
(1) 部屬分類編號法
　　　將數字的每位數設定為大分類、中分類與小分類，是分類法中使用最普遍的一種，此法之優點是可顯示編號之規律性，且達一料一號之目標，例如：

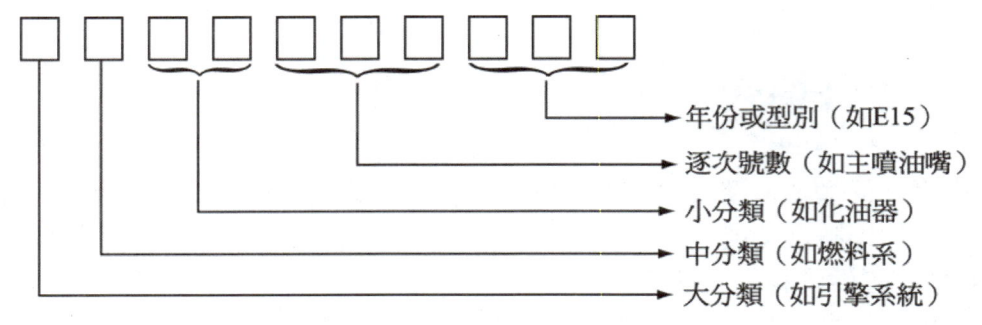

图 10-3　部屬分類編號法

（年份或型別（如E15）
逐次號數（如主噴油嘴）
小分類（如化油器）
中分類（如燃料系）
大分類（如引擎系統））

(2) 數字範圍編號法

　　指定一連串的數子為數個範圍，分配於各零件上，例如：1000～1090 為本體系，9000～9999 為小五金等，可視零件多寡將數字的範圍擴大或縮小。

(3) 逐次數字法

　　這是編號中最簡易的辦法，它是從 1 開始的數字，逐次依序分配到已依一定方式排列的零件，零件愈多，號數愈來愈長，可做到一料一號的原則，但不易記憶，與所代表項目之屬性並無關聯。

(4) 記憶符號法

　　這是將有助於記憶的文字來代表零件的編號，從其代號中聯想到零件的方法，例如有引擎電系 EE，潤滑冷卻系 LC 等等。

10-3　庫存方法

汽車零件的庫存量必須維持適當數量，才合乎經濟原則。因為存量太多，會造成資金積壓過多；存量過少，會使零件供應量不足，影響生產或維修服務績效。因此庫存量依零件使用情形而釐定，使維持最適當之存量水準。

存量管制的方法很多，最常用的三種如下：

1. 複倉制（two-bin system）

複倉制適用於價格低廉，而使用量多的材料，如螺栓、螺帽、墊圈、修理包等。其方法如圖 10-4 所示。

(1) 把同一零件分別裝入 A 箱和 B 箱中。
(2) 嚴格執行發料只能先由 A 箱發料。
(3) 待 A 箱發料完後，開始由 B 箱發料，同時請購一箱份的數量。
(4) 請購之物料進廠驗收後，裝入 A 箱。

(5) 後 B 箱之物料用完時，開始由 A 箱發料，並請購一箱份的物料。
(6) 請購之物料進廠驗收後，裝入 B 箱。
(7) 如此反覆繼續進行下去。

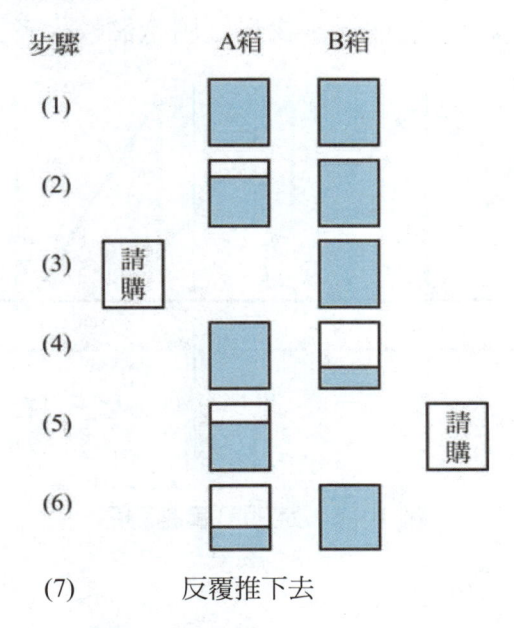

圖 10–4　複倉制管理法

2. 定量訂購制（fixed quantity ordering system）

當零件庫存量到達某一既定之水準（即請購點），便開始發出請購單，請購定量（經濟訂購量）以著手補充庫存量，這種「請購量一定而請購時期不一定」之存量控制法謂「定量訂購制」，其庫存量一到請購點就可機動地訂購固定數量之物料，故庫存量經常保存於最高存量與最低存量之間，如圖 10–5 所示。用量零星或價格低廉之物料通常採用此制。

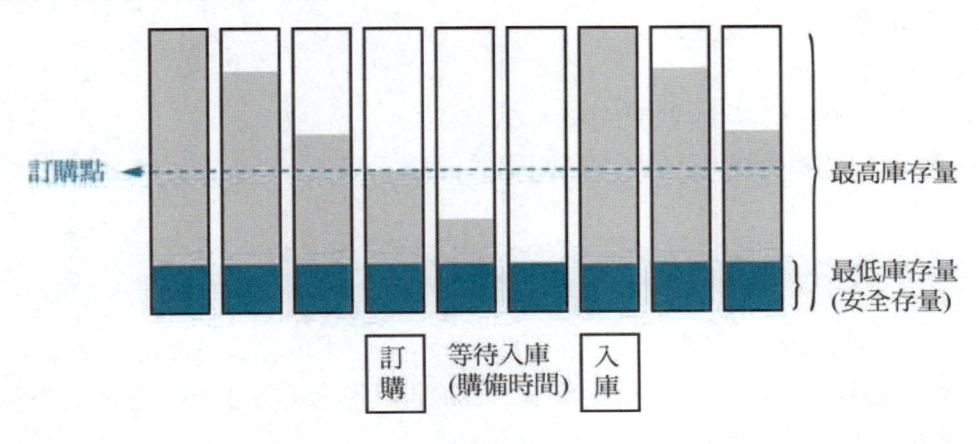

圖 10–5　定量訂購制管理法

3. 定期訂購制（fixed period ordering system）

定期訂購制是以一固定的期間，如一個月或一季，估計將來的需求數量，而進行補充庫存量，訂購量係依當時之庫存量與最高存量之差額，故訂購量每次都有差異，如圖 10-6 所示，一般而言，物料耗用金額較大者採用此種庫存量管制。

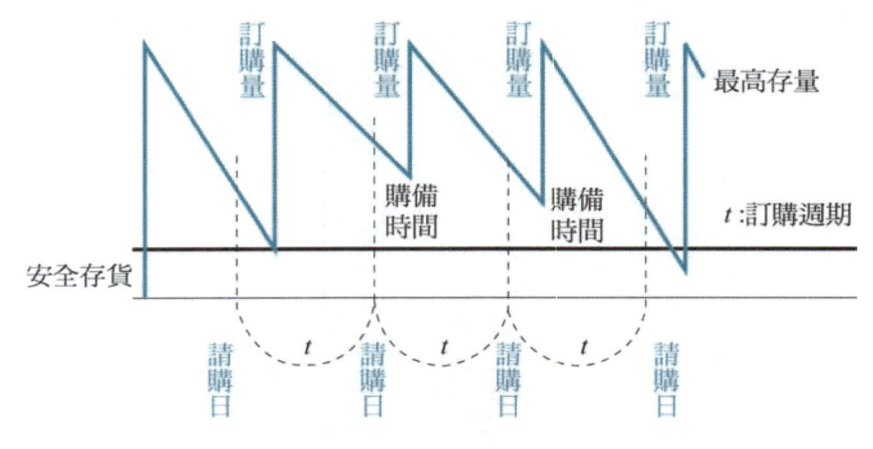

圖 10-6　定期訂購制圖形

10-4　零件架設置

零件架位置之設置，必須先作好零件儲位規劃與平面佈置，一張零件儲位規劃圖與一張有關零件部門的平面佈置圖，能夠顯示出下面各項要點：
(1) 零件架的數量。
(2) 零件架的排列方法。
(3) 每個零件架的儲位佔用率。
(4) 可供擴充使用的空餘儲位。
(5) 走道寬度。
(6) 大型零件的儲存地點與面積大小。
(7) 整個部門需要的面積與實際使用的面積。

10-4.1 零件儲位規劃

一張零件儲位規劃圖，如圖 10-7 所示是一張非常詳細的藍圖，圖上所繪的是一座零件倉庫中，各種零件儲存架的陳列方法及每個儲位之大小；圖上的尺寸全是按比例縮小。

一張零件儲位規劃圖可以顯示出：
(1) 每一個儲位的高度。
(2) 每個儲位的寬度。
(3) 放置在每個儲位的零件號碼。
(4) 庫房中剩餘儲位的大小。
(5) 每個零件架之型式編號。

零件儲位規劃的基本步驟：
(1) 計算正確之庫存數量。
(2) 計算零件包裝規格與尺寸之大小。
(3) 標準型零件架之規則（一般零件架為 12 英吋深，6 英吋高），每格所放零件的編號以及預留的空間。
(4) 大型零件架之儲存規劃。

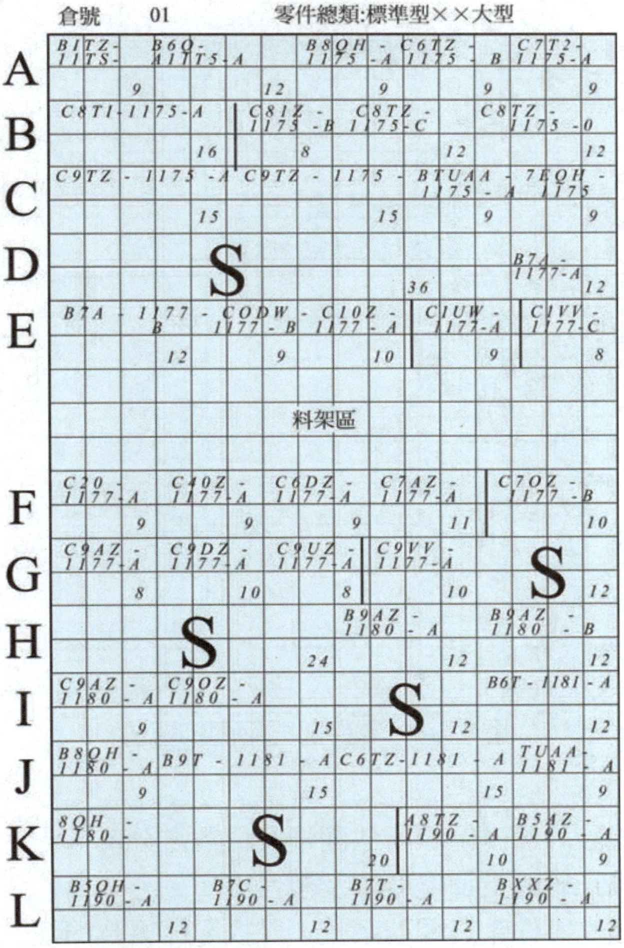

圖 10-7　零件儲位規劃圖（"S" 為空位）

10-4.2 零件部門平面佈置

零件部門之儲存區、作業區以及櫃台，可由平面佈置圖來規劃，如圖 10-8 所示。

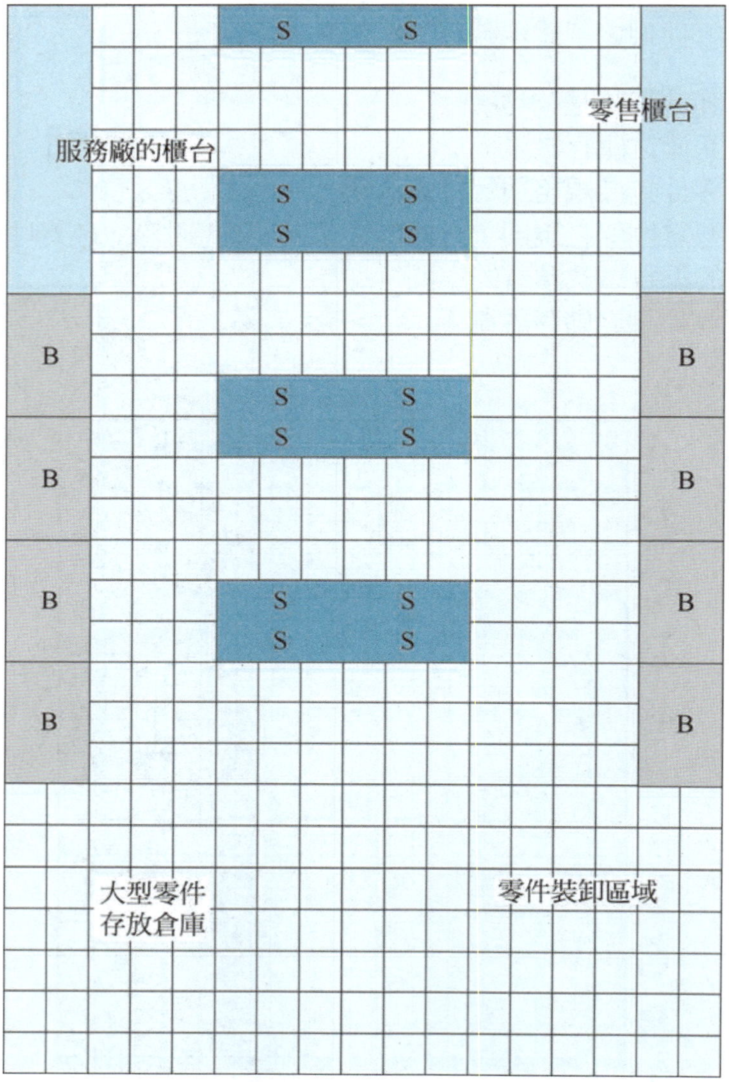

圖 10-8　零件部門平面佈置圖

其優點為：
(1) 能事先設計每一區域所佔面積及位置之分佈。
(2) 規劃出正確的走道寬度，及櫃台出口。
(3) 幫助建立零件架之編號系統，尋找零件更為簡便。

平面佈置的步驟依據領料記錄、零件或連盒子之尺寸重量：
(1) 考慮一般的平面佈置規則，如零件架之間的走道至少需寬三英呎，標準零件架離櫃台較近以方便取料，大型零件架要靠近裝卸貨處以方便裝貨提貨等。
(2) 在平面圖上畫出標準零件架之位置，零件架通常背對背排列一起，以節省空間。
(3) 在平面圖上畫出大型零件架的位置，其深度為標準架之兩倍。
(4) 在平面圖上標出特殊零件的儲存位置，如排氣管、擋風玻璃之類。

10-4.3 零件架之型式

一般之零件架有金屬製、木製、塑膠製數種，視擺放零件之重量、體積及庫房之空間，而選用不同之零件架。常用之幾種零件架如下：

1. 開放式料架（open type shelving）

構造簡單、費用較省、光線充足，並可配合儲存之零件自由分配倉位，是最常用的零件架，如圖 10-9 所示。

2. 架倉式料架（bin type shelving）

架倉式料架分成若干層，每層分成若干格，後背左右用木板釘牢，為儲存物料之架倉，每一架倉界限分明，不易混淆，可儲存重量輕體積小之零件，容易決定倉位。但料架固定，因此缺乏融通性，而且架倉黑暗，而空間有限，無法儲存較大之物料。如圖 10-10 為架倉式料架。

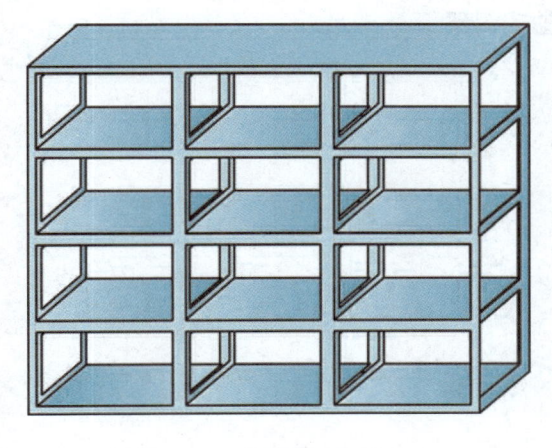

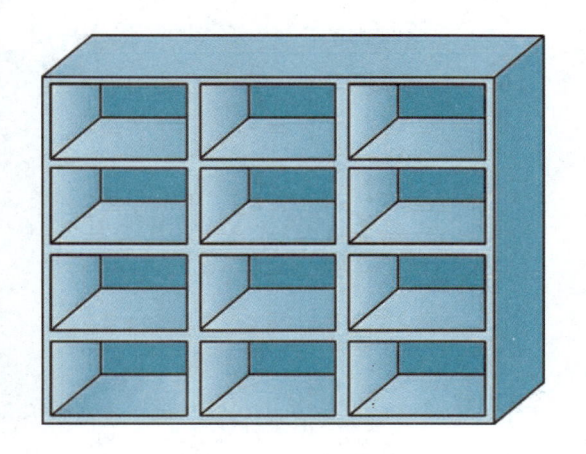

圖 10-9　開放式料架　　　　　　　圖 10-10　架倉式料架

3. 搬動式料架

搬動式料架能配合工廠或修配廠實際需要而隨意移動或搬動，如圖 10-11 及圖 10-12 所示。

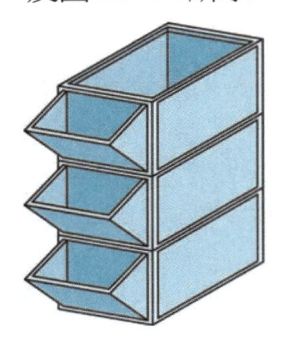

(a)搬動式箱形料架 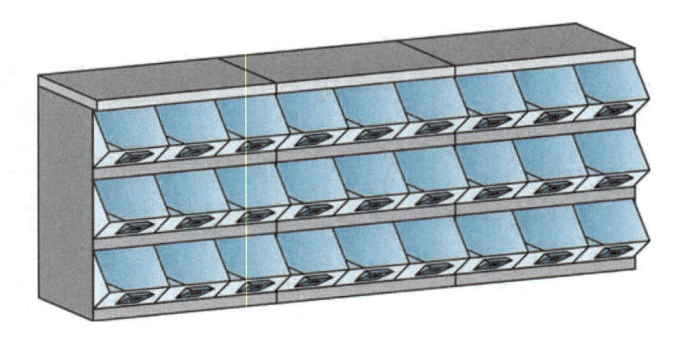　　　　　(b)搬動式架倉料架

圖 10-11

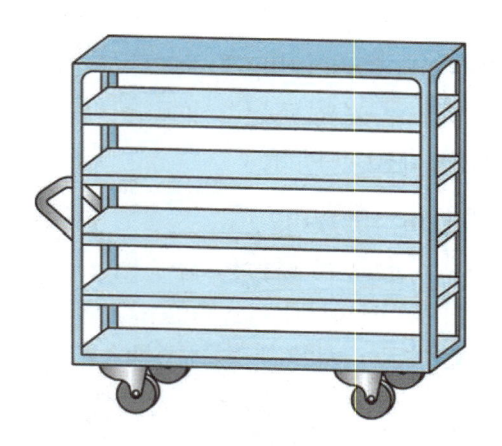

圖 10-12　移動式料架

習題

一、選擇題

(　) **1.** 分電盤屬於　(A)燃油控制　(B)引擎電系　(C)車身電系　(D)傳動系。

(　) **2.** 零件編號之原則目前應優先考慮　(A)完全　(B)應用機械電腦管理　(C)簡易　(D)伸縮性。

(　) **3.** 零件編號最簡易的辦法為　(A)部屬分類編號法　(B)數字範圍編號法　(C)逐次數字法　(D)記憶符號法。

(　) **4.** 可顯示編號之規律性，且可達到一料一號之編號法為　(A)部屬分類編號法　(B)數字範圍編號法　(C)逐次數字法　(D)記憶符號法。

(　) **5.** 使用量多的材料如螺栓、螺帽採用　(A)複倉制　(B)定量訂購制　(C)定期訂購制。

(　) **6.** 以一固定的期間來補充庫存量稱為　(A)複倉制　(B)定量訂購制　(C)定期訂購制。

(　) **7.** 下列何者為首要步驟？　(A)零件架設置　(B)零件儲位規劃　(C)零件平面佈置。

(　) **8.** 最常用的零件架為　(A)開放式料架　(B)架倉式料架　(C)搬動式料架。

二、問答題

1. 一部汽車引擎之零件如何分類？試簡述之。
2. 零件編號之原則為何？
3. 試述庫存量管制之方法。
4. 零件架之設置須先考慮那些因素？
5. 利用開放式料架，利用前述之引擎分類零件，簡述你擺設之方式。

附　錄

◆ 常用各種鋼料之S.A.E編號

◆ 常用添加劑

常用各種鋼料之 S.A.E.編號（美國汽車工程學會）

編　號	名　稱	成　份
10××	普通碳鋼	含碳量以××或×××之數目表示之。
11××	易切鋼	含錳 0.4%至 1.2%，磷 0.40%至 0.15%，硫 0.10%至 0.25%。
13××	錳鋼	含錳約 1.75%。
25××	鎳鋼	含鎳約 5.00%。
31××	鎳鉻鋼	含鎳約 1.25%，鉻 0.65%至 0.80%。
33××	鎳鉻鋼	含鎳約 3.50%，鉻約 1.55%。
303××	耐蝕耐熱鋼	含鎳 1.15%至 37.00%，鉻 7.00%至 27.00%。
40××	鉬鋼	含鉬約 0.25%。
41××	鉬鋼	含鉻 0.50%至 0.95%，鉬 0.12%至 0.20%。
43××	鉬鋼	含鎳約 1.80%，鉻 0.50%至 0.80%，鉬約 0.25%。
48××	鉬鋼	含鎳約 4.50%，鉬約 0.25%。
51××	鉻鋼	含鉻分別為 0.80、0.90、0.95、1.00、1.05%。
510××		
511××	軸承用鋼	含鉻 1.00%至 2.00%。
521××		
514××	耐蝕耐熱鋼	含鉻 13.50%至 30.00%。
515××		
61××	鉻釩鋼	含鉻 0.80%至 0.95%，釩 0.10%至 0.15%。
712××		
713××	鎢鋼	含鎢分別約 12、13、16%。
716××		
81××	鎳鉻鉬鋼	含鎳約 0.30%、鉻約 0.40%、鉬約 0.12%。
86××	鎳鉻鉬鋼	含鎳約 0.55%、鉻約 0.50%、鉬約 0.20%。
87××	鎳鉻鉬鋼	含鎳約 0.55%、鉻約 0.50%、鉬約 0.25%。
92××	矽錳鋼	含錳約 0.85%、矽約 2.00%。
93××	三元鋼	含鎳約 3.25%、鉻約 1.20%、鉬約 0.12%。
94××	四元鋼	含錳 0.95%至 1.35%、鎳約 0.45%、鉻約 0.40%、鉬約 0.12%。
97××	三元鋼	含鎳約 0.55%、鉻約 0.17%、鉬約 0.20%。
98××	三元鋼	含鎳約 1.00%、鉻約 0.80%、鉬約 0.25%。
99××	三元鋼	含鎳約 1.15%、鉻約 0.50%、鉬約 0.25%。
950××	高強度低合金鋼	含錳約 0.50%至 0.60%、矽 0.15%至 1.20%。

常用添加劑

種類	效用	化學成份	有效添加量
流動點降低劑	具有將石蠟結晶表面包含起來之界面作用，防止石蠟之連續凝集，使低溫流動性良好，寒冷地用潤滑油多有添加。	(1)苯與石蠟之縮合物。 (2)酚與石蠟之縮合物。 (3)甲基丙烯酸脂聚合物。	0.1～1%
黏度指數增進劑	高分子聚合物，低溫時呈盤捲鏈狀構造，高溫時分子可延伸，阻礙油之流動，對低黏度油使用較有效。	(1)聚異丁烯系。 (2)聚丙烯酸甲酯系。	2～10%
消泡劑	添加於各種潤滑油中，可使泡沫之表面張力造成不平衡而破壞。	(1)矽系。 (2)酯肪酸酯類。 (3)烷胺系。	2～5ppm
抗氧化劑	防止潤滑油因氧化產生酸性物質與油泥而劣化。令氧化生成之過氧化物不起連鎖反應，藉而防止氧化物之生成，另可妨害金屬之觸媒作用，間接達到抑制氧化之目的。	(1)酚系。 (2)胺系。 (3)有機硫化物。 (4)有機磷化物。 (5)有機硫－磷化合物。 (6)二醯基二硫磷酸鋅。	0.4～2%
腐蝕防止劑	防止軸承等金屬之腐蝕，並在金屬表面形成保護膜，防止金屬之觸媒作用，藉而防止潤滑油之劣化。	(1)二硫代磷酸鋅。 (2)二硫氨基甲烷金屬鹽。 (3)硫－磷系化合物。	0.4～2%
清淨分散劑	吸著使用中發生之油泥、積碳、並將之分散於油中（分散作用）。在固體表面形成吸著膜，防止碳粒、樹脂沉積於引擎內部（清淨作用）中和因油劣化產生之酸性物質及燃料中之硫份所形成之硫酸（中和作用）。	(1)油溶性有機金屬鹽（金屬為Ca，Ba，Mg）磺酸鹽、酚酸鹽、磷酸鹽。 (2)無灰份清淨分散劑（Ash-less型），為不含金屬高分子聚合物，如丙烯酸脂系。	2～10%
油性向上劑（油性劑）	油性向上劑之分子可吸著於金屬表面，或與金屬表面之金屬氧化物發生化學反應生成皂類之吸著膜，防止金屬間之直接接觸，達到減磨目的。高溫狀態及嚴酷條件下不能使用。	(1)高級直鏈脂肪酸。 (2)高級直鏈脂肪酸脂類。 (3)金屬皂類（如鉛皂）。 (4)直鏈醇。	0.1～1%

常用添加劑（續）

極壓添加劑（EP劑）	使用於油性向上劑無效或嚴酷條件下，能與金屬表面反應形成耐膠質、耐壓性金屬化合物，防止膠質點與磨耗。E.P劑與金屬表面反應生成低熔點化合物，為剪應力小之無機膜層。	(1)有機氯化物。 (2)有機硫化物。 (3)有機磷化物。 (4)Zn二烷基二硫化磺酸鹽（極壓劑多為S–CL系，S–P系，S–CL–P–Zn系等之混合物）。	5～10%
防銹劑	使用於多種潤滑油中，能於金屬表面形成被膜，防範水分、鹽分子侵襲，達到防止生銹之目的。	(1)脂肪酸皂類。 (2)環烷酸皂類。 (3)磺酸鹽。 (4)磷酸酯。 (5)有機胺類。 (6)硫代磷酸酯。 (7)環己胺之亞硝酸鹽（氣相防銹劑）。	0.1～1%
黏著劑	滑動面專用油等要求黏著性之場合使用。	(1)不飽和脂肪酸之鋁皂。 (2)特殊高分子聚合物。	
乳化劑	供乳化油使用。	(1)環烷酸鹽。 (2)脂肪酸皂類。	
著色劑	賦予特定呈色或螢光，與潤滑油之性能無關。	油溶性染色等。	

習題簡答

第 2 章 汽車引擎本體材料

一、選擇題

| 1.(B) | 2.(C) | 3.(D) | 4.(C) | 5.(A) | 6.(B) | 7.(D) | 8.(D) | 9.(A) | 10.(A) |

第 3 章 引擎附件材料

一、選擇題

| 1.(D) | 2.(A) | 3.(B) | 4.(B) | 5.(C) | 6.(A) |

第 4 章 汽車底盤材料

一、選擇題

| 1.(B) | 2.(C) | 3.(A) | 4.(A) | 5.(C) |

第 5 章 汽車電器材料

一、選擇題

| 1.(B) | 2.(A) | 3.(A) | 4.(D) | 5.(B) | 6.(B) | 7.(A) | 8.(A) |

第 6 章 汽車車身材料及特性

一、選擇題

| 1.(D) | 2.(C) | 3.(D) | 4.(A) | 5.(D) | 6.(B) | 7.(C) | 8.(D) | 9.(A) | 10.(D) |
| 11.(B) | 12.(D) | | | | | | | | |

第 7 章 各種油料

一、選擇題

| 1.(D) | 2.(D) | 3.(D) | 4.(B) | 5.(B) | 6.(B) | 7.(A) | 8.(A) | 9.(A) | 10.(D) |
| 11.(B) | 12.(A) | 13.(D) | 14.(A) | 15.(C) | 16.(A) | 17.(D) | 18.(B) | 19.(D) | 20.(D) |

第 8 章 汽車塗料

一、選擇題

| 1.(D) | 2.(A) | 3.(C) | 4.(B) | 5.(A) | 6.(B) | 7.(D) | 8.(A) |

第 9 章 各種墊床材料

一、選擇題

| 1.(C) | 2.(D) | 3.(D) | 4.(B) | 5.(A) | 6.(A) | 7.(B) |

第 10 章 汽車零件儲存與管理

一、選擇題

| 1.(B) | 2.(C) | 3.(C) | 4.(A) | 5.(A) | 6.(C) | 7.(B) | 8.(A) |

書　　　名	汽車材料
書　　　號	CB00902
版　　　次	2009年7月初版 2025年8月三版
編　著　者	陳信正‧葛慶柏
責 任 編 輯	連兆淵
校 對 次 數	6次
版 面 構 成	顏彣倩
封 面 設 計	顏彣倩

國家圖書館出版品預行編目資料

汽車材料 /

陳信正‧葛慶柏 編著. -- 三版. -- 新北市：台科大圖書股份有限公司, 2025.08

面；　公分

ISBN 978-626-391-601-2(平裝)

1.CST：汽車工程　2.CST：材料科學

447.1　　　　　　　　　　114010919

出 版 者	台科大圖書股份有限公司
門 市 地 址	24257新北市新莊區中正路649-8號8樓
電　　　話	02-2908-0313
傳　　　真	02-2908-0112
網　　　址	tkdbook.jyic.net
電 子 郵 件	service@jyic.net
版 權 宣 告	**有著作權　侵害必究**

本書受著作權法保護。未經本公司事前書面授權，不得以任何方式（包括儲存於資料庫或任何存取系統內）作全部或局部之翻印、仿製或轉載。

書內圖片、資料的來源已盡查明之責，若有疏漏致著作權遭侵犯，我們在此致歉，並請有關人士致函本公司，我們將作出適當的修訂和安排。

郵 購 帳 號	19133960
戶　　　名	台科大圖書股份有限公司
	※郵撥訂購未滿1500元者，請付郵資，本島地區100元 / 外島地區200元
客 服 專 線	0800-000-599
網 路 購 書	勁園科教旗艦店 蝦皮商城　博客來網路書店 台科大圖書專區　勁園商城
各服務中心	總　　公　　司　02-2908-5945　台中服務中心　04-2263-5882 台北服務中心　02-2908-5945　高雄服務中心　07-555-7947
	線上讀者回函 歡迎給予鼓勵及建議 tkdbook.jyic.net/CB00902